高职高专院校“十二五”精品示范系列教材

（软件技术专业群）

操作系统教程

主　编　何　樱　连卫民

副主编　荆园园　杨　毅　张　帆

中国水利水电出版社
www.waterpub.com.cn

内 容 提 要

本书系统地介绍了操作系统的功能、基本原理和设计方法。在保证内容完整性的同时，增加了操作系统中的新技术和新方法，并以 Windows 操作系统为例，简要介绍了 Windows 操作系统的体系结构、进程管理、存储管理、设备管理和文件管理，十分有益于学生深入理解操作系统的整体概念和牢固掌握操作系统设计实现的精粹，最后给出了几个操作系统实例应用。

本书讲解清晰明了、深入浅出、难度适中，注重理论性的同时兼顾实用性，每章都附有大量习题，并提供了参考答案。

本书可作为高职高专院校计算机及相关专业学生的教材。

本书配有免费电子教案，读者可以从中国水利水电出版社网站以及万水书苑下载，网址为：http://www.waterpub.com.cn/softdown/或 http://www.wsbookshow.com。

图书在版编目（ＣＩＰ）数据

操作系统教程 / 何樱，连卫民主编. -- 北京 : 中国水利水电出版社，2014.1（2021.6 重印）
高职高专院校“十二五”精品示范系列教材. 软件技术专业群
ISBN 978-7-5170-1599-4

Ⅰ. ①操… Ⅱ. ①何… ②连… Ⅲ. ①操作系统－高等职业教育－教材 Ⅳ. ①TP316

中国版本图书馆CIP数据核字(2013)第317516号

策划编辑：祝智敏　责任编辑：李　炎　加工编辑：刘晶平　封面设计：李　佳

书　　名	高职高专院校“十二五”精品示范系列教材（软件技术专业群） 操作系统教程
作　　者	主　编　何　樱　连卫民　副主编　荆园园　杨　毅　张　帆
出版发行	中国水利水电出版社 （北京市海淀区玉渊潭南路 1 号 D 座　100038） 网址：www.waterpub.com.cn E-mail：mchannel@263.net（万水） sales@waterpub.com.cn 电话：（010）68367658（发行部）、82562819（万水）
经　　售	北京科水图书销售中心（零售） 电话：（010）88383994、63202643、68545874 全国各地新华书店和相关出版物销售网点
排　　版	北京万水电子信息有限公司
印　　刷	三河市鑫金马印装有限公司
规　　格	184mm×240mm　16 开本　16.5 印张　365 千字
版　　次	2014 年 1 月第 1 版　2021 年 6 月第 4 次印刷
印　　数	7001—8000 册
定　　价	32.00 元

编审委员会

序

为贯彻落实全国教育工作会议精神和《国家中长期教育改革和发展规划纲要（2010－2020年）》和《关于“十二五”职业教育教材建设的若干意见》（教职成〔2012〕9号）文件精神，充分发挥教材建设在提高人才培养质量中的基础性作用，促进现代职业教育体系建设，全面提高职业教育教学质量，中国水利水电出版社在集合大批专家团队、一线教师和技术人员的基础上，组织出版“高职高专院校‘十二五’精品示范系列教材（软件技术专业群）”职业教育系列教材。

在高职示范校建设初期，教育部就曾提出：“形成500个以重点建设专业为龙头、相关专业为支撑的重点建设专业群，提高示范院校对经济社会发展的服务能力。”专业群建设一度成为示范性院校建设的重点，是学校整体水平和基本特色的集中体现，是学校发展的长期战略任务。专业群建设要以提高人才培养质量为目标，以一个或若干个重点建设专业为龙头，以人才培养模式构建、实训基地建设、教师团队建设、教学资源库建设为重点，积极探索工学结合教学模式。本系列教材正是配合专业群建设的开展而推出，围绕软件技术这一核心专业，辐射学科基础相同的软件测试、移动互联应用和软件服务外包等专业，有利于学校创建共享型教学资源库、培养“双师型”教师团队、建设开放共享的实验实训环境。

此次精品示范系列教材的编写工作力求：集中整合专业群框架，优化体系结构；完善编者结构和组织方式，提升教材质量；项目任务驱动，内容结构创新；丰富配套资源，先进性、立体化和信息化并重。本系列教材的建设，有如下几个突出特点：

（1）集中整合专业群框架，优化体系结构。联合河南省高校计算机教育研究会高职教育专委会及二十余所高职院校专业教师共同研讨、制定专业群的体系框架。围绕软件技术专业，囊括具有相同的工程对象和相近的技术领域的软件测试、移动互联应用和软件服务外包等专业，采用“平台+模块”式的模式，构建专业群建设的课程体系。将各专业共性的专业基础课作为“平台”，各专业的核心专业技术课作为独立的“模块”。统一规划的优势在于，既能规避专业内多门课程中存在重复或遗漏知识点的问题；又能在同类专业间优化资源配置。

（2）专家名师带头，教产结合典范。课程教材研究专家和编者主要来自于软件技术教学领域的专家、教学名师、专业带头人，以最新的教学改革成果为基础，与企业技术人员合作共同设计课程，采用跨区域、跨学校联合的形式编写教材。编者队伍对教育部倡导的职业教育教学改革精神理解透彻准确，并且具有多年的教育教学经验及教产结合经验，能对相关专业的知识点和技能点进行准确的横向与纵向设计、把握创新型教材的定位。

（3）项目任务驱动，内容结构创新。软件技术专业群的课程设置以国家职业标准为基础，以软件技术行业工作岗位群中的典型事例提炼学习任务，体现重点突出、实用为主、够用为度的原则，采用项目驱动的教学方式。项目实例典型、应用范围较广，体现技能训练的针对性，突出实用性，体现“学中做”、“做中学”，加强理论与实践的有机融合；文字叙述浅显易懂，增强了教学过程的互动性与趣味性，相应地提升了教学效果。

（4）资源优化配套，立体化、信息化并重。每本教材编写出版的同时，都配套制作电子教案；大部分教材还相继推出补充性的教辅资料，包括专业设计、案例素材、项目仿真平台、模拟软件、拓展任务与习题集参考答案。这些动态、共享的教学资源都可以从中国水利水电出版社网站上免费下载，以期为教师备课、教学以及学生自学提供更多更好的支持。

教材建设是提高职业教育人才培养质量的关键环节，本系列教材是近年来各位作者及所在学校、教学改革和科研成果的结晶，相信它的推出将对推动我国高职电子信息类软件技术专业群的课程改革和人才培养发挥积极的作用。在此感谢各位编者为教材的出版做出的贡献，也感谢中国水利水电出版社为策划、编审做出的努力！最后，由于该系列教材覆盖面广，在组织编写的过程中难免有不妥之处，恳请广大读者多提宝贵建议，使其不断完善。

教材编审委员会

2013 年 12 月

前 言

操作系统是计算机系统的重要组成部分，“操作系统”课程是计算机及相关专业的重要专业课。考虑到高职高专学生学习这门课程并不是以考研为目的，我们希望通过本课程的学习，使学生对计算机系统有更深入的了解，从而能够更好地使用计算机。因此，本书讲解清晰明了、深入浅出、难度适中，在编写内容上注重理论性的同时兼顾实用性，既完整介绍了操作系统的主要内容，同时也对当前使用最多的 Windows 操作系统的体系结构、高级应用进行了介绍，最后给出了几个用 C 语言程序来完成操作系统功能的例子。每章都附有大量习题，并提供了参考答案。

全书共分 6 章。第 1 章“操作系统概述”介绍操作系统的定义、特征和功能、形成过程和发展趋势。第 2 章“处理器管理”介绍进程的定义、如何实现进程的同步与互斥、进程调度算法、进程死锁的形成以及处理方法、线程及其调度、多处理器调度。第 3 章“存储器管理”介绍几种存储管理方式：分区存储管理、页式存储管理、段式存储管理、段页式存储管理，以及虚拟存储管理。第 4 章“设备管理”介绍输入输出设备的种类、输入输出系统结构、输入输出通道、输入输出系统的控制方式、设备分配与回收、设备管理采用的技术。第 5 章“文件管理”介绍文件的逻辑结构与物理结构、文件的存储设备、文件存储空间的分配和管理、文件目录结构、文件共享与安全。第 6 章“操作系统应用”介绍 Windows 操作系统的体系结构、进程管理、存储管理、设备管理、文件管理、Windows 操作系统的高级管理、安全管理、用 C 语言实现的 Windows 操作系统实例应用。

本书由河南多所院校计算机系教师编写而成，由何樱、连卫民任主编，荆园园、杨毅、张帆任副主编。连卫民、何樱制定了编写大纲并负责统稿和定稿工作。荆园园编写了第 1 章和第 4 章，赵超编写了第 2 章，何樱编写了第 3 章，连卫民编写了第 5 章，杨毅编写了第 6 章。中州大学的张帆老师帮助绘制了部分插图，河南牧业经济学院图书馆的李素平、关艳红老师帮助收集整理资料，电教中心的上官廷华和张增老师帮助进行了本书的录入和校对工作，在此谨向各位表示衷心的感谢。

本书的编写融入了作者多年的教学科研经验，还参阅了大量的书籍、资料，但由于水平有限，书中仍难免有错误的地方，敬请读者批评指正。

编 者

2013 年 10 月

目 录

1 操作系统概述

本章主要内容

- 操作系统的目标、作用与模型
- 操作系统的形成与发展
- 操作系统的特征与功能

本章教学目标

- 了解操作系统的发展过程
- 掌握操作系统的概念
- 熟悉操作系统的作用与功能

1.1 操作系统的定义、作用和目标

当今计算机系统的使用都离不开操作系统。可以说，每位计算机用户实际上都是通过操作系统去使用计算机的，由此可见，操作系统是计算机系统中必不可少的核心软件。那么，到底什么是操作系统？操作系统有什么作用？操作系统的设计目标是什么？通过本节对上述内容的介绍使读者对操作系统有一个全新的认识。

1.1.1 操作系统的定义

要想了解什么是操作系统，必须先了解计算机系统的组成和操作系统在整个计算机系统中的地位。

计算机系统是指与计算机相关的各个部分组成的一个统一整体，各个组成部分相互联系、相互作用，共同完成所分配的各项工作。计算机系统包括计算机硬件系统和计算机软件系统。操作系统（Operating System，OS）是系统软件中的一种，而且是系统软件的核心。

计算机系统形成了如图 1-1 所示的层次结构，从底至上分别是计算机硬件、操作系统、语言处理程序、应用程序和用户。这些层次既相互独立又紧密相连、互相依赖，形成完整的计算机系统，完成各种信息处理任务。操作系统是搭建在计算机硬件平台上的第一层软件，是对计算机硬件功能的首次扩充。它控制和管理着底层的硬件系统，也控制和管理着其他应用软件，为其他软件提供了良好的开发与运行环境，其他应用软件只有在操作系统的支持下，才能对计算机硬件操作。

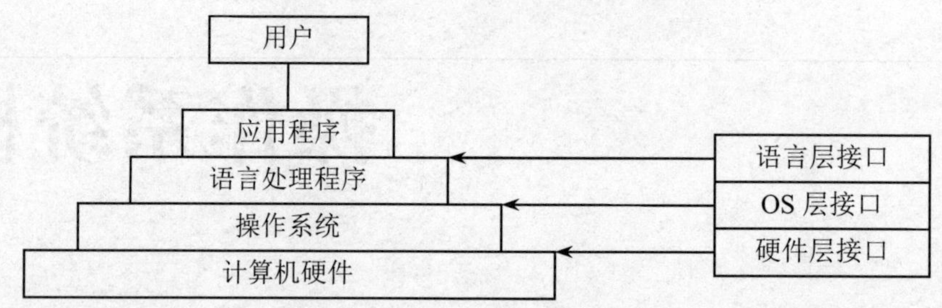

图 1-1　计算机系统层次结构

从用户的角度看，操作系统则是用户和计算机之间的接口。计算机通过操作系统的工作可向用户提供一个功能很强的系统；用户可以使用操作系统提供的命令，简单、方便地把自己的意图告诉系统，以便完成自己需要完成的工作。由此可见，操作系统是一种重要的系统软件，是管理和调度计算机各类资源，方便用户使用的软件集合。如果计算机没有安装操作系统，那么什么工作它都做不了。

综上所述，可以将操作系统定义为：对计算机系统的软硬件资源进行全面统一的控制和管理，协调计算机系统的各种动作，并提供方便用户使用的用户界面的大型系统软件。操作系统向用户提供各种服务功能，使得用户能够灵活、方便和有效地使用计算机，使整个计算机系统能高效地运行。

1.1.2　操作系统的作用

既然操作系统是整个计算机系统中必不可少的核心软件，那么在计算机运行过程中，它具体发挥什么样的作用才能使计算机灵活、高效地为用户提供服务，满足用户不同的需求。其实，操作系统的作用归纳起来主要有以下三个方面。

1. 管理和控制系统资源

操作系统要控制和管理系统中的各种资源，包括硬件及软件资源，并且合理地组织系统的工作流程，提高系统资源的利用率，最大限度地满足用户的使用需要，同时还要保证不同用户之间或者同一用户的不同程序之间安全、有序地共享系统资源。

2. 提供良好的用户界面

操作系统向用户提供了友好、方便的操作界面，使用户可以很容易地使用和操控计算机。

操作系统的一系列程序规定了计算机从启动到各种操作的过程和方式，用户只要掌握操作系统的工作过程及其提供的操作命令，就可以直接控制计算机完成各种复杂的信息处理任务。用户可以通过以下三种方式使用计算机：其一，命令接口。直接使用操作系统提供的键盘命令或 Shell 命令语言，如 DOS 系统中的 dir 命令、Linux 系统中的 ls 命令。其二，GUI（Graphic User Interface，图形用户接口）。利用鼠标对屏幕上的窗口、菜单、图标和按钮进行操作来向操作系统提出请求服务，以执行相应的程序，如 Windows 操作系统、配置了 X Window 的 Linux 系统以及 MacOS X 等都是具有 GUI 的操作系统。其三，程序接口。程序接口就是系统功能调用方式（API），操作系统提供了一系列的子程序，以完成一些必要的功能，程序设计者在编程过程中可以通过调用这些子程序来获取系统服务。

3. 提供软件的开发与运行环境

一台安全无软件的计算机，即使功能再强，普通用户也是难以使用的。各种软件的运行都离不开操作系统的支持，其他的系统程序和应用程序也是在操作系统提供的操作界面下，依赖操作系统提供的硬件服务和输入输出控制，才得以建立或运行的。所以，操作系统的另一个重要作用就是为开发和运行其他软件提供平台。不同操作系统上开发出来的软件，只有在该操作系统环境下才能正常运行。

1.1.3 操作系统的目标

目前，操作系统的种类繁多，其实现目标也不尽相同。但是，要设计和编制一个操作系统，必须实现以下目标。

1. 方便性

操作系统最终是要为用户服务的。所以，设计操作系统时必须考虑用户能否方便地操作计算机。用户的操作包括直接使用命令或图形界面完成各种操作，也包括通过设计程序让计算机完成各种操作。

2. 有效性

在未配置 OS 的计算机系统中，诸如 CPU、I/O 设备、内存等各类资源，都会经常处于空闲状态而得不到充分利用或造成存储空间的浪费，操作系统的主要工作是要支持和管理计算机硬件，如何有效地利用计算机的硬件资源，充分发挥它们的使用效率是操作系统解决的主要问题。操作系统要合理地组织计算机的工作流程，提高系统资源的利用率，增加系统的吞吐量，从而利用有限的资源完成更多的任务。

3. 可扩充性

作为软件来说，操作系统也是为应用服务的，随着应用环境的变化，操作系统自身的功能也必须不断增加和完善。在设计操作系统的体系结构时，要采用合理的结构使其能够不断地扩充和完善。

4. 开放性

操作系统的主要功能是管理计算机硬件，它必须适应和管理不同的硬件。随着计算机硬件技术的发展，不同厂家的新型的、集成化的硬件不断涌现。为了使这些硬件能够正确、有效地协同工作，就必须实现应用程序的可移植性和互操作性，因而要求计算机系统具有统一的开放环境，其中首先是要求操作系统具有开放性。

1.2 操作系统的历史

任何事物或领域都有其从无到有，从诞生至成熟的发展过程，操作系统也不例外。从开始简单的几个库函数的集合到今天的功能复杂强大的大型系统软件，操作系统经历了令人难以想象的演变过程。本节主要介绍操作系统发展的推动因素、操作系统的发展史，以及未来操作系统的发展趋势。

1.2.1 推动操作系统发展的动力

操作系统的形成迄今已有 60 多年的时间。在 20 世纪 50 年代中期出现了第一个简单的批处理系统。到 20 世纪 60 年代中期产生了多道程序批处理系统，不久又出现了基于多道程序的分时系统。20 世纪 70 年代出现了微机和局域网络，同时也产生了微机操作系统和网络操作系统，之后又出现了分布式操作系统。

在这 60 多年的发展历程中，操作系统取得了重大的成就，促其不断发展和改善的主要动力有以下几个方面：

1. 不断提高资源利用率的需要

在计算机发展的初期，计算机系统特别昂贵，人们必须千方百计地提高计算机系统中各种资源的利用率，这就推动了人们不断发展操作系统的功能，由此产生了批处理系统。它能自动地对一批作业进行处理。

2. 方便用户操作

当资源利用率不高的问题得到解决以后，用户在上机操作、调试程序上的不方便就成为主要矛盾。于是，人们就想方设法改善用户的上机和调试程序的环境，这又成为继续推动操作系统发展的主要因素，随之便形成了允许人机交互的分时系统，或称为多用户系统。随之交互界面又从单一的命令行方式进化到丰富多彩的图形用户界面。未来操作系统的界面还会变得更加友善。

3. 硬件的不断更新换代

由于计算机硬件的更新换代，从电子管到晶体管，到小规模集成电路，再到大规模集成电路，使得计算机的性能不断提高，同时硬件成本的不断下降促使人们的购买力也在不断增强，这些因素都在很大程度上推动了操作系统的性能和功能的不断发展。

4. 计算机体系结构的发展

计算机体系结构的发展也不断地推动着操作系统的发展，并且产生了新的操作系统。当计算机由单处理器系统发展为多处理器系统时，操作系统也从单处理器操作系统发展为多处理器操作系统。随着计算机网络的出现和发展，出现了分布式操作系统和网络操作系统。随着信息家电的发展，又出现了嵌入式操作系统。

1.2.2 操作系统的发展

操作系统并不是与计算机硬件一起诞生的，它是在人们使用计算机的过程中，为了满足两大需求——提高资源利用率、增强计算机系统性能，伴随着计算机技术本身及其应用的日益发展，而逐步地形成和完善起来的。操作系统从无到有，从小到大，从弱到强，其发展大致经历了以下几个阶段：

1. 无操作系统

无操作系统的计算机系统，其资源管理和控制由人工负责，它采用两种方式：人工操作方式和脱机输入输出方式。

（1）人工操作方式。从第一台电子计算机 ENIAC 诞生到 20 世纪 50 年代中期的计算机都没有出现操作系统，这时计算机资源的管理是由操作员采用人工方式直接控制的。即由程序员将事先已穿孔（对应于程序和数据）的纸带（或卡片）经纸带输入机（或卡片输入机）将程序和数据输入到计算机中，然后启动计算机运行。当程序运行完毕并且取走计算结果后，才让下一个用户上机。这种人工操作方式的特点是：一个用户独占计算机系统的全部资源，计算机主机要等待人工操作，系统资源的利用率低。

随着计算机主机速度的大幅提高，一方面，人工操作的慢速与计算机主机运算的高速之间出现了矛盾；另一方面，计算机主机与 I/O 设备之间速度不匹配的矛盾也越来越突出。为了解决上述矛盾，引入了脱机输入输出方式。

（2）脱机输入输出方式。脱机输入输出技术是指事先将装有用户程序和数据的纸带（或卡片）装入纸带（或卡片）输入机，在一台外围机的控制下把纸带（卡片）上的数据（程序）输入到磁盘（带）上。当计算机主机需要这些程序和数据时，再从磁盘（带）上高速地调入主存。类似地，当计算机主机需要输出时，可以由计算机主机直接高速地把数据从主存送到磁盘（带）上，然后再在另一台外围机的控制下，将磁盘（带）上的结果通过相应的输出设备输出。

简单地说，脱机输入输出方式是指程序和数据的输入输出是在外围机的控制下，而不是在主机的控制下完成的。脱机输入输出方式示意图如图 1-2 所示。

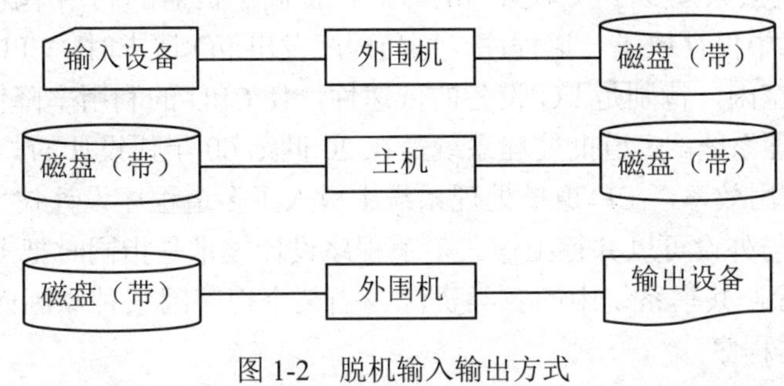

图 1-2 脱机输入输出方式

脱机输入输出技术是为了解决计算机主机与I/O设备之间速度不匹配而提出的。它减少了计算机主机的空闲等待时间，提高了I/O设备的处理速度。如果输入输出是在主机的控制下完成的，则称为联机输入输出。

2. 批处理系统

批处理系统主要采用了批处理技术。批处理技术是计算机系统对一批作业自动进行处理的一种技术。批处理系统分为单道批处理系统和多道批处理系统两种形式。

（1）单道批处理系统。单道批处理系统是20世纪50年代General Motors研究室在IBM 701计算机上实现的，后来主要应用于第二代通用计算机，如IBM的1401和7094等。单道批处理系统的工作流程是：用户将自己的作业编在纸带或卡片上，交给计算机管理员。管理员在收到一定数量的用户作业后，将纸带和卡片上的作业通过IBM 1401机器读入，并写到磁带上。这样每盘磁带通常会含有多个用户作业。然后，计算机操作员将这盘磁带加载到IBM 7094上，逐个运行用户作业，运行的结果写在另一个磁带上。当所有作业运行结束后，将存有结果的磁带取下来，连接到IBM 1401计算器上打印结果。最后，将打印结果交给各个用户。整个批处理过程是由批处理监督程序和一些库函数组成的，这其实就是现代操作系统的原型。图1-3描述了单道批处理系统的处理过程。

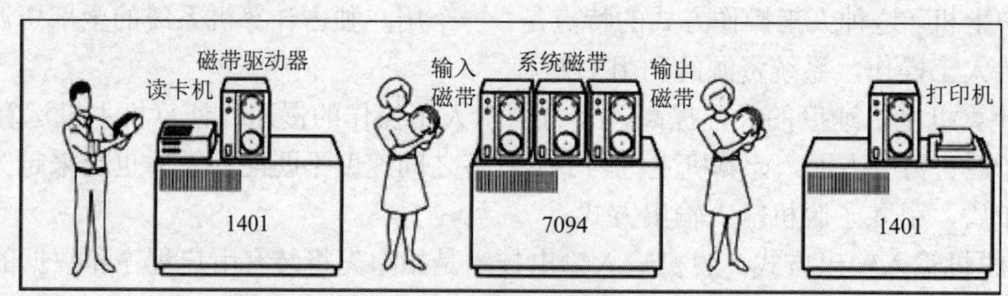

图1-3　单道批处理系统示意图

单道批处理系统的特点如下：

1）自动性。磁盘（带）上的一批作业能自动地依次逐个执行，而无需人工干预。

2）顺序性。磁盘（带）上的作业是顺序地进入主存的，先调入主存的作业先完成。

3）单道性。只能有一个程序调入主存并运行。

单道批处理系统大大减少了人工操作的时间，提高了机器的利用率。但是，在单道批处理作业运行时，主存中仅存放了一道程序，每当程序发出I/O请求时，CPU便处于等待I/O完成状态，致使CPU空闲，特别是I/O设备的低速性，使CPU的利用率降低。

（2）多道批处理系统。多道批处理系统是在20世纪60年代设计的。为了改善CPU的利用率，提高机器的使用效率，在单道批处理系统中引入了多道程序设计技术，形成了多道批处理系统，它使CPU与外设可以并行工作。多道程序设计技术是指同时把多个作业放入主存并且允许它们交替执行，共享系统中的各类资源，当某个程序因某种原因而暂停执行时，CPU立即转去执行另一道程序。

多道批处理系统的工作原理是：用户提交的作业先在外存上排成一个队列，称为“后备作业队列”。主存储器可以同时存放多道作业，处理机调用一道作业执行，如发现作业因输入输出产生等待，监督程序就引导处理机去执行在内存的另一道程序，这样就使处理机总是处于工作状态。图 1-4（a）和（b）分别描述了单道批处理系统与多道批处理系统的处理机时间分配情况。多道批处理系统中，程序 A 首先获得处理机，执行一段时间后，它需要完成输入输出工作，这时监督程序运行，一方面安排程序 A 进行输入输出处理，另一方面安排程序 B 到处理机上去运行；当程序 B 运行一段时间后也需要完成输入输出工作时，又由监督程序来安排程序 C 到处理机上运行；程序 C 运行一段时间后也需要完成输入输出工作时，又由监督程序来安排程序 D 到处理机上执行，同时帮助程序 A 结束输入输出工作；当程序 D 运行一段时间后，也需要完成输入输出工作时，又安排程序 A 再次到处理机上运行，以此类推。所以，从处理机的时间轴上可以看到：程序 A、B、C 和 D 是轮流交替运行的。相比单道程序的运行情况，多道程序技术使 CPU 尽量处于忙碌的工作状态，从而大大减少了 CPU 的等待时间，提高了 CPU 的工作效率。

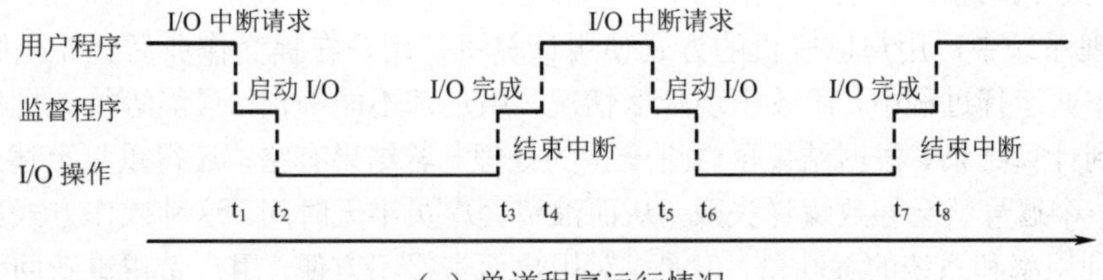

（a）单道程序运行情况

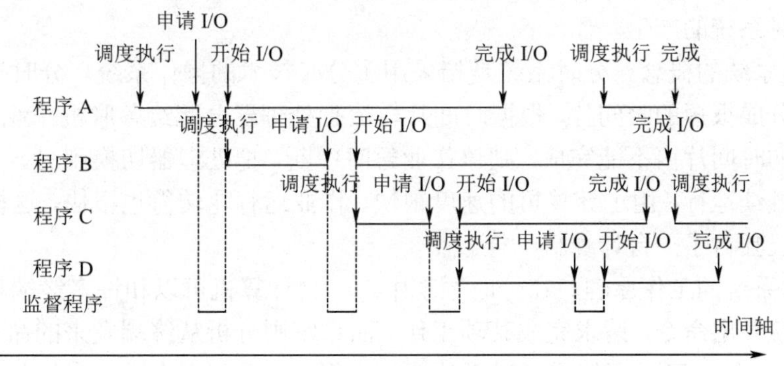

（b）多道程序运行情况

图 1-4　单道批处理系统与多道批处理系统的处理机时间分配

综上所述，多道批处理系统的特点如下：

①多道性。在主存中可以同时驻留多道程序，并且允许它们并发执行，从而有效地提高了资源的利用率和系统的吞吐量。

②无序性。多个作业完成的先后顺序与它们进入主存的先后顺序没有严格的对应关系，

即先进入主存的作业不一定先运行结束，后进入主存的作业不一定最后结束。

③调度性。作业从提交给系统开始直至完成，需要经过两次调度：一是作业调度，它是按照一定的作业调度算法，从外存的后备作业队列中选择若干个作业调入主存；二是进程调度，它是按照一定的进程调度算法，从主存中已有的作业中选择一个作业，将处理器分配给该作业，使之运行。

多道批处理系统的优点：一是资源利用率高；二是系统吞吐量大。由于在主存中装入了多道程序，它们共享资源，使资源始终处于忙碌状态，从而提高了资源的利用率。系统吞吐量是指系统在单位时间内所完成的工作总量。由于 CPU 和其他资源保持“忙碌”状态，并且仅当作业完成或运行不下去时才进行切换，所以系统开销小，完成的任务多。

多道批处理系统的不足：一是作业的平均周转时间长；二是无交互能力。作业的平均周转时间是指从作业装入系统开始，到完成并退出系统所经过的时间。由于作业在外存要形成“后备队列”，而且内存有优先顺序，因而作业可能很长时间不能运行，所以周期较长；当作业提交给系统后，用户便不能再与作业交互，从而无法修改或调试。

3. 分时操作系统

在批处理系统中，用户以脱机的方式使用计算机，用户在提交作业后就完全脱离了自己的作业。在作业运行过程中，不管出现什么情况，用户都不能干预，只能等待该批作业处理结束，才能得到计算结果。根据结果再做进一步的处理。若结果有错，还得重复上述过程。更有甚者，有时一个逗号就会导致编译失败，从而浪费程序员半天时间。这种操作方式虽然提高了系统资源的利用率和系统的吞吐量，但是，对用户而言极不方便，用户希望重新回到计算机面前，以联机的方式交互地使用计算机，这样就可以很快得到响应，及时调试自己的程序。这种需求导致了分时系统的产生。

（1）分时系统的概念。分时系统是指采用了分时技术的操作系统。分时技术就是把处理器的运行时间分成很短的时间片，根据时间片轮流把处理器分配给各联机作业使用。若某个作业在分配给它的时间片内不能完成，则该作业暂时中断，把处理器切换到另一个作业使用，等待下一轮时再继续运行。由于计算机的速度很快，作业运行轮转得也很快，这样给每个用户的感觉就像是自己独占了一台计算机一样。

（2）分时系统的工作原理。在分时系统中，一台计算机可以和许多终端相连，每个用户通过终端向系统发出命令，请求完成某项工作。而系统则分析从终端发来的命令，完成用户提出的要求。然后，用户可以根据系统提供的运行结果，向系统提出进一步的要求，这样重复上述交互过程，直到用户完成预计的全部工作。

采用分时系统必须解决两个关键问题：一是及时接收；二是及时处理。在系统中配置一个多路卡，并且为每一个中断设置一个缓冲区，使主机能同时接受用户从各个终端上发布的命令或输入的数据，从而使系统及时接收用户的输入；人机交互的关键是使用户输入自己的命令后，能及时地控制或修改自己的作业。为此，要让所有的用户作业直接进入主存，在不长的时间内（如 3 秒）使每个作业运行一次，从而使用户的作业得到及时处理。

分时系统实现的方法：一是用户作业直接进入主存，而不是先进入磁盘，再进入主存；二是不能让一个作业长时间占用处理器，以便让每个作业用户能与自己的作业进行交互操作。

（3）分时系统的实现方式。分时系统的实现方式有单道分时系统、具有“前台”和“后台”的分时系统和多道分时系统。

1）单道分时系统。在20世纪60年代初期，美国麻省理工学院建立了第一个单道分时系统CTSS。在该系统中，主存只有一个作业，其他作业仍在外存上。为使系统能及时响应用户请求，规定每个作业在运行一个时间片后便暂停运行，由系统将它调至外存（调出），再从外存上选一个作业装入主存（调入），作为下一个时间片的作业投入运行。若在不太长的时间内能使所有的作业都运行一个时间片，即在指定的时间内每个用户作业都能运行一次，这就使终端用户与自己的作业实现了交互，从而保证每个用户请求都能及时获得响应。

2）具有“前台”和“后台”的分时系统。在单道分时系统中，作业调入/调出时，CPU处于“空闲”状态；主存中的作业在执行I/O请求时，CPU也处于“空闲”状态。为了充分利用CPU而引入了“前台”和“后台”的概念。在具有“前台”和“后台”的分时系统中，主存被固定地划分为“前台区”和“后台区”两部分。“前台区”存放按时间片“调入”和“调出”的作业流，“后台区”存放批处理作业，仅当前台调入/调出时（或前台无作业可运行时），才能运行“后台区”中的作业，并且给它分配更长的时间片。

3）多道分时系统。为了进一步改善系统的性能，在分时系统中引入了多道程序设计技术。在主存中可以同时装入多道程序，每道程序无固定位置，对小作业可以装入几道程序，对一些较大的作业则少装入几道程序。系统把所有具备运行条件的作业排成一个队列，使它们依次获得一个时间片来运行。在系统中，既有终端用户作业，又有批处理作业时，应赋予终端作业较高的优先权，并且将它们排成一个高优先权队列；而将批处理作业另外排成一个队列。平时轮转运行高优先权队列的作业，以保证终端用户请求能获得及时响应。仅当该队列为空时，才能运行批处理队列中的作业。由于切换的作业在主存中，不用花费调入、调出的开销，故多道分时系统具有较好的系统性能。现代的分时系统都属于多道分时系统。

多道分时系统的典型代表有UNIX和MULTICS。MULTICS（MULTiplexed Information and Computing Service，由MIT、贝尔实验室和IBM共同研发）是20世纪60年代建造的一个庞大的分时系统，该系统是为了满足波士顿所有用户使用计算机的需求而设计的。现代流行的操作系统Linux、Windows、OS/2及UNIX都是分时系统，其中UNIX和Linux可以连接多个终端，而编写UNIX的Ken Thompson和Dennis Ritchie正是从MULTICS系统的开发过程中取得了宝贵的经验，从而写出了优秀的UNIX操作系统，并于1971年共同发明了C语言。1973年两人又合作用C语言重写了UNIX。1983年，美国计算机协会将图灵奖授予Ken Thompson和Dennis Ritchie。

（4）分时系统的特征。分时系统的特征有多路性、独立性、及时性和交互性。

1）多路性。它是指一台计算机与若干台终端相连接，终端上的用户可以同时或基本上同时使用计算机。宏观上，是多个用户同时工作，共享系统资源；微观上，则是每个用户轮流运行一个时间片。多路性也称为同时性，它提高了系统资源的利用率，从而促使计算机应用更广。

2）独立性。它是指每个用户占用一个终端，彼此独立操作、互不影响。因此，每个用户会感觉到自己“独占”了主机资源。

3）及时性。它是指用户的请求能在很短的时间内获得响应。此时的时间间隔是根据人们能够接受的等待时间来确定的，通常为2～3秒。

4）交互性。用户可以通过终端与系统进行广泛的对话。其广泛性表现在用户可以请求系统提供各方面的服务，如文件编辑、数据处理和资源共享等。

4. 实时系统

虽然多道批处理系统和分时系统能获得较为令人满意的资源利用率和系统响应时间，但却不能满足军事、工业控制、金融证券、交通及运输等领域的特殊需要，这些领域需要的是能够立即响应、利用中断驱动、执行专门的处理程序和具有高可靠性的系统，于是，实时系统就产生了。实时系统能够及时响应随机发生的外部事件，并在严格的时间范围内完成对该事件的处理。

（1）实时系统的概念。实时系统是指系统能及时响应外部事件的请求，在规定的时间内，完成对该事件的处理，并且控制所有实时任务协调一致地运行。

（2）实时系统的类型。根据控制对象的不同，实时系统分为实时控制系统和实时信息处理系统。

1）实时控制系统。它又称为硬实时系统或强实时系统。在这类系统的设计和实现过程中，应采用各种分析、模拟及形式化验证方法对系统进行严格的检验，以保证在各种情况下应用的时间需求和功能需求都能够得到满足。实时控制系统通常用于航空航天、军事、核工业等一些关键领域中，应用时间需求应能够得到完全满足，否则就会造成如飞机失事等重大安全事故，造成重大生命财产损失和生态破坏。

2）实时信息处理系统。它又称为软实时系统或弱实时系统。此系统对响应及时性的要求稍弱于实时控制系统。某些应用虽然提出了时间需求，但实时任务偶尔违反这种需求对系统的运行以及环境不会造成严重影响。实时信息处理系统通常用于预订飞机票、情报检索系统、视频点播等领域。

（3）实时系统的特征。实时系统的特征总结如下：

1）及时响应。系统对外部实时信号必须能立即响应，响应的时间间隔要满足能够控制发出实时信号的那个环境要求，响应时间通常在微秒数量级范围。

2）高可靠性和安全性。由于实时系统发生错误所导致的结果都非常严重，因此，不能允许实时系统产生失误，因此必须保证实时系统具有高可靠性和安全性，系统的效率则放在第二位。

3）交互性较弱。只有实时信息处理系统才具有较弱的交互性，但这里人与系统的交互仅限于访问系统中某些特定的专用服务程序，它不像分时系统那样能向终端用户提供数据处理服务、资源共享等服务。

（4）实时系统与分时系统的主要区别。①系统的设计目标不同。分时系统的设计目标是提供一种随时可供多个用户使用的通用性很强的系统；而实时系统则大多数都是具有某种特殊用途的专用系统。②响应时间的长短不同。分时系统的响应时间通常为秒级；而实时系统的响应时间通常为毫秒级，甚至微秒级。③交互性的强弱不同。分时系统的交互性强，而实时系统的交互性相对较弱。

商业实时操作系统的典型代表是 VxWorks 和 EMC 的 DART 系统。

批处理系统、分时系统和实时系统是三种基本的操作系统类型。而一个实际的操作系统，可以是某种类型的，也可以兼有三者或其中两者的功能，如 UNIX、Linux 操作系统就是兼有分时、实时和批处理功能的操作系统。

进入 20 世纪 80 年代，大规模集成电路工艺技术的飞跃发展，微处理机的出现和发展，掀起了计算机大发展大普及的浪潮。一方面迎来了个人计算机的时代，同时又向计算机网络、分布式处理、巨型计算机和智能化方向发展。于是，操作系统有了进一步的发展，如微机操作系统、网络操作系统、分布式操作系统等。

5. 微机操作系统

微机操作系统是指配置在微机上的操作系统。最早出现的微机操作系统是 CP/M 操作系统。微机操作系统可以分为单用户单任务操作系统、单用户多任务操作系统和多用户多任务操作系统。

（1）单用户单任务操作系统是指只允许一个用户上机，并且只允许一个用户程序作为一个任务运行。这是一种最简单的微机操作系统，主要配置在 8 位微机和 16 位微机上。具有代表性的单用户单任务操作系统是 CP/M 和 MS-DOS。

1）CP/M（Control Program Monitor）是 Digital Reserch 公司于 1975 年推出的 8 位微机操作系统。它具有较好的层次结构、可适应性、可移植性和易学易用性。它在 8 位机中占据了统治地位，成为 8 位微机操作系统的标准。

2）MS-DOS（Disk Operating System）是 MS 公司于 1981 年推出的 16 位微机操作系统。它在 CP/M 系统基础上进行了较大的扩充，增加了许多内部命令和外部命令。该操作系统具有较强的功能和性能优良的文件系统，占据了 16 位微机操作系统的统治地位，成为 16 位微机操作系统的标准。

（2）单用户多任务操作系统是指只允许一个用户上机，但允许一个用户程序分为多个任务并发执行，从而有效地改善系统的性能。它主要配置在 32 位微机上，具有代表性的单用户多任务操作系统是 OS/2 和 MS-Windows。

1）OS/2 是 IBM 公司于 1987 年推出的 16/32 位微机操作系统。

2）Windows 是 MS 公司于 1990 年推出的 32 位微机操作系统。它具有易学易用、用户界面友好、多任务控制等特点。特别是 Windows 95 版本和 Windows NT 版本的出现，使之很快地流行起来，并且成为微机的主流操作系统。目前主要使用的是 Windows XP 和 Windows 7 版本。

（3）多用户多任务操作系统。多用户多任务操作系统是指允许多个用户通过各自的终端，使用同一台主机，共享主机系统中的各类资源，而且每个用户程序又可以分为多个任务并发执行，从而提高资源的利用率和增加系统的吞吐量。它主要配置在大、中、小型计算机上，具有代表性的是 UNIX。

6. 网络操作系统

计算机网络是指通过通信线路和通信控制设备，将相互独立的计算机系统连成一个整体，在网络软件的控制下，实现信息传递和资源共享的系统。独立的计算机系统是指计算机具有独立处理能力。网络软件则主要是指网络操作系统和网络应用软件。其中，网络操作系统是网络的心脏和灵魂，是向网络计算机提供网络通信和网络资源共享功能的特殊的操作系统。由于网络操作系统是运行在服务器之上的，所以有时也把它称为服务器操作系统。

网络操作系统的模式有客户机/服务器模式（C/S）和对等模式两种。

客户机/服务器模式（C/S）是 20 世纪 80 年代发展起来的、目前广为流行的网络工作模式。在网络中有两种站点：服务器和客户机。服务器是网络的控制中心，它向客户机提供一种或多种服务。客户机是用于本地的处理和访问服务器的站点。C/S 模式具有分布处理和集中控制的特征。

在对等模式中，各站点的关系是对等的，既可以作为客户机访问其他站点，又可以作为服务器向其他站点提供服务。该模式具有分布处理和分布控制的特征。

网络操作系统用于管理网络中的各种资源，为用户提供各种服务。其主要功能有网络通信管理、网络资源管理、网络安全管理和网络服务等。网络通信管理主要负责实现网络中计算机之间的通信；网络资源管理是对网络中软硬件资源实施有效的管理，保证用户方便、正确地使用这些资源，提高资源的利用率；网络安全管理提供网络资源访问的安全措施，保证用户数据和系统资源的安全性；网络服务是为用户提供各种网络服务，包括文件服务、打印服务、电子邮件服务等。

目前，计算机网络操作系统有三大主流：UNIX、NetWare 和 Windows NT。UNIX 是唯一能跨多种平台的操作系统；Windows NT 工作在微机和工作站上；NetWare 则主要面向微机。支持 C/S 结构的微机网络操作系统主要有 NetWare、UNIXWare、Windows NT、LAN Manager 和 LAN Server 等。

7. 分布式操作系统

在以往的计算机系统中，其处理和控制功能都高度地集中在主机上，所有的任务都由主机处理，这样的系统称为集中式处理系统。而分布式系统则是将系统的处理和控制功能都分散在系统的各个处理单元上。系统的所有任务，也可以动态地分配到各个处理单元上，并且使它们并行执行，实现分布处理。

分布式处理系统是指由多个分散的处理单元经互联网的连接而形成的系统。在分布式系统上配置的操作系统称为分布式操作系统。分布式操作系统具有以下特点：

（1）分布性。分布式操作系统不是集中地驻留在某一个站点上的，而是均匀地分布在各个站点上，它的处理和控制是分布式的。

（2）并行性。分布式操作系统的任务是分配程序将多个任务分配到多个处理单元上，使这些任务能并行执行，从而提高任务执行的速度。

（3）透明性。它可以很好地隐藏系统内部的实现细节，而对象的位置、并发控制、系统故障等对用户是透明的。

（4）共享性。分布在各个站点上的软硬件资源，可以供全系统中的所有用户共享，并且以透明的方式访问它们。

（5）健壮性。任何站点上的故障都不会给系统造成太大的影响。当某一设备出现故障时，可以通过容错技术实现系统重构，从而保证系统的正常运行。

为解决 UNIX 系统日趋庞大，以及在可移植性、可维护性和对硬件环境的适应性方面所遇到的种种困难，AT&T 公司的贝尔实验室于 1987 年由 Ken Thompson（UNIX 设计者之一）参与开发了一个具有全新概念的分布式操作系统——Plan 9。Plan 9 是运行在由不同网络联接 CPU 服务器、文件服务器及终端机的分布式硬件上的一个分布式操作系统。

分布式操作系统与网络操作系统的主要区别：①能否适用不同的操作系统。网络操作系统可以构架于不同的操作系统之上，也就是说，它可以在不同的本机操作系统上，通过网络协议实现网络资源的统一配置，在大范围内构成网络操作系统；而分布式操作系统是由一种操作系统构架的。②对资源的访问方式不同。网络操作系统在访问系统资源时，需要指明资源的位置和类型，对本地资源和异地资源的访问要区别对待；而分布式操作系统对所有资源，包括本地资源和异地资源，都用同一方式进行管理和访问，用户不必关心资源在哪里，或资源是怎样存储的。

8. 嵌入式操作系统

嵌入式操作系统（Embedded Operating System，EOS）是一种完全嵌入受控器件内部，为特定应用而设计的专用计算机系统，根据英国电气工程师协会（U.K. Institution of Electrical Engineer）的定义，嵌入式系统为控制、监视或辅助设备、机器或用于工厂运作的设备。与个人计算机这样的通用计算机系统不同，嵌入式系统通常执行的是带有特定要求的预先定义的任务。由于嵌入式系统只针对一项特殊的任务，设计人员能够对它进行优化，减小尺寸降低成本。所以嵌入式系统通常进行大量生产。单个系统的成本节约，能够随着产量进行成百上千的放大。

嵌入式系统过去主要应用于工业控制和国防系统领域，而如今，它的应用范围迅速扩大至办公设备、信息家电、医疗设备、多功能仪器等多种领域。

目前，已推出一些应用比较成功的 EOS 产品系列。随着 Internet 技术的发展、信息家电的普及应用及 EOS 的微型化和专业化，EOS 开始从单一的弱功能向高专业化的强功能方向发展。嵌入式操作系统在系统实时高效性、硬件的相关依赖性、软件固态化及应用的专用性等方面具有较为突出的特点。EOS 是相对于一般操作系统而言的，它除了具备一般操作系统最基本的功能，如任务调度、同步机制、中断处理、文件功能等外，还有以下特点：

（1）可装卸性。开放性、可伸缩性的体系结构。

（2）强实时性。EOS 实时性一般较强，可用于各种设备控制中。

（3）统一的接口。提供各种设备驱动接口。

（4）操作方便、简单，提供友好的图形用户界面（GUI），追求易学易用。

（5）提供强大的网络功能，支持 TCP/IP 协议及其他协议，提供 TCP/UDP/IP/PPP 协议支持及统一的 MAC 访问层接口，为各种移动计算设备预留接口。

（6）强稳定性，弱交互性。嵌入式系统一旦开始运行就不需要用户过多的干预，这就要求负责系统管理的 EOS 具有较强的稳定性。嵌入式操作系统的用户接口一般不提供操作命令，它通过系统调用命令向用户程序提供服务。

（7）固化代码。在嵌入式系统中，嵌入式操作系统和应用软件被固化在嵌入式系统计算机的 ROM 中。辅助存储器在嵌入式系统中很少使用，因此，嵌入式操作系统的文件管理功能应该能够很容易地拆卸，而用于各种内存文件系统。

（8）更好的硬件适应性，也就是良好的移植性。

国际上用于信息电器的嵌入式操作系统有 40 种左右。现在，市场上非常流行的 EOS 产品，包括 3Com 公司下属子公司的 Palm OS、微软公司的 Windows CE。开放源代码的 Linux 很适于做信息家电的开发。比如：中科红旗软件技术有限公司开发的红旗嵌入式 Linux 和美国网虎公司开发的基于 XLinux 的嵌入式操作系统——“夸克”。“夸克”是目前全世界最小的 Linux，它有两个很突出的特点：体积小和使用 GCS 编码。

常见的嵌入式系统有 Linux、μCLinux、Windows CE、Palm OS、Symbian、eCos、μCOS-II、VxWorks、pSOS、Nucleus、ThreadX、RTEMS、QNX、INTEGRITY、OSE、C Executive。

由嵌入式软件的特性可以看出：嵌入式操作系统将向微内核、模块化、Java 虚拟机技术、多任务多线程方向发展；嵌入式应用软件将向模块化、专门化、多样化和简易化方向发展。

1.3 操作系统的特征与功能

操作系统是一种特殊的系统软件，它具有一定的特点和要求，也具有特定的功能。本节主要介绍操作系统的特征和主要功能。

1.3.1 操作系统的特征

不同操作系统的特征各不相同。批处理操作系统主要突出成批处理的特点，分时操作系统主要突出交互性的特点，实时操作系统主要突出及时处理的特点。但是，这几种操作系统都具有以下基本特征：

1. 并发性

在多道程序环境下，并发性是指两个或多个事件在同一时间间隔内发生，即宏观上有多道程序同时执行，而微观上，在单处理器系统中每一个时刻仅能执行一道程序。它与并行性的区别是：并行性是指在同一个时刻有两个或多个事件发生。并发的目的是改善系统资源的利用率和提高系统的吞吐量。

2. 共享性

共享性是指系统中的资源可以供多个并发执行的进程使用。根据资源的属性，把共享分为互斥共享和同时共享两种方式。互斥共享是指系统中的资源，如打印机、磁带等，虽然它们可以供多个进程使用，但是在一段时间内只允许一个进程访问该资源。同时共享是指系统中有些资源，如磁盘等，允许在一段时间内有多个进程同时对它们进行访问。

这里提到的进程，是指程序的一次执行，是程序在一个数据集合上的运行过程，是系统进行资源分配和调度的基本单位。本书将在第 2 章详细介绍。

并发性和共享性是操作系统的两个基本特征，它们互为存在条件。一方面，资源共享是以程序（进程）的并发为条件的；若系统不允许并发执行，自然不存在资源共享问题。另一方面，若系统不能对资源共享实施有效管理，则将影响程序的并发执行，甚至无法执行。

3. 虚拟性

虚拟性是指通过某种技术把一个物理实体变成若干个逻辑实体。即物理上虽然只有一个实体，但是，用户使用时感觉有多个实体可供使用。通过多道程序设计技术，可以实现处理器的虚拟；通过请求调进/调出技术，可以实现存储器的虚拟；通过 SPOOLing 技术，可以实现设备的虚拟。这些虚拟技术将在后面章节里详细介绍。

4. 异步性

异步性也称为不确定性，是指在多道程序环境下，允许多个进程并发执行。由于资源的限制，进程的执行不是“一气呵成”的，而是“走走停停”的。但是，只要环境相同，一个作业经过多次运行，都会得到相同的结果。

1.3.2 操作系统的功能

操作系统是用户与硬件之间的桥梁，它主要负责管理计算机系统中的所有资源，并且负责它们的调度和使用，充分发挥这些资源的作用，并且方便用户的使用。从资源管理角度而言，操作系统的功能主要有处理器管理、存储器管理、设备管理、文件管理、作业管理与系统接口。

1. 处理器管理

处理器是计算机中的核心资源，所有程序的运行都要靠处理器实现。处理器要解决的问题包括：如何协调不同程序之间的运行关系；如何及时反映不同用户的不同要求；如何让众多用户能够公平地得到计算机资源等。因此，处理器管理的主要任务是对处理器的时间进行分配，对不同程序的运行进行记录和管理，解决不同程序运行时发生的冲突，并对整个运行过程进行有效地控制和管理。处理器管理是操作系统最核心的部分，它的设计理念和管理方法决定了整个系统的运行能力和质量。

2. 存储器管理

这里的存储器管理主要指内存储器管理。内存主要用来存放系统和用户的程序及数据，内存越大，存放的数据越多。虽然内存的容量在不断扩大，但仍然无法满足用户对内存容量的无限需求。因此存储管理的主要任务包括：如何合理地为系统和不同用户的不同程序划分内存存储区域，保障各存储区域不受其他程序的影响；在现有内存容量的基础上借助其他辅助存储器在虚拟上扩充内存空间，以达到“小内存大容量”的目的；并对存储空间进行整理。

3. 设备管理

计算机主机连接着许多设备，这些设备来自不同厂家，有着不同型号，有专用于输入输出的设备，也有用于存储数据的设备，还有用于某些特殊需要的设备。如果没有设备管理，用户一定会茫然不知所措。设备管理的主要任务就是：为用户提供设备的独立性，使用户不需要了解各种设备的具体参数和工作方式，只需简单使用一个设备名就可以操作设备；在幕后实现对设备的具体操作；对各种设备信息进行记录和修改；控制设备行为。

4. 文件管理

计算机中的数据都是以文件形式存在的。文件有不同的表现形式，也有不同的存储方式，可以连续存放，也可以分开存放；有不同的存储位置，可以放在主存中，也可以放在各种辅助存储器中，甚至可以停留在某些设备上。文件管理的主要任务是对用户文件和系统文件进行分类；为文件分配存储空间，提高存储空间的利用率；为大量文件建立目录，使用户能够方便地对文件进行查找、打开、读写等各种操作。

5. 作业管理

当用户开始与计算机打交道时，第一个接触的就是作业管理部分，用户通过作业管理所提供的界面对计算机进行操作。因此，作业管理担负着两方面的工作：向计算机通知用户的到来，对用户要求计算机完成的任务进行记录和安排；向用户提供操作计算机的界面和对应的提示信息，接受用户输入的程序、数据及要求，同时将计算机运行的结果反馈给用户。作业管理的主要任务是完成用户要求的全过程处理上的宏观管理。作业管理的功能有作业注册、作业调度、作业运行和作业终止等。

1.4 现代主要操作系统简介

1.4.1 Windows 操作系统

1985 年 11 月，美国微软（Microsoft）公司研发的窗口式操作系统 Windows 1.0 正式投入市场，宣告了指令操作系统 MS-DOS 时代的结束。

Windows，即窗户、视窗的意思。Windows 操作系统采用了 GUI 图形化操作模式，比起从前的指令操作系统具有界面直观、操作方便、人性化等特点。Windows 操作系统是目前世界上使用最广泛的操作系统，根据 2013 年 1 月最新的调查数据显示，微软的 Windows 家族占据全球 PC 操作系统市场份额的 91.49%，位列 PC 行业首位。

Windows 的主要特点如下：

（1）全新的图形界面，操作直观方便。

（2）新的内存管理，突破 640KB 限制，实现了虚存管理。

（3）提供多用户多任务能力，多任务之间既可切换又能交换信息。

（4）提供各种系统管理工具，如程序管理器、文件管理器、打印管理器及各种实用程序。

（5）Windows 环境下允许装入和运行 DOS 下开发的程序。

（6）提供数据库接口、网络通信接口。

1.4.2 Linux 操作系统

Linux 是由芬兰藉科学家 Linus Torvalds 于 1991 年编写完成的一个操作系统内核，当时他还是芬兰赫尔辛基大学的学生，在学习操作系统课程中，自己动手编写了一个操作系统原型，一个新的操作系统从此诞生了。Linus 把这个系统放在 Internet 上，允许自由下载，许多人对这个系统进行改进、扩充、完善，并做出了关键性贡献。Linux 由最初一个人写的原型变成在 Internet 上由无数志同道合的程序高手们参与的一场运动。

Linux 以它的高效性和灵活性著称，Linux 模块化的设计结构，使得它既能在价格昂贵的工作站上运行，也能够在廉价的 PC 上实现全部的 UNIX 特性，具有多任务、多用户的能力。Linux 操作系统软件包不仅包括完整的 Linux 操作系统，而且包括文本编辑器、高级语言编译器等应用软件，还包括带有多个窗口管理器的 X-Windows 图形用户界面，如同使用 Windows NT 一样，允许使用窗口、图标和菜单对系统进行操作。

短短几年，Linux 操作系统已得到广泛使用。1998 年，Linux 已在构建 Internet 服务器上超越 Windows NT。许多大公司如 IBM、Intel、Oracle、Sun、Compaq 等都大力支持 Linux 操作系统，各种知名软件纷纷移植到 Linux 平台上，运行在 Linux 下的应用软件越来越多，Linux 的中文版已开发出来，开始在中国流行，同时，也为发展我国自主操作系统提供了良好条件。

Linux 的发行版为许多不同的目的而制作，包括对不同计算机结构的支持，对一个具体区域或语言的本地化，实时应用和嵌入式系统，甚至许多版本故意地只加入免费软件。目前，超过 300 个发行版被积极地开发，最普遍使用的发行版诸如 Red Hat、Ubuntu、Fedora、OpenSUSE、Debian、Mandriva 等有大约 12 个。其中，Red Hat 拥有 52%的 Linux 操作系统市场份额。

1.4.3 Macintosh 操作系统

1986 年，美国 Apple 公司推出 Macintosh 计算机操作系统，它是全图形化界面和操作方式的鼻祖。由于它拥有全新的窗口系统、强有力的多媒体开发工具和操作简便的网络结构而风光一时。Apple 公司也成为当时唯一能与 IBM 公司抗衡的 PC 生产公司。Macintosh 计算机的默认操作系统名为 SystemSoftware，至 7.5.1 正式改名为 Mac OS（麦金塔操作系统）。Mac OS 至今已经推出了十代。最近，Apple 公司刚刚宣布将 Mac OS X 更名为 OS X。现行的最新的系统版本是 Mac OS X 10.8 Mountain Lion。

Mac 是基于 Macintosh 的 M680X 系列芯片的微型机，Mac 操作系统的主要特点有：①采用面向对象技术；②全图形化界面；③虚拟存储管理技术；④应用程序间的相互通信；⑤强有力的多媒体功能；⑥简便的分布式网络支持；⑦丰富的应用软件。

Mac 的主要应用领域为：桌面彩色印刷系统、科学和工程可视化计算、广告和市场经营、教育、财会和营销等。

1.4.4 Android 操作系统

Android 是一种基于 Linux 的自由及开放源代码的操作系统，主要用于移动设备，如智能手机和平板电脑，由 Google 公司和开放手机联盟领导及开发。尚未有统一中文名称，中国大陆地区较多使用“安卓”或“安致”。

Android 操作系统最初由 Andy Rubin 开发，主要支持手机。2005 年 8 月由 Google 收购注资。2007 年 11 月，Google 与 84 家硬件制造商、软件开发商及电信营运商组建开放手机联盟共同研发改良 Android 系统。随后 Google 以 Apache 开源许可证的授权方式，发布了 Android 的源代码。

第一部 Android 智能手机发布于 2008 年 10 月。Android 逐渐扩展到平板电脑及其他领域上，如电视、数码相机、游戏机等。2011 年第一季度，Android 在全球的市场份额首次超过塞班系统，跃居全球第一。2012 年 11 月数据显示，Android 占据全球智能手机操作系统市场 76% 的份额，中国市场占有率为 90%。

本章小结

操作系统是一组控制和管理计算机硬件和软件资源，合理地调度各类作业，以方便用户使用的程序集合。

通过本章的学习，读者应熟悉和掌握以下基本概念：

操作系统、批处理系统、分时系统、实时系统、网络系统、分布式系统、脱机输入输出技术、多道程序设计技术、分时技术、操作系统结构、内核、系统调用。

通过本章的学习，读者应熟悉和掌握以下基本知识：

（1）操作系统的作用。从用户的观点看，操作系统是用户与硬件之间的接口。从资源管理的观点看，操作系统是系统资源的管理者。从层次的观点看，操作系统用作扩充机器。

（2）操作系统的设计目标。方便性，主要是指用户使用方便；有效性，主要是指能有效地管理系统的各类资源；可扩充性，主要是指操作系统自身的体系结构适应功能扩充的需要；开放性，主要是指适应硬件的发展和应用程序的可移植性。

（3）操作系统的特征。并发性，是指两个或多个事件在同一时间间隔内发生；共享性，是指系统中的资源可以供多个并发执行的进程使用；虚拟性，是指通过某种技术把一个物理实体变成若干个逻辑实体；异步性，是指多个并发执行的进程，由于资源的限制，进程的执行不是“一气呵成”的，而是“走走停停”的。

（4）操作系统的基本功能。从资源管理的角度来看，操作系统的功能主要有处理器管理、存储器管理、设备管理、文件管理、作业管理与系统接口。

习题 1

一、单项选择题

1．语言处理程序属于（　　）。

A）系统软件　B）支撑软件　C）应用软件　D）以上都不是

2．人与裸机间的接口是（　　）。

A）应用软件　B）操作系统　C）支撑软件　D）以上都不是

3．20 世纪 50 年代，General Motors 研究室在 IBM701 上实现了第一个操作系统，它是一个（　　）。

A）单道批处理系统　B）多道批处理系统

C）分时操作系统　D）以上都不是

4．启动外围设备的工作由（　　）完成。

A）用户程序　B）操作系统

C）用户　D）外围设备自动启动

5．能够实现通信及资源共享的操作系统是（　　）。

A）批处理操作系统　B）分时操作系统

C）实时操作系统　D）网络操作系统

6．时间片概念一般用于（　　）。

A）批处理操作系统　B）分时操作系统

C）实时操作系统　D）以上都不是

7．UNIX 操作系统是一种（　　）。

A）分时操作系统　B）批处理操作系统

C）实时操作系统　D）分布式操作系统

8．操作系统是一套（　　）程序的集合。

A）文件管理　B）中断处理

C）资源管理　D）设备管理

9．批处理系统的主要缺点是（　　）。

A）无平行性　B）CPU 使用的效率低

C）无交互性　D）以上都不是

10．操作系统的基本特征是共享性和（　　）。

A）动态性　B）并发性　C）交互性　D）制约性

11. 在分时系统中，当时间片一定时，（　　）响应越快。

A）主存越大　　B）用户数越小

C）用户数越大　　D）主存越小

12. 下面（　　）不属于操作系统功能。

A）用户管理　　B）CPU 和存储管理

C）设备管理　　D）文件和作业管理

13. 下面说法中错误的是（　　）。

A）操作系统是一种软件

B）计算机是一个资源的集合体，包括软件资源和硬件资源

C）计算机硬件是操作系统工作的实体，操作系统的运行离不开硬件的支持

D）操作系统是独立于计算机系统的，它不属于计算机系统

14. 下面不属于批处理操作系统特点的是（　　）。

A）系统吞吐量大　　B）提高单位时间内的处理量

C）系统资源利用率高　　D）具有很强的交互性，方便用户

15. 要求及时响应、具有高可靠性、安全性的操作系统是（　　）。

A）分时操作系统　　B）实时操作系统

C）批处理操作系统　　D）以上都是

16. 裸机配备了操作系统，则构成了（　　）。

A）系统软件　　B）应用软件

C）虚机器　　D）硬件系统

17. 以下关于操作系统设计的描述，不正确的是（　　）。

A）操作系统设计的目标之一是方便用户

B）操作系统设计的目标是实现虚拟机

C）操作系统设计目标之一是使计算机能高效地工作

D）操作系统设计目标是为其他程序设计提供良好的支撑环境

18. 分布式计算机系统是一种特殊的（　　）。

A）联机系统　　B）具有通信功能的单机系统

C）计算机网络　　D）以上都不是

19. 能直接对系统中各类资源进行动态分配和管理，控制、协调各类任务的并行执行且系统中主机无主次之分，并且向用户提供统一的、有效的软件接口的系统是（　　）。

A）分布式操作系统　　B）实时操作系统

C）网络操作系统　　D）批处理操作系统

20. 分时操作系统的及时性是对（　　）而言的。

A）周转时间　　B）响应时间

C）延迟时间　　D）A 和 C

二、填空题

1．计算机系统由________和________两大部分组成，由________对它们进行管理，以提高系统资源的利用率。________

2．操作系统是一套________软件，其基本功能包括________、________、________、________和作业管理。它是________和________间的软件接口。

3．操作系统简称为________，是英文________的缩写。

4．操作系统的设计目标是________和________。

5．分时操作系统的特点主要包括________、________和________。

6．实时操作系统的特点主要包括________、________和________。

7．UNIX 系统是一个________操作系统，MS-DOS 是一个________操作系统。

8．计算机软件系统由________和________构成。

三、简答题

1．从资源管理的角度阐述操作系统的功能。

2．简要论述实时操作系统和分时操作系统的区别。

3．操作系统有哪几种类型？其工作方式如何？

4．为什么说多道批处理系统能极大地提高计算机系统的工作效率？

5．分时系统如何使各终端用户感到自己独占计算机资源？

2 处理器管理

本章主要内容

- 处理器管理概述
- 进程描述
- 进程控制
- 线程的基本概念
- 进程同步与互斥
- 进程通信
- 进程调度
- 进程死锁

本章教学目标

- 了解进程的基本概念
- 熟悉进程描述、进程通信和进程死锁
- 掌握进程控制、进程同步与互斥、进程调度

2.1 处理器管理概述

在计算机的各种硬件资源中，处理器是最重要的资源，也是最紧俏的资源。因此，处理器管理的好坏，将直接影响计算机整个性能。本节主要介绍处理器管理的主要任务与主要功能、程序的顺序执行和并发执行。

2.1.1 处理器的管理功能

处理器管理的主要任务，是对处理器进行分配，并对其运行进行有效地控制和管理。在现代操作系统中，处理器的分配和运行都是以进程为基本单位，因而对处理器的管理也可以视

为对进程的管理。它包括以下几方面的功能：进程控制、进程同步、进程通信及调度。

2.1.2 程序的执行

1. 前趋图

前趋图是一个有向无循环图。图中的每个结点可用于表示一条语句、一个程序段等；结点间的有向边表示在两个结点之间存在的前趋关系。如 $P_i \rightarrow P_j$，称 P_i 是 P_j 的前趋，而 P_j 是 P_i 的后继。在前趋图中，没有前趋的结点称为初始结点，没有后继的结点称为终止结点。应当注意的是，前趋图中不能存在循环。

在图 2-1 所示的前趋图中存在下述的前趋关系：

$P_1 \rightarrow P_2$，$P_1 \rightarrow P_3$，$P_2 \rightarrow P_5$，$P_3 \rightarrow P_4$，$P_4 \rightarrow P_5$，$P_5 \rightarrow P_6$

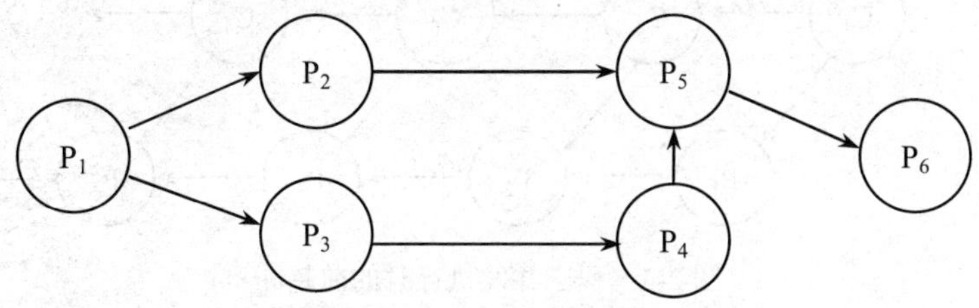

图 2-1　具有 6 个结点的前趋图

2. 程序的顺序执行

一个较大的程序通常由若干个操作组成。程序在执行时，必须按某种先后次序逐个执行操作，只有当前一个操作执行完后，才能执行后一个操作。例如：在进行计算时，总是先输入需要的数据，然后才能进行计算，计算完成后再将结果输出。

如果用 I 代表输入，C 代表计算，P 代表打印，则上述情况可用图 2-2 所示的前趋图表示。

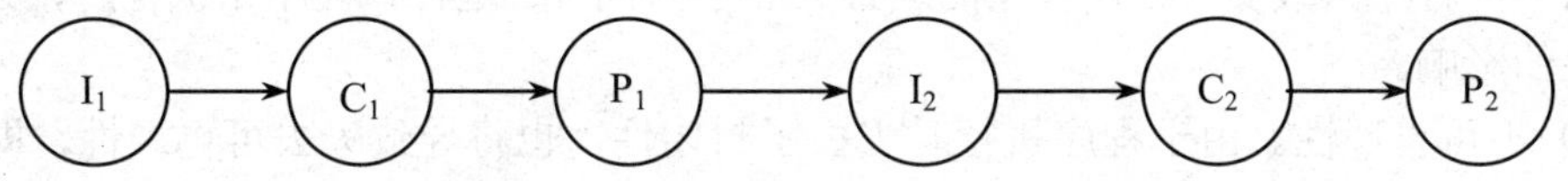

图 2-2　程序顺序执行时的前趋图

程序的顺序执行，通常表现出以下特征：

（1）顺序性。严格按照程序所规定的顺序执行。

（2）封闭性。程序在封闭的环境下执行，在运行时独占所有资源，其执行结果不受外界因素的影响。

（3）可再现性。只要程序执行的环境和初始条件相同，程序无论重复执行多少次，按何种方式执行，都将获得相同的结果。

3. 程序的并发执行

如程序顺序执行所述，一个较大的程序包括若干个按照一定次序执行的组成部分，但是，在处理一批程序时，它们之间有时并不存在严格的执行次序，可以并发执行。如程序顺序执行中的示例，虽然在进行计算时，总是先输入需要的数据，然后才能进行计算，计算完成后，再将结果输出。但是，完成第一次输入后，在对第一次输入进行计算的同时，可以进行第二次的输入，实现第一次计算与第二次输入的并发执行。同理，在进行第 i+1 次输入时，可以进行第 i 次的计算，同时进行第 i – 1 次的输出。

上述情况可用图 2-3 所示的前趋图表示。

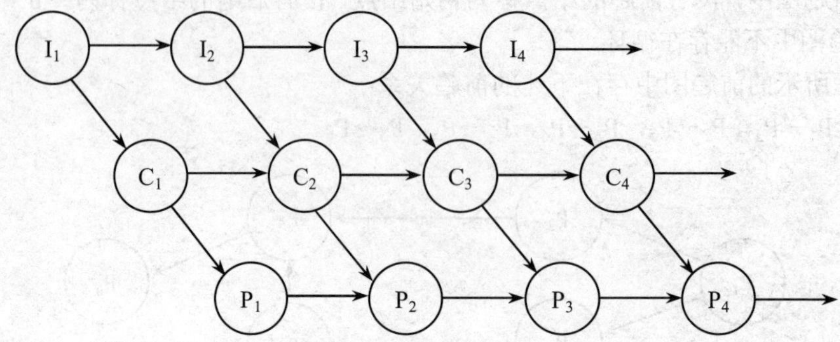

图 2-3　程序并发执行时的前趋图

程序的并发执行是指在一个时间段内执行多个程序。程序在并发执行时，虽然提高了系统吞吐量，但是也会产生一些与顺序执行时不同的特征。

（1）间断性。在程序并发执行时，由于它们之间共享资源或相互合作，致使它们之间形成了相互制约的关系，导致并发程序在执行中因为受到影响，表现为"执行－暂停执行－执行"的间断性活动规律。

（2）失去封闭性。程序并发执行时，多个程序共享系统中的各种资源，因而这些资源的状态将由多个程序来改变，致使程序的运行失去了封闭性。这样，程序在执行时，必然会受到其他程序的影响。

（3）不可再现性。由于程序执行时失去了封闭性，也将导致失去可再现性，即使并发程序执行的环境和初始条件相同，程序的多次或以不同方式的执行，可能获得不同的结果。

【例 2-1】程序 A 和程序 B 为并发执行，它们共享变量 M；程序 A 执行 M=M+1；程序 B 执行 print M；M=1。

程序 A 和程序 B 执行的顺序若不相同时，M 的结果将产生不同的变化。

（1）M = M +1；print M；M = 1。M 值依次为 M+1、M+1、1。

（2）print M；M = M +1；M = 1。M 值依次为 M、M+1、1。

（3）print M；M = 1；M = M +1。M 值依次为 M、1、2。

在实际环境中可以利用前趋图来判断程序是否可以并发执行。首先画出程序执行的前趋图，根据该程序或运算在前趋图中的位置关系，可以判断其能否并发执行。即在程序或运算的先后顺序上，只有前后相邻的程序或运算不能并发执行，其余程序和运算都可以并发执行。

【例 2-2】已知一个求值公式$(a^2+3b)/(b+5a)$，若 a、b 已赋值，试画出该公式求值过程的前趋图，并判断哪些求值过程可以并发执行。

【解】把公式$(a^2+3b)/(b+5a)$按运算顺序分解，可以产生以下运算步骤：s_1～s_6，如图 2-4（a）所示；根据分解的运算顺序画出它的前趋图，如图 2-4（b）所示。

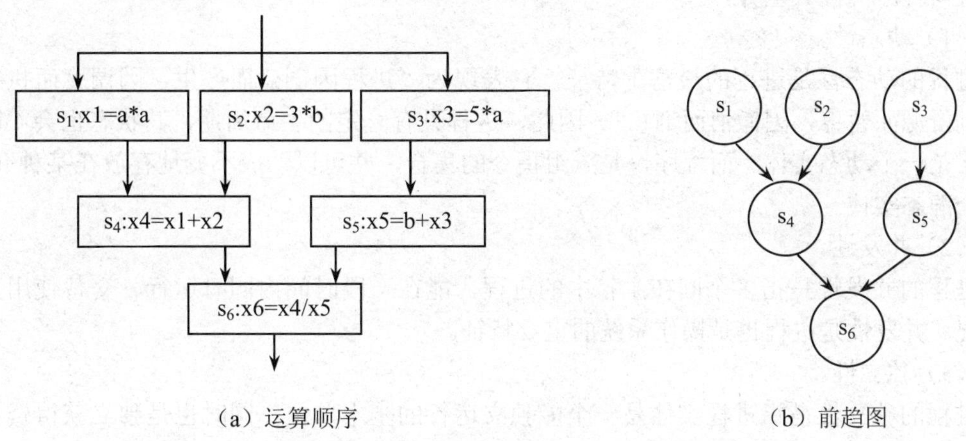

（a）运算顺序　　（b）前趋图

图 2-4　利用前趋图判断并发

根据前趋图，可以看出能够并发执行的运算是 s_1 与 s_2、s_1 与 s_6、s_2 与 s_6、s_3 与 s_6、s_1 与 s_3、s_2 与 s_3、s_1 与 s_5、s_2 与 s_5、s_3 与 s_4、s_4 与 s_5，其余的运算不能并发执行。

说明：程序的并行执行是指在某一时刻，同时执行多个程序，它是并发执行的一个特例。

2.2　进程描述

程序并发执行时产生了一些新的特征，用原有的程序概念不能很好地解释程序执行过程中的很多现象。例如，程序暂停执行时，程序的现场保护；程序恢复运行时继续执行的说明。为了使程序能够并发执行，并能对并发执行的程序加以控制和描述，引入了进程概念。本节主要介绍进程的概念与特征、进程的状态与状态间的转换。

2.2.1　进程的概念

1．进程的定义

“进程”这一术语，首先是在 20 世纪 60 年代初期，出现在麻省理工学院的 MULTICS 系统和 IBM 公司的 CTSS/360 系统中，其后，人们对它不断加以改进，从不同的方面对它进行描述。关于进程的定义有以下一些描述。例如，进程是程序的一次执行。进程可以定义为一个数据结构及能在其上进行操作的一个程序。进程是程序在一个数据集合上的运行过程，是系统资源分配和调度的一个独立单位。

据此，可以把“进程”定义为：一个程序在一个数据集合上的一次运行过程。所以一个程序在不同数据集合上运行，乃至一个程序在同样数据集合上的多次运行都是不同的进程。

2. 进程的特征

进程与传统的程序是截然不同的两个概念，它具有 5 个基本特征，从这 5 个特征可以看到进程与程序的巨大差异。

（1）动态性。

进程的动态性是进程的最基本特征，它表现为“进程因创建而产生，因调度而执行，因得不到资源而暂停，因撤消而消亡”。因此，进程具有一定的生命周期，其状态也会不断发生变化，是一个动态实体。而程序仅是一组指令的集合，并可以一成不变地存放在某种介质上，是一个静态实体。

（2）并发性。

进程的并发性是指多个同在主存中的进程，能在一段时间内同时运行、交替使用处理器的情况。并发性是进程也是操作系统的重要特征。

（3）独立性。

进程的独立性是指进程实体是一个能独立运行的基本单位，同时也是独立获得资源和独立调度的基本单位。没有创建进程的程序是不能参加运行的。

（4）异步性。

进程的异步性是指系统中的进程按各自独立的、不可预知的速度向前推进，即进程按异步方式运行。正因如此，将导致执行的不可再现性。因此，在操作系统中必须采取相应的措施来保证进程之间能协调运行。

（5）结构性。

进程的结构性是指在结构上进程实体由程序段、数据段和进程控制块组成，这三部分也统称为进程映像。

举一个例子来说明程序和进程。如从北京西发往长沙的 T1 次列车就相当于一个程序，它有自己的运行步骤：始发的时间、站台，中间停靠的车站及停靠时间，到达终点站的时间等。而 2004 年 3 月 1 日从北京西发往长沙的 T1 次列车就相当于一个进程，它是一个过程，17:00 从北京西客站出发开始，第二天 8:38 到达长沙结束。

2.2.2 进程的状态

进程具有一定的生命周期，并且在推进的过程中会发生相应的变化，即不断改变自身状态。为了有效地控制和管理进程，根据实际情况，将进程分为不同的状态。

1. 进程的三种基本状态

通常，一个进程必须具有就绪、执行和阻塞三种基本状态。

（1）就绪状态。

当进程已分配到除处理器（CPU）以外的所有必要资源后，只要再获得处理器就可以立即执行，这时进程的状态称为就绪状态。在一个系统里，可以有多个进程同时处于就绪状态，通常把这些就绪进程排成一个或多个队列，称为就绪队列。例如，你接受完了大学教育，做好各项准备，然后要去求职，此时就相当于就绪状态。

（2）执行状态。

处于就绪状态的进程一旦获得了处理器，就可以运行，进程状态也就处于执行状态。在单处理器系统中，只能有一个进程处于执行状态，在多处理器系统中，则可能有多个进程处于执行状态。例如，你被一家企业或组织选中，从而得到工作岗位，获得了为社会和自己创造财富的机会，此时就相当于执行状态。

（3）阻塞状态。

正在执行的进程因为发生某些事件（如请求输入/输出、申请额外空间等）而暂停运行，这种受阻暂停的状态称为阻塞状态，也可以称为等待状态。通常将处于阻塞状态的进程排成一个队列，称为阻塞队列。在有些系统中，也会按阻塞原因的不同将处于阻塞状态的进程排成多个队列。例如，在工作中因为你自身知识与能力的缺陷，使你不能胜任工作，企业或组织将你解聘，从而使你无法继续工作，必须进行进一步的培训或学习，这样就进入了阻塞状态。

2. 进程的其他两种状态

除了进程的三种基本状态，在很多系统中为了更好地描述进程的状态变化，又增加了两种状态。

（1）新状态。

当一个新进程刚刚建立，还未将其放入就绪队列时的状态，称为新状态。

（2）终止状态。

当一个进程已经正常结束或异常结束，操作系统已将其从系统队列中移出，但尚未撤消，这时称为终止状态。

3. 进程状态间的转换

在进程推进过程中，将在各个状态间不断发生改变。

当就绪队列能够接纳新的进程时，操作系统就会把处于新状态的进程移入就绪队列，此时进程就从新状态转变为就绪状态。处于就绪状态的进程，当进程调度程序按一定的算法为之分配了处理器后，该进程就可以获得执行，从而进程状态由就绪状态变为执行状态，处于执行状态的进程也被称为当前进程。正在执行的进程因为自身需求发生某事件（如 I/O 请求或等待某一资源等）而无法继续，只好暂停执行，此时进程就由执行状态转变为阻塞状态。正在执行的进程，如因系统分配给的时间片结束或优先权较低，而暂停执行，则该进程将会从执行状态转换为就绪状态。处于阻塞队列中的进程，如果需要的资源得到满足或完成输入输出响应，就会变为就绪状态，进入就绪队列，等待下一次调度。当一个进程正常结束或出现异常错误结束时，进程将由执行状态转变为终止状态。

图 2-5 给出了具有 5 种基本状态的进程状态转换图。

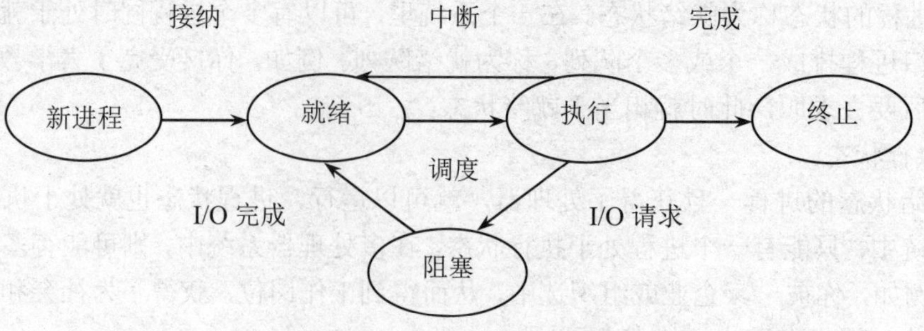

接纳　中断　完成

新进程　就绪　执行　终止

调度

I/O 完成　I/O 请求

阻塞

图 2-5　进程的 5 种基本状态

2.2.3　进程的挂起状态

1. 挂起状态的引入

在很多系统中，进程只有上述五种基本状态，但在另一些系统中，由于某种需要又增加了一些新的进程状态，其中最重要、最常见的是挂起状态，引入挂起状态主要是基于下列需求：

（1）用户的需求。

当用户在自己的程序运行期间，发现有可疑问题时，往往希望暂时使自己的进程静止下来，但并不终止进程。若进程处于执行状态，则暂停执行；若进程处于就绪状态，则暂时不接受调度，以便研究进程执行情况或对程序进行修改。这种静止状态称为挂起状态。

（2）父进程的需求。

父进程往往希望考查和修改子进程，或者协调各个子进程之间的活动，此时需要挂起自己的子进程。

（3）操作系统的需求。

操作系统有时需要挂起某些进程，然后来检查系统中资源的使用情况及进行记账控制，以便改善系统运行的性能。

（4）对换的需求。

为了缓和主存与系统其他资源的紧张情况，并且提高系统性能，有些系统希望将处于阻塞状态的进程从主存换至外存，而换到外存的进程即使所等待的事件完成，其仍然不具备执行的条件，不能进入就绪队列，所以需要一个有别于阻塞状态的新状态来表示，即挂起状态。

2. 引入挂起状态后的进程状态转换

在引入挂起状态后，进程的状态变化又增加了挂起状态（又称为静止状态）与非挂起状态（又称为活动状态）间的转换。

正在执行的进程，如果用挂起原语将该进程挂起后，此时进程就暂停执行，转变为静止就绪状态。当进程处于未被挂起的就绪状态时，称之为活动就绪状态，在用挂起原语将该进程挂起后，此时进程就转变为静止就绪状态，处于静止就绪状态的进程，不能再被调度执行。处于静止就绪状态的进程，若用激活原语将该进程激活后，进程状态就由静止就绪状态变为活动就绪状态，激活后的进程就可以被调度执行了。当进程处于未被挂起的阻塞状态时，称为活动阻塞状态，在用挂起原语将该进程挂起后，此时进程就转变为静止阻塞状态。处于静止阻塞状态的进程，若用激活原语将该进程激活后，进程状态就由静止阻塞状态变为活动阻塞状态。处于静止阻塞状态的进程，在其所需要的资源满足或完成等待的事件后，就会变为静止就绪状态。

读者可以根据上述内容，自己画出引入挂起状态后的进程转换图。

2.3 进程控制

进程控制的主要任务是为作业程序创建进程，撤消已结束的进程，以及控制进程在运行过程中的状态转换。本节主要介绍进程控制块的作用、组成、组织方式，进程的创建与撤消，进程的阻塞与唤醒。

2.3.1 进程控制块

1. 进程控制块的概念

进程控制块（Process Control Block，PCB）是进程实体的重要组成部分，是操作系统中最重要的记录型数据，在 PCB 中记录了操作系统所需要的、用于描述进程情况及控制进程运行所需要的全部信息。通过 PCB，使得原来不能独立运行的程序（数据），成为一个可以独立运行的基本单位，一个能够并发执行的进程。换句话说，在进程的整个生命周期中，操作系统都要通过进程的 PCB 来对并发执行的进程进行管理和控制。

由此看来，PCB 是系统对进程控制采用的数据结构。系统是根据进程的 PCB 而感知进程存在的。所以，PCB 是进程存在的唯一标志。当系统创建一个新进程时，就要为它建立一个 PCB；进程结束时，系统又回收其 PCB，进程也随之消亡。PCB 可以被多个系统模块读取和修改，如调度模块、资源分配模块、中断处理模块、监督和分析模块等。因为 PCB 经常被系统访问，因此，将 PCB 常驻主存。系统把所有的 PCB 组织成若干个链表（或队列），存放在操作系统中专门开辟的 PCB 区内。

2. 进程控制块的内容

在 PCB 中，主要包括下述四个方面用于描述和控制进程运行的信息。

（1）进程标识信息。

进程标识符用于标识一个进程，一个进程通常有外部标识符和内部标识符两种。

1）外部标识符。由进程创建者命名，通常是由字母、数字所组成的一个字符串，在用户（进程）访问该进程时使用。外部标识符都便于记忆，如计算进程、打印进程、发送进程、接收进程等。

2）内部标识符。它是为方便系统使用而设置的，操作系统为每一个进程赋予唯一的一个整数，作为内部标识符。它通常就是一个进程的序号。

（2）说明信息（进程调度信息）。

说明信息是进程状态等一些与进程调度有关的信息。包括：

1）进程状态。指明进程当前的状态，作为进程调度和对换时的依据。

2）进程优先权。用于描述进程使用处理器的优先级别，通常是一个整数，优先权高的进程将可以优先获得处理器。

3）进程调度所需的其他信息。其内容与所采用的进程调度算法有关，如进程等待时间、进程已执行时间等。

4）阻塞事件。它是指进程由执行状态转变为阻塞状态时所等待发生的事件，即阻塞原因。

（3）现场信息（处理器状态信息）。

现场信息用于保留进程存放在处理器中的各种信息，主要由处理器内的各个寄存器的内容组成。尤其是当执行中的进程暂停时，这些寄存器内的信息将被保存在 PCB 里，当该进程获得重新执行时，能从上次停止的地方继续执行。

1）通用寄存器。其中的内容可以被用户程序访问，用于暂存信息。

2）指令计数器。用于存放要访问的下一条指令的地址。

3）程序状态字。用于保存当前处理器状态信息，如执行方式、中断屏蔽标志等。

4）用户栈指针。每个用户进程都有一个或若干个与之相关的关系栈，用于存放过程和系统调用参数及调用地址，栈指针指向栈顶。

（4）管理信息（进程控制信息）。

管理信息包括进程资源、控制机制等一些进程执行所需要的信息。

1）程序和数据的地址。它是指该进程的程序和数据所在的主存和外存地址，以便在调度到该进程执行时，能够找到程序和数据。

2）进程同步和通信机制。它是指实现进程同步和进程通信时所采用的机制，如消息队列指针、信号量等。

3）资源清单。其中列出除了 CPU 以外，进程所需的全部资源和已经分配到的资源。

4）链接指针。它将指向该进程所在队列的下一个进程的 PCB 的首地址。

3. 进程控制块的组织方式

在一个系统中，通常拥有数十个、数百个乃至数千个 PCB，为了能对它们进行有效的管理，就必须通过适当的方式将它们组织起来，目前常用的组织方式有链接方式和索引方式两种。

（1）链接方式。

把具有相同状态的 PCB，用链接指针链接成队列。这样就可以形成就绪队列、阻塞队列和空闲队列等。就绪队列中的 PCB 将按照相应的进程调度算法进行排序。而阻塞队列也可以根据阻塞原因的不同，将处于阻塞状态的进程的 PCB，排成等待 I/O 队列、等待主存队列等多个队列。此外，系统主存的 PCB 区中空闲的空间将排成空闲队列，以方便进行 PCB 的分配与回收。

图 2-6 给出了一种 PCB 链接队列的组织方式。

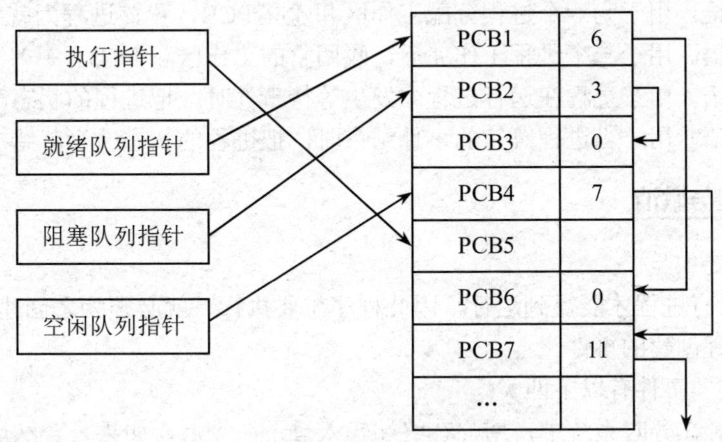

图 2-6　PCB 的链接组织方式

（2）索引方式。

系统根据所有进程的状态，建立几张索引表，如就绪索引表、阻塞索引表等，并把各个索引表在主存的首地址记录在主存中的专用单元里，也可以称为表指针。在每个索引表的表目中，记录着具有相同状态的各个 PCB 在表中的地址。

图 2-7 给出了 PCB 的索引组织方式。

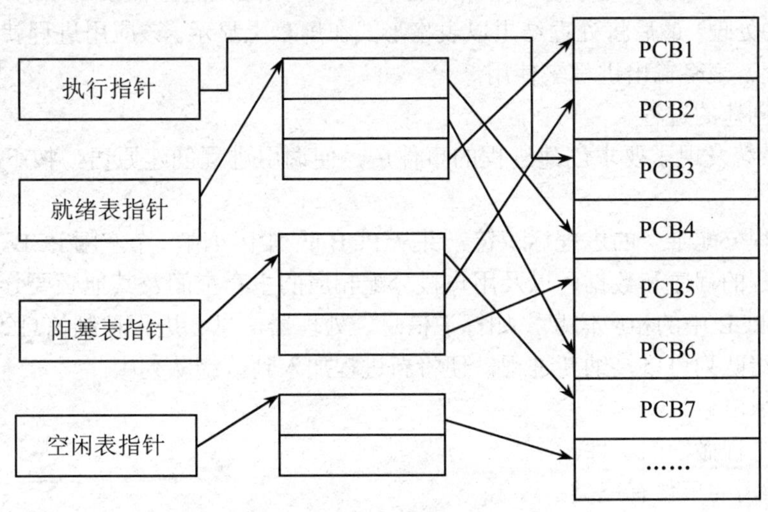

图 2-7　PCB 的索引组织方式

4. 进程控制原语

原语是指具有特定功能的不可被中断的过程。它主要用于实现操作系统的一些专门控制操作。用于进程控制的原语有创建原语、撤消原语、阻塞原语、唤醒原语四种。

（1）创建原语。用于为一个进程分配工作区和建立 PCB，置该进程为就绪状态。

（2）撤消原语。用于一个进程工作完后，收回它的工作区和 PCB。

（3）阻塞原语。用于进程在运行过程中发生等待事件时，把进程的状态改为等待态。

（4）唤醒原语。用于当进程等待的事件结束时，把进程的状态改为就绪态。

2.3.2 进程的创建与撤消

1. 进程的创建

在系统中，只有进程才能得到运行，因此程序想要执行，就必须为之创建进程。

（1）引起进程创建的事件。

引起进程创建的事件有以下四类：

1）用户登录。在分时系统中，用户在终端输入登录命令后，如果是合法用户，系统将为该终端用户建立一个进程，并把它放入就绪队列。

2）作业调度。在批处理系统中，当作业调度程序按一定的算法调度某个作业时，便将该作业装入主存，为其分配必要的资源，并为之创建进程，放入就绪队列。

3）提供服务。当运行中的用户进程提出某种请求后，系统将专门创建一个进程来提供用户所需要的服务。如果用户进程要求进行文件打印时，操作系统将为之创建一个打印进程。

4）应用请求。上述三种情况下，都是由系统为之创建进程，而第四种情况则是基于应用进程自己的需要，并由它自己创建一个新进程。例如，某应用进程需要不断从键盘读入数据，然后进行相应的处理，最后将处理结果以表格形式在屏幕上显示。该应用进程就自己分别再创建键盘输入进程、表格输出进程来使用。

（2）进程创建的过程。

一旦操作系统发现了要求创建进程的事件后，便调用进程创建原语，按下列步骤创建一个新进程。

1）为新进程分配唯一的进程标识符，并从 PCB 队列中申请一个空闲 PCB。

2）为新进程的程序和数据，以及用户栈分配相应的主存空间及其他必要分配资源。

3）初始化 PCB 中的相应信息，如标识信息、处理器信息、进程控制信息等。

4）如果就绪队列可以接纳新进程，便将新进程加入到就绪队列中。

2. 进程的撤消

（1）引起进程撤消的事件。

引起进程撤消的事件有三类：

1）进程正常结束。即程序执行到最后一条指令后。如 C 语言函数的最后一条指令 return，执行之后，结束该函数。

2）在进程运行期间，由于出现某些错误和故障而使得进程被迫中止。如越界错误、非法指令错、超时故障、运行超时、等待超时、算术运算错、I/O 故障等。

3）进程应外界的请求而中止运行。如操作员或操作系统要求、父进程干预或结束。

（2）进程撤消的过程。

一旦操作系统发现了要求终止进程的事件后，便调用进程终止原语，按下列步骤终止指定的进程：

1）根据被终止进程的标识符，从PCB集合中检索该进程的PCB，读出进程状态。

2）若该进程处于执行状态，则立即终止该进程的执行。

3）若该进程有子孙进程，还要将其子孙进程终止。

4）将该进程所占用的资源回收，归还给其父进程或操作系统。

5）将被终止进程的PCB从所在队列中移出，并撤消该进程的PCB。

2.3.3 进程的阻塞与唤醒

1. 进程的阻塞

（1）引起进程阻塞的事件。

引起进程阻塞的事件有四类。

1）请求系统服务。正在执行的程序请求系统提供服务时，如申请打印机打印，但申请服务资源被另外的进程占有，该进程只能处于阻塞状态。

2）启动某种操作。正在运行的进程启动某种操作后，其后续命令必须在该操作完成后才能执行，则必须先阻塞该进程。如某进程启动键盘输入数据，只有数据输入后才能计算，此时，该进程要被阻塞。

3）新数据尚未到达。对于相互合作的进程，如果其中一个进程需要先获得另一个进程提供的数据后才能运行，则只有等待所需要的数据到达，此时，该进程要被阻塞。

4）无新工作可做。系统往往设置一些具有特定功能的系统进程，每当这种进程完成任务后，便把自己阻塞起来等待新任务的到来。如系统中的发送进程，其主要任务是发送数据，若已有数据发送完成又无新的发送请求，则该进程自我阻塞。

（2）进程阻塞的过程。

一旦操作系统发现了要求阻塞进程的事件后，便调用进程阻塞原语，按下列步骤阻塞指定的进程。

1）立即停止执行该进程。

2）修改PCB中的相关信息。把PCB中的运行状态由“执行”状态改为“阻塞”状态，并填入等待的原因，以及进程的各种状态信息。

3）把PCB插入到阻塞队列。根据阻塞队列的组织方式，把阻塞进程的PCB插入到阻塞队列中。

4）转调度程序重新调度，运行就绪队列中的其他进程。

2. 进程的唤醒

（1）引起进程唤醒的事件。

引起进程唤醒的事件有四类：

1）请求系统服务得到满足。因请求服务得不到满足的阻塞队列中的进程，得到相应的服务要求时，处于阻塞队列中的进程就被唤醒。

2）启动某种操作完成。处于等待某种操作完成的阻塞队列中的进程，其等待的操作已经完成，可以执行其后续命令，则必须把它唤醒。

3）新数据已经到达。对于相互合作的进程，如果一个进程需要另一个进程提供的数据已经到达，则把因此而处于阻塞的进程唤醒。

4）有新工作可做。系统中具有特定功能的系统进程，接收到新的任务时，就必须唤醒它。

（2）进程唤醒的过程。

一旦操作系统发现了要求唤醒进程的事件后，便调用进程唤醒原语，按下列步骤唤醒指定的进程。

1）从阻塞队列中找到该进程。

2）修改 PCB 的相关内容。把阻塞状态改为就绪状态，删除等待原因等。

3）把 PCB 插入到就绪队列。按照就绪队列的组织方式，把被唤醒进程的 PCB 插入到就绪队列中。

2.4 线程

从 20 世纪 60 年代提出进程概念后，在操作系统中一直都是以进程作为资源分配与独立运行的基本单位。到了 20 世纪 80 年代中期，人们又提出了比进程更小的能独立运行的基本单位——线程，用它来进一步提高系统的并发程度，提高系统吞吐量。本节主要介绍线程的概念、属性和类型。

2.4.1 线程的基本概念

1. 线程的引入

在操作系统中引入进程后，使得多个程序可以实现并发执行，改善了资源利用效率，提高了系统吞吐量。此时进程作为系统中的一个基本单位，具有两个属性：进程是资源分配和拥有的基本单位；进程是一个可以独立调度和执行的基本单位。

作为资源分配的单位，一个进程有自己的地址空间，其中包括程序、数据、PCB 及其他资源，如打开的文件、子进程、未处理的报警、信号、统计信息等。作为调度执行单位，一个进程在执行过程中需要使用一个或多个程序。另外，一个进程的执行过程会与其他进程夹在一起。操作系统根据进程的状态和调度优先级对就绪进程实施调度。

由于进程是资源的所有者，所以它的负载很重，因而在实施进程的创建、删除和切换过程中要付出较大的时空开销。这样，就限制了系统中进程的数目和并发活动的程度。由于进程具有这两个基本属性，才构成了进程并发执行的基础，但在进程的推进过程中，系统必须进行一系列的操作，如创建进程、撤消进程、切换进程等。

而在这些操作过程中，因为进程是一个资源的拥有者。所以，系统要不断地进行资源的分配与回收、现场的保存与恢复等工作。所以，系统要为此付出较大的时间与空间的开销。

由上所述，在系统中所设置的进程数目不能过多，进程切换的频率也不能过高，这也就限制了系统并发程度的进一步提高。

如何能使进程更好地并发执行，同时又能尽量减少系统的开销呢？一些学者设想将进程的两个属性分开，由操作系统分开进行处理，即对于调度和执行的基本单位，不同时作为资源分配与拥有的单位，使之轻装前进；而对于资源分配与拥有的基本单位，则不频繁地对之进行切换处理，以减少系统开销。正是这种思想，产生了一个新的概念——线程。

2. 线程的概念

线程是进程中的一个实体，是被系统独立调度和执行的基本单位。线程自己基本上不拥有系统资源，只拥有一点在运行中必不可少的资源（如程序计数器、一组寄存器和栈），但是它可以与同属一个进程的其他线程共享进程所拥有的全部资源。一个线程可以创建和撤消另一个线程，同一进程中的多个线程之间可以并发地执行。线程之间也会相互制约，使其在运行中呈现异步性。因此，线程同样具有就绪、执行、阻塞三种基本状态。

如果把进程理解为在逻辑上操作系统所完成的任务，那么线程表示完成该任务的许多可能的子任务之一。例如，用户窗口中的数据库应用程序，操作系统把对数据库的调用表示为一个进程。假设用户要从数据库中产生一份工资单报表，并且传到一个文件中，这是一个子任务。在产生工资单报表过程中，用户又可输入数据库查询请求，这又是一个子任务。于是，操作系统把每个请求——工资单报表和新输入的数据查询表示为数据库进程中独立的线程。线程可在处理器上独立调度执行。这样，在多处理器环境下就允许几个线程各自在单独的处理器上进行。操作系统提供线程的目的就是为了方便而有效地实现并发性。

3. 线程的组成

线程也称轻载进程（LWP）。每个线程有一个 Thread 结构，即线程控制块，用于保存自己私有的信息，主要由以下四个基本部分组成：

（1）一个唯一的线程标识符。

（2）描述处理器工作情况的一组寄存器（如程序计数器、状态寄存器、通用寄存器等）值。

（3）每个 Thread 结构有两个栈指针：一个指向核心栈；另一个指向用户栈。当用户线程转变到核心态方式下运行时，就使用核心栈；当线程在用户态下执行时，就使用自己的用户栈。

（4）一个私有存储区，存放现场保护信息和其他与该线程相关的统计信息等。

Thread 结构如图 2-8 所示。

线程必须在某个进程内执行。它所需的其他资源，如代码段、数据段、打开的文件和信号等，都由它所属的进程拥有。即操作系统分配这些资源时以进程为单位。

一个进程可以包含一个线程或多个线程。其实，传统的进程就是只有一个线程的进程。当一个进程包含多个线程时，这些线程除自己私有的少量资源外，要共享所属进程的全部资源。

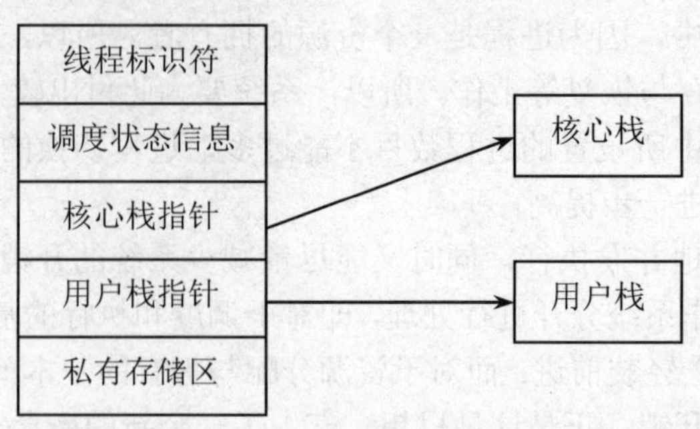

图 2-8　Thread 结构示意图

与进程相似，线程也有若干种状态，如运行状态、阻塞状态、就绪状态和终止状态。

线程是一个动态进程。它的状态转换是在一定的条件下实现的。通常，当一个新进程创建时，该进程的一个线程也被创建。以后，这个线程还可以在它所属的进程内部创建另外的线程，为新线程提供指令指针和参数，同时为新线程提供私有的寄存器内容和栈空间，并且放入就绪队列中。

4. 线程的管理

（1）线程创建。通过调用过程库中的 thread_create 可以创建新线程。使用 thread_create 时要提供参数——新线程运行的过程名，但没有必要指明新线程的地址空间，因为它自动运行在创建者线程的地址空间内。创建新线程时将为新线程建立 thread 结构、分配栈结构等。最后把它设置为就绪状态，放入就绪队列。通常，创建线程后要返回新线程的标识符。

（2）线程终止。一个线程完成自己的工作后，通过调用过程库中的 thread_exit 终止自身。此后，它将从系统中消失，不再被调度。

（3）线程等待。在某些线程系统中，一个线程通过调用过程库中的 thread_wait 可以等待指定线程终止。这个过程使调用者线程变为阻塞状态，直到指定的线程终止，它才转为就绪状态。

（4）线程让权。当一个线程自愿放弃 CPU，让给另外的线程运行时，它可调用过程 thread_yield。

2.4.2 线程与进程的比较

1. 线程与进程的比较

线程具有许多传统进程的特征，所以又称为轻型进程。传统的进程称为重型进程，相当于只有一个线程的任务。在引入线程的操作系统中，通常一个进程拥有若干个线程，至少也有一个线程。线程与进程有些相似又大不相同，下面从几个方面进行比较。

（1）调度。

在原有的系统中，进程既是资源分配和拥有的基本单位，又是独立调度和执行的基本单位。在引入线程后，把线程作为是独立调度和执行的基本单位，而进程只作为资源分配和拥有的基本单位，把传统进程的两个属性分开，线程便能轻装前进，从而显著提高系统的并发程度。此时如果在同一进程中，其中的线程切换不会引起进程的切换，而由一个进程中的线程切换到另一个进程中的线程时，将会同时引起进程的切换。

（2）并发。

在引入线程的系统中，不仅进程之间可以并发执行，而且在一个进程中的多个线程之间也可以并发执行，因而使系统具有更好的并发性，从而能更有效地使用系统资源和提高系统吞吐量。

（3）拥有资源。

不论是传统的操作系统，还是引入线程的操作系统，进程都是资源分配和拥有的基本单位，而线程基本上不拥有系统资源（只有一点运行时必不可少的资源），但线程可以访问其隶属进程的所有资源。

（4）系统开销。

在创建或撤消进程时，系统都要为之分配或回收大量的资源，如主存空间、I/O设备等，同样在进行进程切换时，因为要进行复杂的进程现场的保护和新环境的设置，所以不管是创建、撤消，还是切换，对于进程的操作所付出的系统开销都远大于对于线程操作所付出的系统开销。

2. 引入线程的好处

（1）易于调度。如上所述，在操作系统中，拥有资源的基本单位和独立调度的基本单位都是进程，因而在进程的创建、撤消和切换中，系统必须为之付出较大的时空开销。例如，要保存中止运行进程的现场——通用寄存器的值、各个栈指针的值、有关环境变量的值、数据和程序的地址等。也就是说，在系统中，进程的存在及活动需要一定的环境，创建进程时要提供相应的环境，阻塞进程时要保留原来的环境，调度进程后要恢复前面保留的环境。确实，系统要干很多事情!而线程只作为独立调度的基本单位，同一个进程的多个线程共享该进程的资源，所以，线程易于切换，可以轻装运行。

（2）提高并发性。利用线程，系统可以方便、有效地实现并发性。进程可创建多个线程来执行同一程序的不同部分。这样，不同进程之间可并发执行，而且同一个进程中的多个线程也可以并发执行。

（3）开销少。创建线程比创建进程要快，所需的开销很少。因为一个进程的所有线程共享同一内存（除栈和少量寄存器外）。这样，一个线程把输出送入内存，另一个线程就可以从中读出并作为自己的输入。实际上，线程可以使用所隶属进程的全部资源。

（4）利于充分发挥多处理器的功能。通过创建具有多线程的进程（即一个进程可具有两个或多个线程），并让每个线程各在一个处理器上运行，从而实现应用程序的并发性，使每个处理器都得到充分运行。

当然，随着线程的引入和应用，也给系统设计带来若干复杂问题。例如，父进程有多个线程，当父进程利用 fork 系统调用创建子进程时，子进程是否也有这些线程？如果没有，子进程或许不能更好地起作用，因为这些线程可能是必要的。

如果子进程也拥有像父进程一样多的线程，那么，当父进程中的一个线程由于从键盘上读取数据而阻塞时，会发生什么情况？在父进程和子进程中是否各有一个线程被阻塞？当输入数据后，两个线程是否都得到该数据？

另一类问题是，若干线程共享多个数据结构，当一个线程关闭一个文件而另一个线程还在从中读取信息时，会发生什么情况？如果一个线程发现内存不足，要求分配更多内存，当分配工作进行一半时，发生线程切换，后面的线程也发现内存不足，要求分配内存，是否分配两次内存？总之，为使多线程程序正确地运行，需要认真思考和精心设计。

2.4.3 线程的类型

在很多系统中已经实现线程，如 Solaris 2、Windows 2000、Linux 及 Java 语言等。但是，它们实现的方式并不完全相同，主要有在用户空间实现和在核心空间实现两种实现方式，也称为用户级线程和系统级线程。

1. 在用户空间实现线程

在用户空间实现线程是把线程库整个放在用户空间，内核对线程一无所知。所以，内核只关心对常规进程进行管理，并不知道线程是否存在。管理线程的工作全部由应用程序完成，如图 2-9（a）所示。这种方式最明显的优点是：在不支持线程的操作系统上也可以实现用户级线程。所有的操作系统都可归为这一类。常见的用户线程库包括 POSIX Threads、Mach C-Threads 和 Solaris2 UI-Threads。

从图 2-9 中可以看出，所有这类实现方法都具有同样的构造形式，即线程都运行在运行时系统（Run-time System）的顶端，而运行时系统由一系列过程组成的，它们负责管理线程的创建、终止和等待等。

在用户空间中管理线程，每个进程有一个私有的线程表，其中记载该进程所拥有的各个线程的情况，如程序计数器、栈指针、寄存器的值及线程状态等信息。这与核心空间中的进程表有些类似。

（1）在用户空间实现线程的优点。

1）线程切换速度很快。例如，当一个线程要等待同一个进程的另一个线程完成某项工作时，就调用运行时系统编制过程。后者查看该线程是否必须阻塞。如果是，就把它的寄存器值保存到线程表中，并在该表中找一个就绪状态的线程去运行，重新把新线程的值装入机器寄存器中。只要栈指针和程序计数器完成切换，新进程就自动开始运行。如果机器指令集中有用于保存全部寄存器和恢复它们的指令，那么线程切换就是轻而易举的事。很显然，这比使用系统调用并陷入处理要快得多。

2）调度算法可以是应用程序专用的。一个应用程序可能最适宜简单的轮转调度算法，而另外的应用程序可能适于优先级调度算法。这样，就允许不同的应用程序采用适合自己要求的不同的调度算法，并且不干扰底层的操作系统的调度程序。

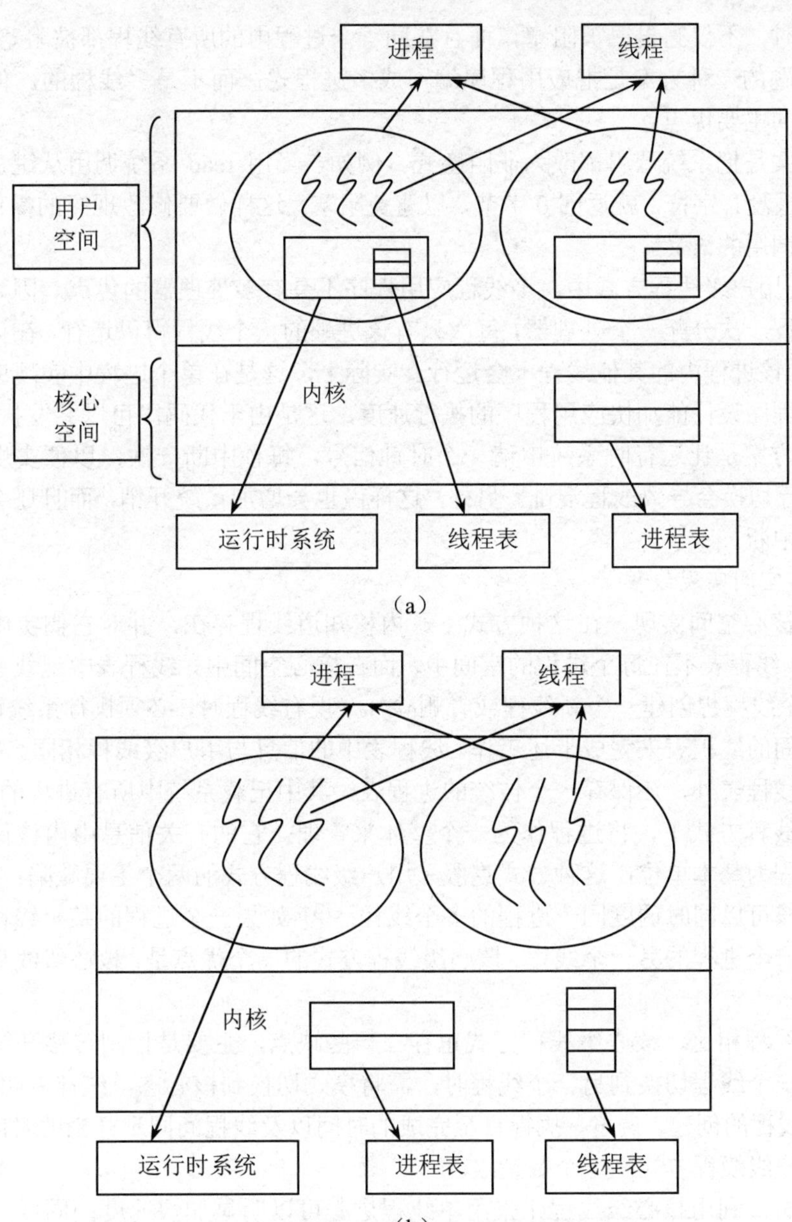

图 2-9　在用户空间和核心空间实现进程

3）用户级线程可以运行在任何操作系统上，包括不支持线程机制的操作系统。线程库是一组应用级的实用程序，所有应用程序都可共享。

（2）用户级线程的主要缺点。

1）系统调用的阻塞问题。在典型的操作系统中，多数系统调用是阻塞式的。当一个线程执行系统调用时，不仅它自己被阻塞，而且在同一个进程内的所有线程都被阻塞。

解决此问题的一种方案是把应用程序编写成多进程式，而不是多线程的。但这样做就失去了线程机制的主要优点。

另一种方案是把系统调用都改为非阻塞式。例如，当用 read 系统调用从键盘上读取字符时，如果缓冲区没有字符，就返回 0 字节，以避免阻塞。这样做要修改现行的操作系统，还要改变有关系统调用的语义。

2）在单纯用户级线程方式中，多线程应用程序不具有多处理器的优点。因为操作系统内核只为每个进程一次分配一个处理器，每次只有该进程的一个线程得以运行，在该线程自愿放弃 CPU 之前，该进程内的其他线程不会运行。实际上，这是在单个进程中实现应用级多道程序设计。多道程序设计能加快应用程序的执行速度，这是由于代码段可以并发执行。

一种解决方案是让运行时系统申请一个时钟信号，每秒中断一次，以便实现线程切换。但是，这种强行切换会导致线程混乱。另外，这样做也会增加系统开销，而且还会干扰线程所需的正常时钟中断。

2. 在核心空间实现线程

线程可在核心空间实现。在这种方式下，内核知道线程存在，并对它们实施管理，如图 2-9（b）所示。线程表不在每个进程的空间中，而在核心空间中。线程表中记载系统中所有线程情况。当一个线程想创建一个新线程或者删除一个现有线程时，必须执行系统调用，后者通过更新核心空间的线程表来完成上述工作。线程表中的信息与用户级线程相同。另外，核心空间除保存一个线程表外，还保存一个传统的进程表，其中记载系统中所有进程的信息。

在核心级线程方式下，将进程作为一个整体来管理，它的有关信息由内核保管。内核进行调度时以线程为基本单位，这种方式克服了用户级线程方式的两个主要缺陷：① 在多处理器系统中，内核可以同时调度同一进程的多个线程；② 如果一个进程的某个线程阻塞了，内核可以调度同一个进程的另一个线程。核心级线程方式的一个优点是，核心级线程本身也可以是多线程的。

与用户级线程相比，核心级线程方式也存在一些缺点，主要是控制转移开销大。在同一个进程中，从一个线程切换到另一个线程时，需将模式切换到核心态。统计表明，在单 CPU 系统中，针对线程的创建、调度、执行直至完成的时间以及线程间同步开销的时间，核心级线程方式都比用户级线程方式高一个数量级。

从表面上看，利用核心级线程比采用单线程进程可以明显加快速度；同样，利用用户级线程又可得到更快的速度。然而，能否获得这种效益取决于运行的应用程序。如果一个应用程序内多数线程切换都要进入核心态那么，用户级线程方式就不比核心级线程方式快。

3. 组合方式

有些操作系统把用户级线程和核心级线程这两种方式结合在一起，从而取长补短。同一个进程的多个用户级线程位于某个或全部核心级线程之上。

在组合方式中，内核只知道核心级线程，也只对它们实施调度。某些核心级线程对应多个用户级线程。这些用户级线程的创建、删除和调度完全在用户空间中进行。

利用组合方式，同一个进程内的多个线程可在多个处理器上并行运行，且阻塞式系统调用不必将整个进程阻塞。所以，这种方式吸收了上述二者的优点，克服了各自的不足。

实现组合方式有不同的模型，即多对一模型、一对一模型和多对多模型。

（1）多对一模型。

多对一模型把多个用户级线程映像到一个核心级线程上。线程管理是在用户空间完成的，所以效率高。存在的问题是：如果其中有一个线程因执行系统调用而阻塞，那么，整个进程都被阻塞。另外，每次只能有一个线程访问内核，所以，多个线程并不能在多处理器上并行。在 Solaris 2 的线程库中就采用这种模型。

（2）一对一模型。

一对一模型是每个用户线程映像到一个核心级线程。当一个线程因执行系统调用而阻塞时，允许调度另一个线程运行，也允许多个线程在多处理器上并行，因而，并行能力比多对一模型强。唯一不足之处是：创建一个用户线程就要相应地创建一个核心级线程，因而开销大。在实现这种模型的系统上多数都限制线程的数量。Windows NT、Windows 2000 和 OS/2 系统上都实现了一对一模型。

（3）多对多模型。

多对多模型把多个用户级线程映像到较少或相等个数的核心级线程上。核心级线程的个数可随应用程序或所用机器而变化，如一个应用程序在多处理器系统上分配的线程数就比单处理器系统的多。多对多模型克服了上述两种模型的缺点：开发者可以根据需要创建多个用户线程，而且相应的核心级线程可以在多处理器上并行。也就是说，当一个线程因执行系统调用而阻塞时，内核可以调度另一个线程运行。Solaris 2、IRIX、HP-UX 和 Tru64 UNIX 系统都支持这种模型。

2.4.4 线程池

创建单个线程比创建单个进程更为优越。然而，多线程服务器也存在潜在问题。首先，要考虑为了某个请求而创建线程所需的时间，还要注意一个事实：一旦它完成自己的工作后就消失了。其次，如果允许所有同时到来的请求都由一个新线程提供服务，就不应限定系统中同时活动的线程数目。但是，线程数目不受限制会消耗很多系统资源，如 CPU 时间或内存空间。解决这个问题的一种办法是利用线程池。

实现线程池的思想是：在进程建立时就创建若干线程，把它们放在一个池中，它们在那里等待工作。当服务器接到一个请求时，就唤醒池中的一个线程，并把那个请求传给它，由该线程进行服务。一旦它完成工作，便返回池中，等待进行下面的服务。如果池中没有可用的线程，那么，服务器就要等待，直至有一个线程被释放。

具体来说，使用线程池有以下两个好处：

（1）利用池中现存的线程去实现服务比等待创建一个线程后再去服务更快。

（2）线程池限定了任何时刻存在的线程数量。对于那些不支持同时存在大量线程的系统来说，这一点尤为重要。

确定池中线程的个数，需要考虑若干因素，如系统中 CPU 个数、物理内存容量以及预计同时到来的客户请求的数量。当然，也可动态调整池中线程的数量，但这需要更复杂的线程池构造。

2.4.5 超线程

进入 21 世纪，在操作系统中又提出了一项新的技术——超线程技术。

1. 超线程的概念

超线程技术，简而言之，就是利用特殊的硬件指令，在一颗实体处理器中放入两个逻辑处理单元，从而模拟成两个工作环境，让单个处理器都能使用线程级并行计算，同时处理多项任务，进而兼容多线程操作系统和软件，减少了 CPU 的闲置时间，提高了 CPU 的运行效率。操作系统或应用软件的多线程可以同时运行于一个处理器上，两个逻辑处理部件共享一组处理器执行单元，并行完成加、乘、负载等操作，这样就可以使得运行性能提高 40%。原来的芯片每秒钟能够处理成千上万条指令，但是在任一时刻只能对一条指令进行操作。而“超线程”技术可以使芯片同时进行多个处理，使芯片性能得到提升。

发挥超线程技术的效能首先需要有操作系统的支持，现有的 Windows 各个版本、Linux 都是支持多处理器的操作系统。另外，还需要应用软件的支持。因为超线程技术是在线程级别上并行处理命令，按线程动态分配处理器等资源。该技术的核心理念是“并行度（Parallelism）”，也就是提高命令执行的并行度、提高每个时钟的效率。这就需要软件在设计上线程化，提高并行处理的能力。随着支持超线程技术的处理器不断地使用，更多的支持并行线程处理的软件面世，这样普通用户才能够从超线程技术中得到最直接的好处。

2. 同步多线程技术

同步多线程技术（Simultaneous Multi-Threading，SMT）是一种体系结构模型，其目的是在现有硬件条件下，通过提高计算能力来提高处理器的性能。SMT 结构中，不仅能在一周期内启动多条指令，而且能在同一周期内启动来自相互独立的线程（或上下文）的指令。在理论上，这种改进运用了指令级并行性（ILP）和线程级并行性（TLP）技术来提高执行功能单元的效率。

SMT 可以最有效地利用多重启动和多线程结构，而不必实质性地增加开销和晶体管数量。DEC/Compaq 的 Alpha EV-8 处理器就是利用 SMT 技术的典型机器。EV-8 的设计者之一——Joel Emer 说“它看上去像四个芯片，用起来像两个，而实际上只有一个，但它相比于一个非多线程的只增加了 5%的晶体管。”

3. 超线程的工作原理

超线程是 SMT 的一种，这种技术可经由复制处理器上的结构状态，让同一个处理器上的多个线程同步执行并共享处理器的执行资源。

对支持多处理器功能的应用程序而言，超线程处理器被视为两个分离的逻辑处理器。应用程序无需修正就可使用这两个逻辑处理器。同时，每个逻辑处理器都可独立响应中断。第一个逻辑处理器可追踪一个软件线程，而第二个逻辑处理器可同时追踪另一个软件线程。由于两个线程共同使用同样的执行资源，因此不会产生一个线程执行的同时，另一个线程闲置的状况。这种方式可以大大提升每个实体处理器中的执行资源使用率。

使用这项技术后，每个实体处理器可成为两个逻辑处理器，让多线程的应用程序能在实体处理器上平行处理线程级的工作，提升了系统效能。随着应用程序针对平行处理技术的逐步优化，超线程技术为新功能及用户不断增长的需求提供了更大的改善空间。

4. Intel P4 的超线程技术

原来的 CPU 性能改善主要侧重于提高 CPU 的时钟频率和增加缓存容量，但这样的 CPU 性能提高在技术上存在较大的难度。实际上在应用中基于很多原因，CPU 的执行单元都没有被充分使用。如果 CPU 不能正常读取数据（总线/内存的瓶颈），其执行单元利用率会明显下降。另外，就是大多数执行线程缺乏 ILP（Instruction-Level Parallelism，多种指令同时执行）支持。这些都造成了 CPU 的性能无法得到全部的发挥。因此，Intel 则采用另一个思路去提高 CPU 的性能，让 CPU 同时执行多重线程，就能够让 CPU 发挥更大效率，即“超线程（Hyper-Threading，HT）”技术。

超线程技术是在一颗 CPU 上同时执行多个程序从而共同分享一颗 CPU 内的资源，理论上要像两颗 CPU 那样在同一时间执行两个线程，在 Intel 的 P4（奔腾 4）处理器中多加入了一个 Logical CPU Pointer（逻辑处理单元）。因此，Intel 的 P4 HT 的面积比以往的 P4 增大了 5%。而其余部分如 ALU（整数运算单元）、FPU（浮点运算单元）、L2 Cache（二级缓存）则保持不变，这些部分是被分享的。虽然采用超线程技术能同时执行两个线程，但它并不像两个真正的 CPU 那样，每个 CPU 都具有独立的资源。当两个线程都同时需要某一个资源时，其中一个要暂时停止，并让出资源，直到这些资源闲置后才能继续。因此，超线程的性能并不等于两颗 CPU 的性能。

Intel P4 超线程有两个运行模式：Single Task Mode（单任务模式）及 Multi Task Mode（多任务模式）。当程序不支持 Multi-Processing（多处理器作业）时，系统会停止其中一个逻辑 CPU 的运行，把资源集中于单个逻辑 CPU 中，让单线程程序不会因其中一个逻辑 CPU 闲置而降低性能，但由于被停止运行的逻辑 CPU 还是会等待工作，占用一定的资源，因此 Hyper-Threading CPU 运行 Single Task Mode 程序模式时，有可能达不到不带超线程功能的 CPU 性能，但性能差距不会太大。也就是说，当运行单线程软件时，超线程技术甚至会降低系统性能，尤其在多线程操作系统运行单线程软件时容易出现此问题。

2.4.6 多核技术

40 多年前，Intel 的创始人戈登・摩尔先生根据计算机处理器发展的规律，总结出了至今在计算机硬件领域中非常著名的摩尔定律：“计算机芯片上的晶体管的数量每 18 个月将翻一番”。在芯片设计和制造工艺上，几乎到了极限，CPU 的运算能力无法再通过增加晶体管的数量来提高了。在这种情况下，CPU 的制造商必须要用新的方式来提高计算机的运算能力，于是就有 IBM、Sun 公司利用计算机理论的并行计算设计出了多核 CPU。

1. 双核及多核技术的概念

所谓“双核技术”，就是在处理器上拥有两个一样功能的处理器内核，即将两个物理处理器内核整合到一个内核中。两个处理内核在共享芯片组存储界面的同时，可以完全独立地完成各自的工作，从而能在平衡功耗的基础上极大地提高 CPU 性能。多核 CPU，即单芯片多处理器（CMP），是指在一个芯片上集成多个微处理器内核，可以并行地执行程序代码，在不提升 CPU 工作频率的情况下，降低 CPU 的功耗，并获得很高的聚合性能。

根据芯片上集成的多个微处理器内核是否相同，多核 CPU 可分为同构和异构两种：同构多核 CPU 大多数由通用的处理器组成，内核相同，内核间平等；异构多核 CPU 使用不同的内核组成，它们分为主处理器和协处理器。通用多核 CPU 多数采用同构结构，多个处理器执行相同或者类似的任务。同构 CPU 原理简单，结构对称，硬件上较易实现；异构 CPU 通常含有一个主处理器和多个协处理器。主处理器主要负责控制和管理，协处理器主要用来运算。

2. 具有代表性的多核 CPU 产品

第一个商用的多核 CPU 是 2001 年由 IBM 推出的双核 RISC 处理器 Power 4。2004 年 IBM 又推出后继产品——Power5，并在双核的基础上引入多线程技术。同时，HP 也推出多核 CPU 产品 PA-RISC8800，Sun 也发布双核产品 UltraSPARC IV。2005 年，多核 CPU 得到全面发展，AMD 迅速推出面向服务器、支持 X86 指令集的双核 Opteron 处理器。而 Intel 则推出面向桌面系统的双核 CPU——Pentium D 及 Pentium Extreme Edition。另外，IBM 在超级计算机系统 BlueGene/L 中使用的 CPU 也是一种双核 CPU，与索尼和东芝联合推出的 Cell 处理器具备多达 9 个内核。

3. 单芯片多核处理器

单芯片多核处理器（Chip Multi-Processors，CMP）是指在一个芯片上集成多个微处理器内核，从实质上说，每个微处理器都是一个相对简单的单线程微处理器，而且这多个内核间联系非常紧密，甚至共享一级 Cache、二级 Cache 等。内核间通过高速总线连接在一起。

同构 CMP 大多数由通用的处理器组成，多个处理器执行相同或者类似的任务。异构 CMP 除含有通用处理器作为控制、通用计算外，多集成 DSP、ASIC、媒体处理器、VLIW 处理器等针对特定的应用提高计算的性能。基于 X86 技术的多核处理器多采用类似技术，其中 AMD Opteron 处理器在设计上与传统的 RISC 处理器设计较为接近。Intel 产品由于是从单路处理器发展而来，在多路产品中与上述结构差别较大，但在设计上也引用了不少类似技术。

CMP 的结构可根据微处理器在存储层次上互连分为三类：共享一级 Cache 的 CMP、共享二级 Cache 的 CMP 及共享主存的 CMP。通常，CMP 采用共享二级 Cache 的 CMP 结构，即每个处理器内核拥有私有的一级 Cache，且所有处理器内核共享二级 Cache。

由于 CMP 采用单线程微处理器作为处理器内核，因此，CMP 在实际使用中体现出了很多优点。首先，微处理器厂商一般采用现有的成熟单核处理器作为处理器内核，从而可缩短设计和验证周期，节省研发成本。其次，控制逻辑简单，扩展性好，易于实现。再次，通过动态调节电压/频率、负载优化分布等，可有效降低CMP功耗。最后，CMP采用共享Cache或者内存的方式，多线程的通信延迟较低。

与SMT相比，CMP的最大优势体现在模块化设计的简洁性。不仅复制简单、设计非常容易，指令调度也更加简单，同时也不存在SMT中多个线程对共享资源的争用，因此当应用的线程级并行性较高时，CMP性能一般要优于SMT。此外，在设计上，更短的芯片连线使CMP比长导线集中式设计的SMT更容易提高芯片的运行频率，从而在一定程度上起到性能优化的效果。

4. CMP的关键技术

首先，体现在Cache设计。随着半导体工艺的发展，CPU和主存储器之间的速度差距越来越大。在CMP中，多个处理器内核对单一内存空间的共享使得这一矛盾更加突出，因此在设计中采用多级Cache来缓解这一矛盾；此外，Cache自身的体系结构设计也直接关系到系统整体性能。很多CMP设计都采用了分布一级Cache、共享二级Cache和三级Cache的结构。

其次，核间通信机制也很重要。CMP处理器由多个CPU内核组成，因此，每个CPU核间通信机制的优劣直接关系到CMP处理器的性能，高效的通信机制是CMP处理器高性能的重要保障。目前比较主流的片上高效通信机制有两种：一种基于总线共享的Cache结构，以斯坦福大学的Hydra处理器为代表；另一种基于片上的互连结构，以麻省理工学院的RAW处理器为代表。

总线共享Cache结构是指每个CPU内核拥有共享的二级Cache或三级Cache，用于保存比较常用的数据，并通过连接内核的总线进行通信。基于片上互连的结构是指每个CPU内核具有独立的处理单元和Cache，各个CPU内核通过交叉开关或片上网络等方式连接在一起。

此外，高性能系统总线接口设计、低功耗设计以及编译/运行时优化等因素也是十分重要的。

5. AMD和Intel的技术比较

目前流行的双核概念，主要是指基于X86开放架构的双核技术。在这方面，起领导地位的主要有AMD和Intel两家。其中，两家的思路又有所不同。

AMD将两个内核做在一个Die（晶元）上，通过直连架构连接起来，集成度更高。AMD从一开始设计时就考虑到了对多核的支持。所有组件都直接连接到CPU，消除系统架构方面的挑战和瓶颈。两个处理器内核直接连接到同一个内核上，内核之间以芯片速度通信，进一步降低了处理器之间的延迟。

Intel则是将放在不同Die（晶元）上的两个内核封装在一起，采用多个内核共享前端总线的方式，因此有人将Intel的方案称为“双芯”。专家认为，AMD的架构更容易实现双核以至多核，Intel的架构会遇到多个内核争用总线资源的瓶颈问题。

从用户端的角度来看，AMD的方案能够使双核CPU的管脚、功耗等指标跟单核CPU保持一致，从单核升级到双核，不需要更换电源、芯片组、散热系统和主板，只需要刷新BIOS软件即可，这对于主板厂商、计算机厂商和最终用户的投资保护是非常有利的。客户可以利用其现有基础设施，通过BIOS更改移植到基于双核的系统。

6. 双核技术与超线程技术的区别

普通用户可能对于超线程技术与双核技术区分不开。例如，开启了超线程技术的 Pentium 4 530 与 Pentium D 530 在操作系统中都同样被识别为两颗处理器，它们究竟是不是一样的呢？

其实可以简单地把双核技术理解为两个“物理”处理器，是一种“硬”的方式；而超线程技术只是两个“逻辑”处理器，是一种“软”的方式。

从原理上来说，超线程技术属于 Intel 版本的多线程技术。这种技术可以让单 CPU 拥有处理多线程的能力，而物理上只使用一个处理器。超线程技术为每个物理处理器设置了两个入口，即 AS（Architecture State，架构状态）接口，从而使操作系统等软件将其识别为两个逻辑处理器。超线程中的两个逻辑处理器并没有独立的执行单元、整数单元、寄存器甚至缓存等资源。它们在运行过程中仍需要共用执行单元、缓存和系统总线接口。在执行多线程时两个逻辑处理器均是交替工作，如果两个线程都同时需要某一个资源，其中一个要暂停并让出资源，等待那些资源闲置时才能继续使用。因此，超线程技术所带来的性能提升远不能等同于两个相同时钟频率处理器带来的性能提升。可以说 Intel 的超线程技术仅可以看做是对单个处理器运算资源的优化利用。

而双核技术则是通过“硬”的物理内核实现多线程工作：每个内核拥有独立的指令集、执行单元，与超线程中所采用的模拟共享机制完全不一样。在操作系统看来，它是实实在在的双处理器，可以同时执行多项任务，能让处理器资源真正实现并行处理模式，其效率和性能提升要比超线程技术高得多，不可同日而语。

2.5 进程同步与互斥

在操作系统中引入进程后，虽然改善了资源的利用率，提高了系统的吞吐量，但由于进程的异步性，也给系统造成混乱。因此，必须有效地协调各个并发进程间的关系，从而使它们能正确地执行。本节主要介绍进程的同步与互斥的实现机制。

2.5.1 进程的并发性

在并发执行的系统中，若干个作业可以同时执行，而每个作业又需要有多个进程协作完成。在这些同时存在的进程间具有并发性，称之为“并发进程”。

并发进程在执行期间，相互之间可能没有关系，也可能存在某种关系。

1. 无关系

这些进程间彼此毫无关系，互不影响，这种情况不会对系统产生什么影响，通常不是要研究的对象。

2. 有关系

这些进程间彼此往往相关，互相影响，要进行合理的控制和协调才能正确执行。

（1）资源共享关系。系统中的某些进程需要访问共同的资源，这时要求进程互斥地访问共享资源。

（2）相互合作关系。系统中的某些进程之间存在相互合作的关系，这时就要保证相互合作的进程在执行次序上的协调。

2.5.2 进程的同步与互斥

1. 进程同步与互斥的概念

对于相关进程间的同步和互斥，必须进行有效地控制，首先要了解临界资源与临界区的概念。

（1）临界资源。

在系统中有许多硬件或软件资源，如打印机、公共变量等，这些资源在一段时间内只允许一个进程访问或使用，这种资源称为临界资源。

（2）临界区。

作为临界资源，不论是硬件临界资源还是软件临界资源，多个并发进程都必须互斥地访问或使用，这时把每个进程中访问临界资源的那段代码称为临界区，而这些并发进程中涉及临界资源访问的那些程序段称为相关临界区。

有了临界区后，如果能保证相关进程互斥地进入各自的临界区，便可以实现它们对临界资源的互斥访问。因此，每个进程在进入临界区前应该对要访问的临界资源进行检查，看它是否被访问，如果此时临界资源未被访问，该进程就可以进入临界区，对资源进行访问，并将临界资源设为被访问标志；如果此时临界资源正被某进程访问，那么该进程就不能进入临界区。因此，必须在临界区之前增加一段用于上述检查的代码，这段代码称为进入区。相应地，在临界区后面也要加入一段代码，称为退出区，用于将临界资源的被访问标志恢复为未被访问标志。这样，可把一个访问临界资源的进程描述为如图 2-10 所示。

进程 P：
…
进入区
临界区
退出区
…

图 2-10　临界资源的访问

（3）进程同步。

进程同步是指多个相关进程在执行次序上的协调，这些进程相互合作，在一些关键点上需要相互等待或相互通信。通过临界区可以协调进程间相互合作的关系，这也是进程同步。

（4）进程互斥。

进程互斥是指当一个进程进入临界区使用临界资源时，另一个进程必须等待，当占用临界资源的进程退出临界区后，另一个进程才被允许使用临界资源。通过临界区协调进程间资源共享的关系，就是进程互斥。进程互斥是同步的一种特例。

2. 进程同步机制应遵循的原则

为了实现进程的同步与互斥，可利用软件方法，也可以在系统中设置专门的同步机制来协调诸进程，但所有的同步机制都必须遵循以下四条原则：

（1）空闲让进。

当无进程处于临界区时，临界资源处于空闲状态，可以允许一个请求进入临界区的进程进入自己的临界区，有效地使用临界资源。

（2）忙则等待。

当已有进程进入自己的临界区时，意味着临界资源正被访问，因而其他试图进入临界区的进程必须等待，以保证进程互斥地使用临界资源。

（3）有限等待。

对要求访问临界资源的进程，应保证该进程在有效的时间内进入自己的临界区，以免陷入“死等”状态。

（4）让权等待。

当进程不能进入自己的临界区时，应立即释放处理器，以免进程陷入“忙等”。

综上所述，在并发进程执行时，当有若干个进程同时进入临界区时，应在有限时间内使进程进入临界区。它们不能因相互阻塞而使彼此不能进入临界区，但每次至多有一个进程进入临界区，并且进程在临界区内只能停留有限的时间。

3. 利用锁机制实现同步

在众多进程同步机制中，锁机制是最简单的方法之一。

（1）锁的概念。

在同步机构中，常用一个变量来代表临界资源的状态，并称它为锁。通常用“0”表示资源可用，用“1”表示资源已被占用。

（2）锁的操作。

关锁操作：

```
lock(w)
{    test:if (w=1) goto
            test;
        else w=1;
}
```

解锁操作：

```
unlock(w)
{
      w=0;
}
```

锁机制的描述如图 2-11 所示。

进程 P1	进程 P2
…	…
lock(w)	lock(w)
临界区	临界区
unlock(w)	unlock(w)
…	…

图 2-11　利用锁机制实现互斥

2.5.3　利用整型信号量实现互斥与同步

信号量方法是荷兰学者 E.W.Dijkstra 在 1965 年提出的一种解决进程同步和互斥问题的工具，并得到了广泛使用。根据使用的信号量类型不同有多种信号量方法。信号量实际上是一种可以被进程共享的特殊变量，它用来表示系统中资源的使用情况。整型信号量就是一个整型变量，其值代表可以被共享的资源数量或可以被唤醒的进程数量。

1. 整型信号量的值

整型信号量是一个整型变量。当其值大于 0 时，表示系统中对应可用资源的数目；当其值小于 0 时，其绝对值表示因该类资源而被阻塞的进程的数目；当其值等于 0 时，表示系统中对应资源已经都被占用，并且没有因等待该类资源而被阻塞的进程。

2. 整型信号量的操作

对于整型信号量，仅能通过两个标准的原子操作来访问，这两个操作称为 P、V 操作，其中 P 操作在进入临界区前执行，V 操作在退出临界区后执行。

（1）P 操作：记为 P(S)，描述为：

```
P(S)
{   S=S-1;
    if  (S<0) W(S);
}
```

（2）V 操作：记为 V(S)，描述为：

```
V(S)
{   S=S+1;
    if  (S<=0)   R(S);
}
```

说明：

W(S)：将进程插入到信号量的等待队列中。

R(S)：从该信号量的等待队列中移出第一个进程。

如上所述 PV 操作描述如图 2-12 所示。

进程 P1	进程 P2
…	…
P(S)	P(S)
临界区	临界区
V(S)	V(S)
…	…

图 2-12　PV 操作描述

3. 使用 PV 操作实现进程互斥

在实现进程互斥时，关键就是要描述临界资源的使用情况，若临界资源没有被占用，则允许进程访问；否则，进程将被阻塞。

【例 2-3】在一个只允许单向行驶的十字路口，分别有若干由东向西、由南向北的车辆在等待通过十字路口。为了安全，每次只允许一辆车通过。当有车辆通过时其他车辆必须等候，当无车辆在路口行驶时则允许一辆车通过。请用 PV 操作实现保证十字路口安全行驶的自动管理系统。

【解】这是一个明显的互斥问题，十字路口即为临界资源，要求车辆每次最多通过一辆。由东向西、由南向北行驶的车辆为两个（类）进程。

设互斥信号量 S=1，表示临界资源十字路口，其初值为 1 表示可用。

算法描述如下：

```
int   S = 1;
main()
{  Pew();               // 由东向西行驶车辆
   Psn();               // 由南向北行驶车辆   }
Pew()
{
  P(S);
  由东向西通过十字路口;
  V(S);
}
Psn()
{
  P(S);
  由南向北通过十字路口;
  V(S);
}
```

说明：互斥信号量是根据临界资源的类型设置的。互斥关系的进程涉及几种类型的临界资源就设置几个互斥信号量。它代表该类临界资源的数量，或表示是否可用，其初值一般为1。

【例2-4】有4位哲学家围着一个圆桌在思考和进餐，每人思考时手中什么都不拿，当需要进餐时，每人需要用刀和叉各一把，餐桌上的布置如图2-13所示，共有2把刀和2把叉，每把刀或叉供相邻的两个人使用。请用信号量及PV操作说明4位哲学家的同步过程。

【解】分析：因相邻的两个哲学家，要竞争刀或叉，刀或叉就成为了临界资源。所以，本题属于互斥问题。

解题步骤：

（1）确定进程的个数及其工作内容。本题涉及4个进程，每个哲学家为一个进程。哲学家A的工作流程如图2-14所示。其他哲学家的工作流程与哲学家A相似，只是拿起刀叉的序号不同。

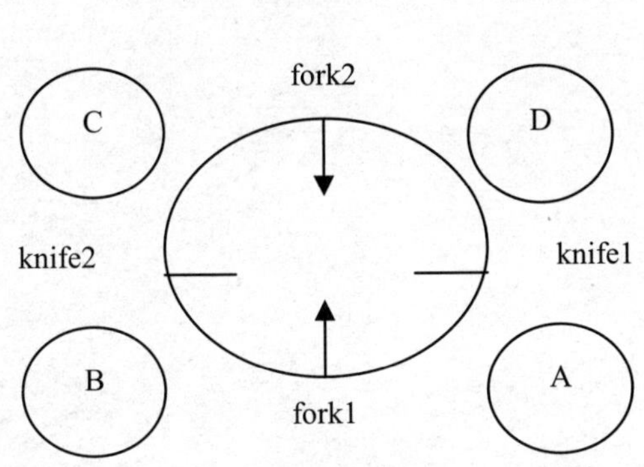

图2-13　哲学家问题

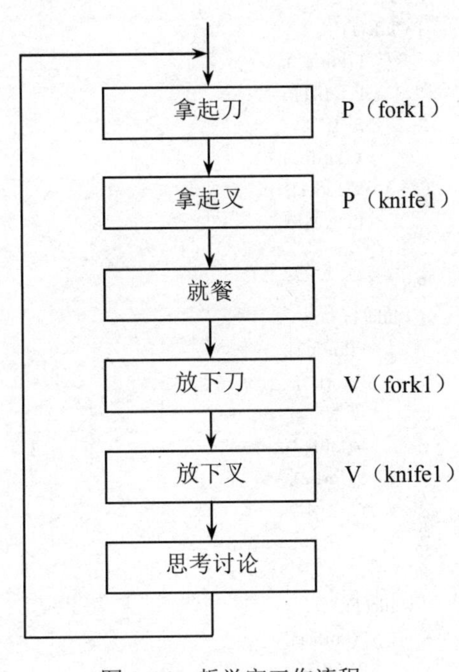

图2-14　哲学家工作流程

（2）确定互斥信号量的个数、含义及PV操作。在本题中应设置4个互斥信号量，即fork1、fork2、knife1、knife2，其初值均为“1”，分别表示资源叉1、叉2、刀1、刀2可用。

（3）用类C语言描述互斥关系。互斥描述如下：

```
int fork1 = 1;
int fork2 = 1;
int knife1 = 1;
int knife2 = 1;
main()
{   Pa();
```

```
        Pb();
        Pc();
        Pd();  }
    Pa()
    { while(1)
        {   P(knife1);
            P(fork1);
            进餐;
            V(knife1);
            V(fork1);
            讨论问题;
        }}
    Pb()
    { while(1)
        {   P(knife2);
            P(fork1);
            进餐;
            V(knife2);
            V(fork1);
            讨论问题;
        }}
    Pc()
    { while(1)
        {   P(knife2);
            P(fork2);
            进餐;
            V(knife2);
            V(fork2);
            讨论问题;
        }}
    Pd()
    { while(1)
        {   P(knife1);
            P(fork2);
            进餐;
            V(knife1);
            V(fork2);
            讨论问题;
        }}
```

4. 使用 PV 操作实现进程同步

【例 2-5】桌上有一个空盘子，只允许放一个水果。爸爸可以向盘中放苹果，也可以向盘中放桔子，儿子专等吃盘中的桔子，女儿专等吃盘中的苹果。规定当盘空时，一次只能放一只水果，请用 PV 操作实现爸爸、儿子、女儿三个并发进程的同步。

【解】分析：这是一个明显的同步问题，也称为生产者和消费者问题。爸爸可以向盘子中放入两类水果：桔子、苹果；然后儿子、女儿每人可以消费其中一种水果。爸爸是生产者，子女是消费者，也就是只有爸爸放水果，子女才能消费水果；只有子女消费完水果，爸爸才能再次放水果。解题步骤：

（1）确定进程的个数及工作。

（2）确定同步信号量的个数及含义。在流程图中标明对同步信号量的 PV 操作。设置 3 个同步信号量：Sp 表示盘子是否为空，其初值为“1”，其含义为父亲是否可以开始放水果，So 表示盘中是否有桔子，其含义为儿子是否可以开始取桔子，其初值为 0，表示不能取桔子；Sa 表示盘中是否有苹果，其含义为女儿是否可以开始取苹果，其初值为 0，表示不能取苹果。

（3）用类 C 语言描述同步关系。描述如下：

```
int  Sp = 1;
int  Sa = 0;
int  So = 0;
main()
{  father();
   son();
   daughter();}
father()
{ while(1)
  {  P(Sp);
     将水果放入盘中;
     if (放入的是桔子)
        V(So);
     else
        V(Sa);
  }}
son()
{ while(1)
  {  P(So);
     从盘中取出桔子;
     V(Sp);
     吃桔子;
  }}

daughter()
{ while(1)
  {  P(Sa);
     从盘中取出苹果;
     V(S);
     吃苹果;
  }}
```

说明：同步信号量是根据进程的数量设置的。一般情况下，同步关系涉及几个进程就设置几个同步信号量，表示该进程是否可以执行，或表示该进程是否执行结束。其初值一般为“0”。

【例 2-6】有 3 个进程 PA、PB、PC 合作解决文件打印问题，其方式如图 2-15 所示，PA

将文件记录从磁盘读入主存的缓冲区 1，每执行一次读一个记录；PB 将缓冲区 1 的记录复制到缓冲区 2，每执行一次复制一个记录；PC 将缓冲区 2 的记录打印出来，每执行一次打印一个记录；缓冲区的大小等于一个记录的 PA、PB、PC 大小。请用 PV 操作来保证文件的正确打印。

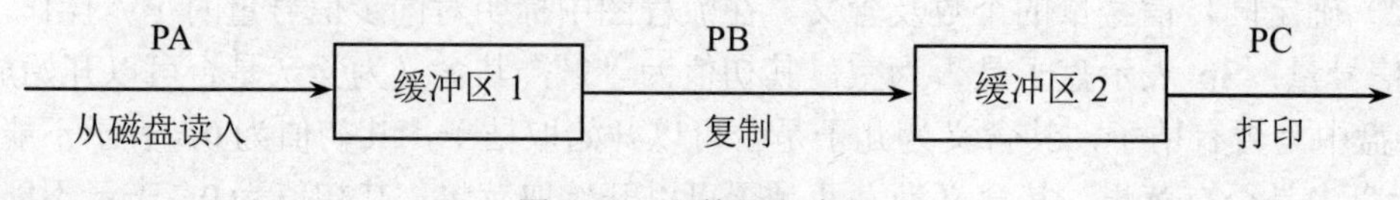

图 2-15　文件打印流程

【解】分析：在本题中，进程 PA、PB、PC 之间的同步关系为 PA 与 PB 共用一个缓冲区，而 PB 与 PC 共用一个缓冲区，当缓冲区 1 为空时，进程 PA 可以将记录读入其中；若缓冲区 1 有记录而缓冲区 2 为空时，进程 PB 可以将记录从缓冲区 1 复制到缓冲区 2 中；当缓冲区 2 中有记录时，进程 PC 可以打印记录。在其他条件下，相应进程必须等待。这其实是一个生产者和消费者的问题，其中 PA 进程是生产者，PB 进程既是消费者又是生产者，PC 进程是消费者。

解题步骤：

（1）确定进程的个数及工作，用流程图的形式描述各进程的处理工作，如图 2-16 所示。

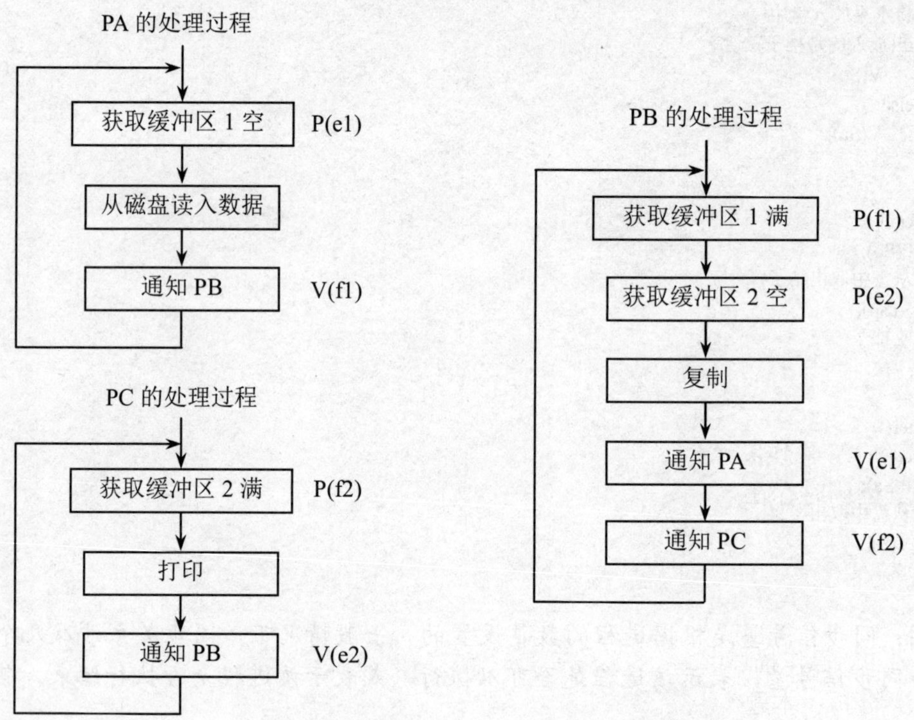

图 2-16　进程 PA、PB、PC 的工作流程

（2）确定同步信号量的个数及含义。在流程图中标明对同步信号量的 PV 操作。本题设置 4 个信号量，即 e1、e2、f1、f2，信号量 e1、e2 分别表示缓冲区 1 和缓冲区 2 是否为空，其初值为 1；信号量 f1、f2 分别表示缓冲区 1 和缓冲区 2 是否有记录可以处理，其初值为 0。

（3）用类 C 语言描述同步关系。描述如下：

```
int e1=1,e2=1;
int f1=0,f2=0;
main()
{   PA();
    PB();
    PC();   }
PA()
{   while (1)
    {
      从磁盘读一个记录;
      P(e1);
      将记录存入缓冲区;
      V(f1);
    } }
PB()
{   while (1)
    {
      P(f1);
      从缓冲区中取记录;
      V(e1);
      P(e2);
      存入缓冲区 2;
      V(f2);;
    } }
PC()
{   while (1)
    {
      P(f2);
      从缓冲区中取记录;
      V(e2);
      打印记录;
    }}
```

5. 使用 PV 操作实现进程的同步加互斥

当进程间同时存在同步和互斥两种关系时，解决问题的关键就是协调同步操作和互斥操作的先后。

【例 2-7】某数据库有一个写进程，多个读进程，它们之间读、写操作的互斥要求是：写进程运行时，其他读、写进程不能对数据库操作，读进程之间不互斥，可以同时读数据库。请用信号量及 PV 操作描述这一组进程的工作过程。

【解】分析：本题涉及对同一个数据库的读写操作，当多个进程对其读时，因不改变其中的数值，可以不加限制。但是，当有的进程对其读，有的进程对其写，或当有多个进程对其写时，应加以限制，此时数据库就是一个临界资源，必须对其进行互斥操作。因为，写进程执行时，不能执行其他读写进程，所以，还必须统计读进程的个数。

解题步骤：

（1）确定进程的个数及工作。本题只有读写两类进程，各自的工作流程如图 2-17 所示。

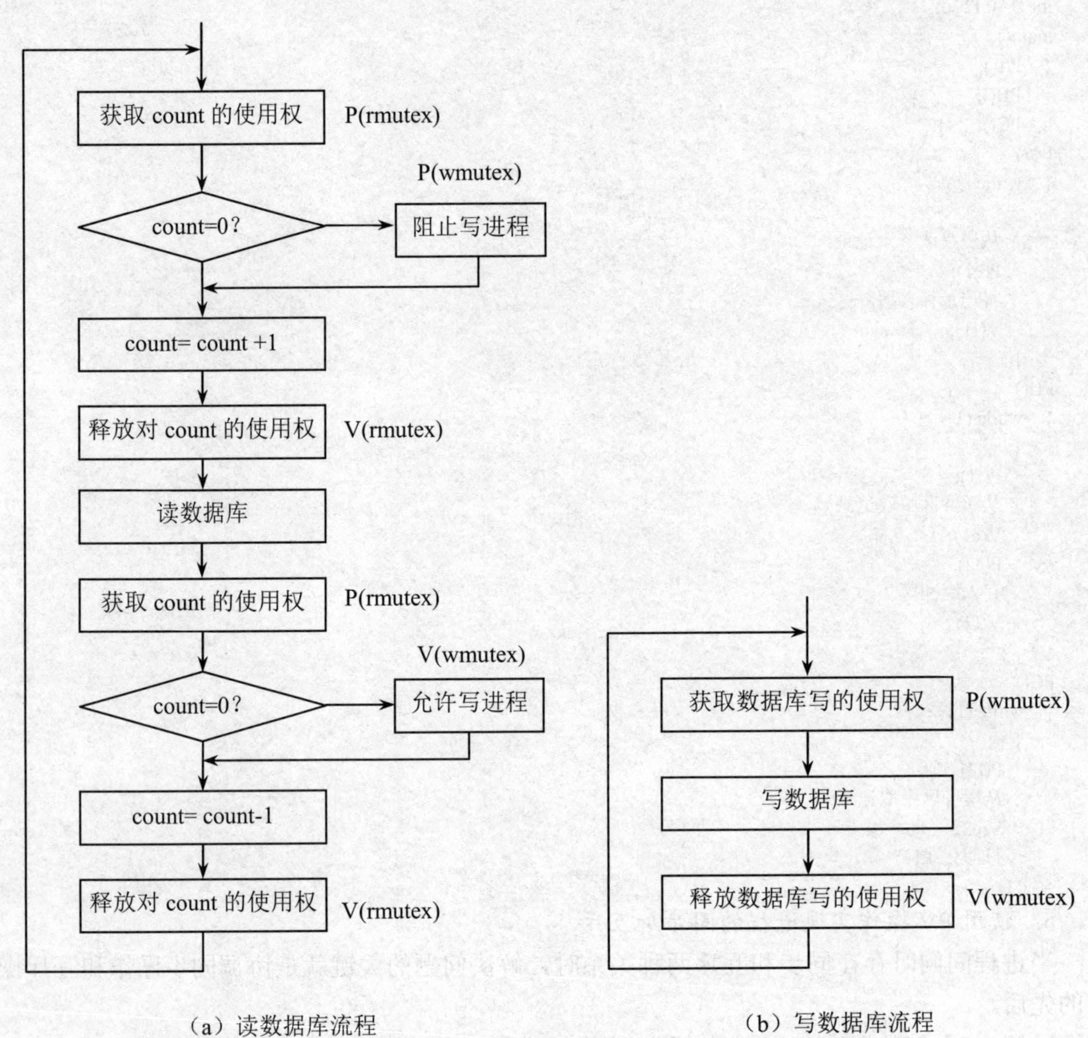

（a）读数据库流程　　（b）写数据库流程

图 2-17　读写数据库流程图

（2）确定信号量的个数、含义及 PV 操作。本题应当设置 2 个信号量和 1 个共享变量：

count 为共享变量：记录当前正在读数据库的读进程的数目。

rmutex 为读互斥信号量：使进程互斥地访问共享变量 count，其初值为 1。

wmutex 为写互斥信号量：实现写进程与读进程的互斥、写进程与写进程的互斥，其初值为 1。

（3）用类 C 语言描述如下：

```
int rmutex=1;
int wmutex=1;
count=0;
main()
{   reader();
    writer();   }
reader()
{   whlie ( 1 )
    {
      P(rmutex);
      if (count==0)   P(wmutex);        /*当第一个读进程读数据库时，阻止写进程写*/
      count++;
      V(rmutex);
      读数据库;
      P(rmutex);
      count--;
      if (count==0) V(wmutex);          /*当最后一个读进程读完数据库时，允许写进程写*/
      V(rmutex);
    } }
writer()
{   while (1)
    {
      P(wmutex);
      写数据库;
      V(wmutex);
    }}
```

【例 2-8】理发师理发问题。有一个理发师、一把理发椅和 n 把等候理发顾客坐的椅子。如果没有顾客，则理发师在理发椅上睡觉；当一个顾客到来时，必须唤醒理发师，进行理发；如果理发师正在理发，又有顾客来到时，如果有空椅子可坐，他就坐下来等候，如果没有空椅子，他就离开。请为理发师和顾客各编一个程序表述他们的行为。

【解】分析：本题涉及两个进程：理发师和顾客。当有顾客时理发师就可以理发，理完发后，从等候的顾客中选一位顾客继续理发。当理发师正在理发时，顾客要等待，若没有座就离开，顾客与理发师的工作是同步关系。有多少顾客在等候，可以设计一个计数器来记录，顾客和理发师对计数器的操作是互斥的。

解题步骤：

（1）确定进程的个数及工作。本题只有理发师和顾客两个进程，各自的工作如图 2-18 所示。

（2）确定信号量的个数、含义及 PV 操作。本题设置 3 个信号量：S1 表示理发师是否可以开始理发，即是否有顾客；S2 表示顾客是否可以被理发，即是否有理发师；S3 是对计数器

waiting 的互斥操作；waiting 表示等待顾客的人数，如图 2-18 所示。

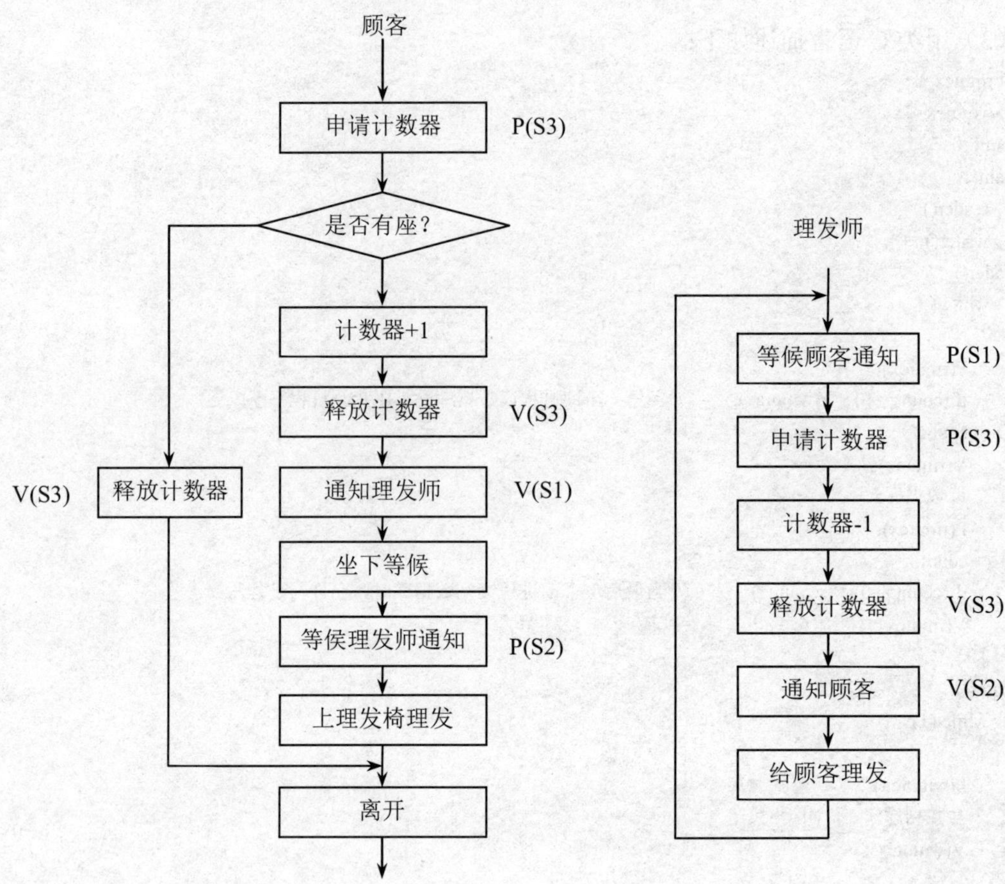

图 2-18　顾客与理发师工作流程

（3）用类 C 语言描述同步关系，描述如下：

```
#define   CHAIR 6          // 为等候的顾客准备的椅子数
int   S1 = 0;              // 理发师同步信号量
int   S2 = 0;              // 顾客同步信号量
int   S3 = 1;              // 互斥信号量
int   waiting = 0;
main()
{   barber();
    customer(); }
    barber()
    { while(1)
      { P(S1);
        P(S3);
```

```
        waiting = waiting – 1;
        V(S3);
        V(S2);
        给顾客理发;
    } }
customer()
{   P(S3);
    if(waiting < CHAIR)
        {
            waiting = waiting + 1;
            V(S3);
            V(S1);
            坐下等候;
            P(S2);
            上理发椅理发;
        }
    else
            V(S3);
    离开;}
```

由以上几个例子可简单得出 PV 操作的使用规则：

1）分清哪些是互斥问题（互斥访问临界资源的），哪些是同步问题（具有前后执行顺序要求的）。

2）对互斥问题要设置互斥信号量，不管有互斥关系的进程有几个或几类，通常只设置一个互斥信号量，且初值为 1，代表一次只允许一个进程对临界资源访问。

3）对同步问题要设置同步信号量，通常同步信号量的个数与参与同步的进程种类有关，即同步关系涉及几类进程，就有几个同步信号量。同步信号量表示该进程是否可以开始或该进程是否已经结束。

4）在每个进程中用于实现互斥的 PV 操作必须成对出现；用于实现同步的 PV 操作也必须成对出现，但可以分别出现在不同的进程中；在某个进程中如果同时存在互斥与同步的 P 操作，则其顺序不能颠倒，必须先执行对同步信号量的 P 操作，再执行对互斥信号量的 P 操作，但对 V 操作的顺序没有严格要求。

说明：同步互斥问题的解题步骤：

（1）确定进程。包括进程的数量、进程的工作内容，可以用流程图描述。

（2）确定同步互斥关系。根据是否使用的是临界资源，还是处理的前后关系，确定同步与互斥，然后确定信号量的个数、含义以及对信号量的 P、V 操作。

（3）描述同步或互斥算法。

2.5.4 管程的基本概念

虽然信号量机制是一种既方便又有效的进程同步机制，但每个访问临界资源的进程都必须使用 PV 操作，使得大量的同步操作分散在各个进程中，不仅给系统的管理带来麻烦，而且还可能因同步操作使用不当而导致系统故障，如顺序不当、误写、漏写。这时又产生了一种新的进程同步管理工具——管程。

1971 年，Dijkstra 提出，把所有进程对某一种临界资源的同步操作都集中起来，构成一个“秘书”进程，凡是要访问该临界资源的进程，都需要先报告“秘书”，由“秘书”来实现诸进程的同步。1973 年，Hansan 和 Hoare 又把“秘书”进程思想发展为管程概念。

实际上，信号量机制是基于进程控制来分配和使用资源，而管程是基于资源控制来协调访问资源的进程。系统各种硬件和软件资源，都可以用数据结构进行抽象说明，即用少量信息和对该资源所执行的操作来表示该资源，而忽略它们的内部结构和实现细节。因此一个管程实际上是定义了一个数据结构和在该数据结构上的能为并发进程所执行的一组操作，这组操作能同步进程和改变管程中的数据。

由定义可知，管程由三部分组成：局部于管程的共享变量说明、对该数据结构进行操作的一组过程、对局部于管程的数据设置初始值的语句。此外，每个管程都应该有唯一的名字来标识。

比如，学校的教务处就相当于管程。学校的各教学部门需要安排什么课程，学生对教学有什么要求都向教务处提出申请，由教务处统一协调各类教学资源的使用。这里各教学部门、学生相当于进程，教务处相当于管程。

2.6 进程通信

进程通信是指进程间的信息交换。其所交换的信息量，少则一个数值，多则成千上万个字节。在进程的同步和互斥中，使用信号量机制是卓有成效的，但作为通信工具，其效率低，一次发送的信息量很少，并且信号量机制主要依靠程序设计来控制，用户自己不能很方便地使用。

进程的同步与互斥称为低级通信。用户直接利用操作系统提供的一组通信命令，高效地传送大量数据，称为高级通信，它既提高了工作效率，又简化了程序编制的复杂性，方便了用户的使用。本节主要介绍进程的高级通信。

2.6.1 进程通信的类型

目前，高级通信机制主要有三大类：共享存储器系统、消息传递系统及管道通信系统。

1. 共享存储器系统

在共享存储器系统中，相互通信的进程共享某些数据结构或共享存储区，进程之间能够通过它们进行通信。共享存储器系统又可分为共享数据结构和共享存储区两种方式。

（1）共享数据结构方式。

在这种通信方式中，相互通信的诸进程公用某些数据结构，并通过这些数据交换信息。

这种方式与信号量机制相比，并没有发生太大的变化，仍然属于低级通信，比较低效、复杂，只适于传送少量的数据。

（2）共享存储区方式。

这种通信方式是在存储器中划出一块共享存储区，相互通信的诸进程可以通过对共享存储区中的数据进行读或写来实现通信。这种方式实际上就属于高级通信，效率得到了提高，可以传送更多的数据。

2. 消息传递系统

在消息传递系统中，进程间的数据交换以消息为单位，用户直接利用系统中提供的一组通信命令（原语）进行通信。这种方式既大大提高了工作效率，又简化了程序编制的复杂性，方便了用户的使用，因此成为最常用的高级通信方式。

消息传递系统根据实现方式的不同，又分为直接通信方式和间接通信方式两种。

（1）直接通信方式（缓冲通信方式）。

发送进程使用发送原语直接将消息发送给接收进程，并将它挂在接收进程的消息缓冲队列上，接收进程使用接收原语从消息缓冲队列中取出消息。

（2）间接通信方式（信箱通信方式）。

发送进程使用发送原语直接将消息发送到某种中间实体中，接收进程使用接收原语从该中间实体中取出消息。这种中间实体一般称为信箱，所以这种方式也称为信箱通信方式，并且被广泛地用于计算机网络中，也称为电子邮件系统。

3. 管道通信系统

管道是指连接读进程和写进程，以实现它们之间通信的共享文件。向管道提供输入的发送进程（写进程），以字符流形式将大量的数据送入管道，而接收管道输出的接收进程（读进程），可以从管道中接收数据。由于发送进程和接收进程是利用管道进行通信的，故称为管道通信方式。这种方式首创于 UNIX 系统，因它能传送大量的数据，又非常有效，所以被引入到许多其他操作系统中。

2.6.2 消息传递系统

消息传递系统是最常用的方式，进程间可以直接或间接地进行数据交换。

1. 直接通信方式

这是指发送和接收进程利用操作系统提供的发送和接收命令，直接进行数据交换。通常，系统提供两条通信原语。

```
Send(Receiver,message);
Receive(Sender,message);
```

例如，原语 Send(P2,m)表示将消息 m 发送给接收进程 P2；而原语 Receive(P1,m)则是表示接收由进程 P1 发送来的消息 m。

2. 间接通信方式

发送进程与接收进程通过中间实体——信箱来完成通信，既可以实现实时通信，又可以实现非实时通信。

（1）信箱通信的操作。

系统为信箱通信提供了若干条原语操作，包括创建信箱原语、撤消信箱原语、发送原语、接收原语等。

1）信箱的创建与撤消。进程可利用信箱创建原语来建立一个新信箱，创建进程应给出信箱的名字、信箱属性等。当信箱所属进程不再需要该信箱时，可用信箱撤消原语来撤消信箱。

2）消息的发送与接收。互相通信的进程利用系统提供的下述通信原语来实现。

Send(mailbox,message)：将一个消息发送到指定信箱。

Receive(mailbox,message)：从指定信箱中接收一个消息。

（2）信箱的分类。

信箱可由操作系统创建，也可由用户创建，创建者是信箱的拥有者，据此，可把信箱分为以下三类：

1）私有信箱。用户进程可以为自己建立一个新信箱，并作为进程的一部分。信箱的拥有者有权从信箱中读取消息，其他用户只能将自己构成的消息发送到该信箱中。当拥有该信箱的进程终止时，信箱也随之消失。

2）公用信箱。它由操作系统创建，并提供给系统中所有核准用户进程使用。核准进程既可以把消息发送到该信箱，又可以从信箱中取出发送给自己的消息。通常，公用信箱在系统运行期间始终存在。

3）共享信箱。它实际上是某进程创建的私有信箱，在创建时或创建后，又指明它是可以共享的，同时指出共享进程（用户）的名字，此时就成为共享信箱。信箱的拥有者和共享者，都有权从信箱中取走发送给自己的消息。

（3）信箱通信时进程间的关系。

在利用信箱通信时，发送进程与接收进程存在下列关系：

1）一对一关系。即在一个发送进程和一个接收进程之间建立一条专用的通信通道，使它们之间的通信不受其他进程的影响。

2）多对一关系。允许提供服务的一个接收进程与多个用户发送进程之间进行通信，也称为客户/服务器方式。

3）一对多关系。允许一个发送进程与多个接收进程进行通信，使发送进程可以用广播形式向一组或全部接收者发送消息。

4）多对多关系。允许建立一个公用信箱，让多个进程既可以把消息发送到该信箱，又可以从信箱中取出发送给自己的消息。

作为人类社会，每个人就是一个或一组进程，相互之间或许存在关系，或互斥地访问使用社会资源，或相互协调共同进行社会工作。所以，处于社会环境中，也要进行有效的控制与协调，每个人（进程）要学会与他人共享社会资源，学会与他人进行有效地交流；否则，会不能很好地工作和生活。

2.7 进程调度

处理器调度的主要目的是为了分配处理器，但在不同的操作系统中所采用的调度方式并不完全相同，在执行调度时所采用的调度算法也不一样。本节主要介绍进程调度的类型、选择进程调度算法的原则，以及常用的进程调度算法。

2.7.1 进程调度的类型

用户让计算机完成的工作称为作业。作业从进入系统并驻留在外存的后备队列上开始，直到作业运行结束，可能要经历多级调度。

1. 高级调度

高级调度又称为作业调度或长程调度，用于决定把外存上处于后备队列中的哪些作业调入主存，并为它们创建进程、分配必要的资源，然后将新创建的进程排入就绪队列，准备执行。

在批处理系统中，作业进入系统后，首先放在外存上，所以需要进行作业调度，将它们装入主存。但在分时或实时系统中，作业往往通过终端直接输入主存，因此无需进行作业调度。

在执行作业调度时，需要解决的问题：一是接纳多少个作业，即允许有多少个作业同时在主存中运行，太多会影响系统服务性能与质量，太少会使得系统资源利用率和吞吐量太低，因此要根据系统具体情况作出折衷的选择；二是接纳哪些作业，即应将哪些作业从外存调入主存，这取决于采用的调度算法。

2. 低级调度

低级调度通常又称为进程调度或短程调度。它决定主存中的就绪队列上的哪个进程（单处理器系统）将获得处理器，然后把处理器分配给该进程，使其执行。进程调度是最基本的一种调度，运行频率也最高。

进程调度在执行时可以采用非抢占式和抢占式两种方式。

（1）非抢占方式。

采用这种调度方式时，一旦把处理器分配给某个进程后，便让该进程一直执行，直到该进程终止或阻塞时才退出处理器，系统这时才能把处理器再分配给其他进程。在某个进程正在占用处理器执行时，不允许其他任何进程抢占处理器。

这种调度方式的优点是实现简单、系统开销小，适用于大多数批处理系统。但缺点是对于紧急任务，不能满足其立即执行的要求，所以在时间要求较严格的实时系统和部分分时系统中不宜采用。

（2）抢占方式。

采用这种调度方式时，把处理器分配给某个进程后，在该进程尚未终止或阻塞时，允许系统调度程序根据某种原则，暂停正在执行的进程，回收已经分配的处理器，并将处理器重新分配给其他更为紧急的进程。

在采用抢占方式时，要基于某种原则，通常的原则有以下几个：

1）时间片原则。各个进程按规定的时间片轮流执行。

2）优先权原则。各个进程按各自优先权的高低，允许优先权高的进程抢占优先权低的进程所占用的处理器。

3）短进程原则。各个进程按各自的长短，允许短进程抢占长进程所占用的处理器。

3. 中级调度

中级调度又称中程调度，其目的是为了进一步提高主存的利用率和系统吞吐量。为此，系统将那些暂时不能运行的进程从主存调到外存（仍然保持进程状态）上的特定区域，这些在外存存放的进程所处的状态称为就绪驻外状态或挂起状态。当这些进程的运行条件具备，且主存又有空闲时，在中级调度的控制下，再将处于外存上的那些重新具备运行条件的就绪驻外进程调入主存，并将其状态修改为就绪状态，放入就绪队列，等待进程调度。

在上述三种调度中，进程调度的运行频率最高，因此进程调度算法不能太复杂，以免占用太多的 CPU 时间。而作业调度的执行周期较长、频率低。所以，允许作业调度算法花费较多的时间。中级调度则处于进程调度与作业调度之间。

2.7.2 选择调度算法的原则

在一个操作系统中，如何选择调度方式与算法，在很大程度上取决于操作系统的类型和目标。选择调度方式与算法的原则有面向用户的，也有面向系统的。

1. 面向用户的原则

这是为了满足用户的需求所应遵循的一些原则。

（1）周转时间短。

周转时间，是指从进程提交给系统开始，到进程完成为止的这段时间。它主要用于评价批处理系统。

对每个用户而言，都希望自己进程的周转时间最短。但作为计算机系统的管理者，是希望平均周转时间最短，这不仅会提高资源利用率，而且还可使大多数用户感到满意。平均周转时间可描述为：每个进程的周转时间之和/进程的个数。

为了能进一步描述每个进程的周转效率，用另一种指标——带权周转时间，即进程的周转时间与系统为其提供的实际服务时间（不包括各阶段的等待时间）之比。相应的平均带权周转时间：每个作业的带权周转时间之和/作业的个数。

（2）响应时间快。

响应时间，是从用户通过键盘提交一个请求开始，直至系统首次产生响应为止的时间，即系统在屏幕上显示出结果为止的一段时间间隔。它主要用于评价分时操作系统。

（3）截止时间有保证。

截止时间，是指某任务必须开始执行的最迟时间，或必须完成的最迟时间。对于严格的实时系统，其调度方式和调度算法必须保证这一点，否则将可能引起灾难性的后果。它主要用于评价实时操作系统。

（4）优先权原则。

采用优先权原则，目的是让某些紧急的进程得到及时处理。在要求严格的系统中，还要使用抢占调度方式，才能保证紧急进程得到及时处理。它用于批处理、分时、实时系统。

2. 面向系统的原则

这是为了满足系统要求所应遵循的一些原则。

（1）系统吞吐量高。

吞吐量，是指单位时间内所完成的进程数，显然进程的平均长度将直接影响吞吐量的大小。另外，进程调度的方式与算法，也会对吞吐量产生较大的影响。它主要评价批处理系统。

（2）处理器利用率好。

对于大、中型系统，由于 CPU 价格十分昂贵，所以处理器的利用率就成为十分重要的指标。在实际系统中，CPU 的利用率一般在 40%～90%之间。但该原则一般不用于微机系统和某些实时系统，主要用于大、中型系统。

（3）各类资源的平衡利用。

对于大、中型系统，不仅要使处理器利用率高，而且还应能有效地利用其他各类资源，保持系统中各类资源都处于忙碌状态。同样，该原则一般不用于微机系统和某些实时系统。它主要用于大、中型系统。

2.7.3 作业调度算法

调度算法实际上是根据系统的资源策略所规定的资源分配算法。在现有的操作系统中，调度算法多种多样，各有各的优缺点，所以要根据不同的系统和系统目标，选择不同的调度算法。

1. 先来先服务调度算法

先来先服务调度算法（FCFS）是一种最简单的调度算法，系统开销最少。在作业调度中使用该算法时，则每次调度是从作业的后备队列中，选择最先进入后备队列的一个或若干个作业，把作业调入内存，分配资源，创建进程。

先来先服务调度算法比较有利于长作业，而不利于短作业。表 2-1 列出了 A、B、C、D 四个作业分别到达系统的时间、要求服务的时间、开始执行的时间及各自完成的时间，并计算出了各自的周转时间和带权周转时间。

从表 2-1 可知，短作业 C 的带权周转时间高达 100，而长作业 D 的带权周转时间仅为 1.99。

2. 短作业优先调度算法

短作业优先调度算法是指对短作业优先调度的算法。它是从后备队列中选择一个或若干个估计运行时间最短的作业，将其调入内存，分配资源，创建进程。

表 2-1　先来先服务调度算法表

作业名	到达时间	服务时间	开始执行时间	完成时间	周转时间	带权周转时间
A	0	1	0	1	1	1
B	1	100	1	101	100	1
C	2	1	101	102	100	100
D	3	100	102	202	199	1.99

短作业优先调度算法照顾到了系统中占大部分的短作业，有效地降低了作业的平均等待时间，提高了系统的吞吐量，但对长作业不利。通过表 2-2 可对短作业优先调度算法与先来先服务调度算法进行一个比较。

表 2-2　先来先服务调度算法与短作业优先调度算法的比较

算法种类	作业名	A	B	C	D	E	平均
	到达时间	0	1	2	3	4	
	服务时间	6	3	5	2	1	
先来先服务	完成时间	6	9	14	16	17	
	周转时间	6	8	12	13	13	10.4
	带权周转时间	1	2.67	2.4	6.5	13	5.114
短作业优先	完成时间	6	12	17	9	7	
	周转时间	6	11	15	6	3	8.2
	带权周转时间	1	3.67	3	3	3	2.754

虽然短作业优先调度算法对短作业很好，但也存在不容忽视的缺点。

（1）该算法对长作业非常不利。更为严重的是，如果在后备队列中含有长作业，但其中总有比其短的作业，可能导致长作业很长时间内得不到调度。

（2）该算法和先来先服务调度算法一样，没有考虑到作业的紧迫程度，因而不能保证紧急作业得到及时处理。

（3）由于作业调度的依据是用户提供的估计执行时间，而用户则有可能有意或无意地缩短其作业的估计执行时间，致使该算法不一定能真正做到短作业优先调度。

3. 高响应比优先调度算法

高响应比优先调度算法是一个比较折衷的算法，它是从后备队列中选择响应比高的进程，将其调入内存，分配资源，创建进程。

其中响应比 = 响应时间 / 要求服务时间

= （等待时间 + 要求服务时间）/ 要求服务时间

=1+ 等待时间 / 要求服务时间

由上式可以看出：

1）如果作业的等待时间相同，则要求服务时间越短，其优先权越高。因此，该算法有利于短作业。

2）当要求服务的时间相同时，作业的优先权取决于其等待时间，因而实现的是先来先服务。

3）对于长作业，当其等待时间足够长时，其优先权便可以升到最高，从而也可获得调度。

简言之，高响应比优先调度算法既照顾了短作业，又考虑了作业到达的先后次序，也不会使长作业长期得不到服务，因此是一个比较全面考虑的算法，但每次进行调度时，都需要对各个作业计算响应比。所以系统开销很大，比较复杂。

2.7.4　进程调度算法

在现在所有的操作系统中都要涉及进程调度，要根据系统的资源策略使用合适的资源分配算法。操作系统的资源分配策略不同，就会使得调度算法多种多样。不同的调度算法各有优缺点，所以要根据不同的系统和系统目标，选择不同的调度算法。

1. 先来先服务调度算法

在进程调度中使用该算法时，每次调度是从就绪队列中选择一个最先进入就绪队列的进程，把处理器分配给该进程，使之得到执行。该进程一旦占有了处理器，它就一直运行下去，直到该进程完成或因发生事件而阻塞才退出处理器。

先来先服务调度算法比较有利于长进程，而不利于短进程。

2. 短进程优先调度算法

短进程优先调度算法是指对短进程优先调度的算法。它是从就绪队列中选择一个估计运行时间最短的进程，将处理器分配给该进程，使之占有处理器并执行，直到该进程完成或因发生事件而阻塞，然后退出处理器，再重新调度。

短进程优先调度算法照顾到了系统中占大部分的短进程，有效地降低了进程的平均等待时间，提高了系统的吞吐量，但也存在不容忽视的缺点：该算法对长进程非常不利，可能导致长进程很长时间内得不到调度，甚至一直得不到调度，这种现象称为“饿死”现象。

3. 时间片轮转调度算法

在分时系统中，为了保证人机交互的及时性，系统使每个进程依次按时间片方式轮流地执行，即时间片轮转调度算法。在该算法中，系统将所有的就绪进程按进入就绪队列的先后次序排列。每次调度时把 CPU 分配给队首进程，让其执行一个时间片，当时间片用完，由计时器发出时钟中断，调度程序则暂停该进程的执行，使其退出处理器，并将它送到就绪队列的末尾，等待下一轮调度执行。然后，把 CPU 分配给就绪队列中新的队首进程，同时也让它执行一个时间片。这样就可以保证就绪队列中的所有进程，在一定的时间（可接受的等待时间）内，均能获得一个时间片的执行时间。

在时间片轮转调度算法中，时间片的大小对系统的性能有很大影响。如果时间片太大，大到每个进程都能在一个时间片内执行结束，则时间片轮转调度算法便退化为先来先服务调度算法，用户将不能获得满意的响应时间。若时间片过小，连用户输入的简单常用命令都要花费多个时间片，这样系统将频繁地进行进程的切换，同样难以保证用户对响应时间的要求。

因此，时间片的大小要适当，通常要考虑到以下几个因素：

（1）系统对响应时间的要求。作为分时系统首先是必须满足系统对响应时间的要求。响应时间直接与进程数目和时间片成正比。因此，在进程数目一定时，时间片的大小反比于系统所要求的响应时间。

（2）就绪队列中进程的数目。在分时系统中，就绪队列上的进程数，是随着在终端上机的用户数目而改变的。所以，系统要保证，当所有终端都有用户上机时，仍能获得较好的响应时间。因此，时间片的大小应反比于分时系统所配置的终端数目。

（3）系统的处理能力。系统的处理能力是必须保证用户输入的常用命令能在一个时间片内处理完毕，否则，无法取得满意的响应时间。

4. 最高优先权调度算法

为了照顾紧迫型进程获得优先处理，引入了最高优先权调度算法。它是从就绪队列中选择一个优先权最高的进程，让其获得处理器并执行。这时，又进一步把该算法分为两种方式：

（1）非抢占式优先权调度算法

在这种方式下，系统一旦把处理器分配给就绪队列中优先权最高的进程后，该进程就占有处理器一直运行下去，直到该进程完成或因发生事件而阻塞，才退出处理器。系统这时才能将处理器分配给另一个优先权高的进程。这种方式实际上是每次将处理器分配给当前就绪队列中优先权最高的进程。它常用于批处理系统中，也可用于某些对时间要求不严格的实时系统中。

（2）抢占式优先权调度算法

在这种方式下，系统同样把处理器分配给当前就绪队列中优先权最高的进程，使之执行。但在其执行期间，仍然会不断有新的就绪进程进入就绪队列，如果出现某个进程，其优先权比当前正在执行的进程的优先权还高时，进程调度程序就会立即暂停当前进程的执行，而将处理器收回，并将处理器分配给新出现的优先权更高的进程，让其执行。这种方式实际上永远都是系统中优先权最高的进程占用处理器执行。因此，它能更好地满足紧迫进程的要求，故常用于要求比较严格的实时系统中，以及对性能要求较高的批处理和分时系统中。

对于最高优先权调度算法，其关键在于是采用静态优先权，还是动态优先权，以及如何确定进程的优先权。

（1）静态优先权

静态优先权是在创建进程时确定的，并且规定它在进程的整个运行期间保持不变。一般地说，优先权是利用某个范围内的一个整数来表示，如 0～7 或 0～255 中的某个整数，所以又称为优先数。在使用时，有的系统用 0 表示最高优先权，数值越大优先权越小，而有的系统则恰恰相反。

确定进程优先权的依据有以下几个：

1）进程的类型。通常，系统进程的优先权高于用户进程的优先权。

2）进程对资源的需求。进程在运行期间所需要的资源（如执行时间、主存需要量等）越少，则其优先权越高。

3）用户的要求。根据用户进程的紧迫程度及用户所付费用的多少来确定进程的优先权。

静态优先权方法简单易行、系统开销小，但缺点是不够精确，很可能出现优先权低的进程，因系统中总有比其优先权高的进程要求调度，导致该进程很长时间内得不到调度，甚至一直得不到调度，即出现“饿死”现象。

（2）动态优先权。

动态优先权要配合抢占调度方式使用，它是指在创建进程时所赋予的优先权，可以随着进程的推进而发生改变，以便获得更好的调度性能。在就绪队列中等待调度的进程，可以随着其等待时间的增加，其优先权也以某个速率增加。因此，对于优先权初值很低的进程，在等待足够长的时间后，其优先权也可能升为最高，从而获得调度，占用处理器执行。同样规定正在执行的进程，其优先权将随着执行时间的增加而逐渐降低，使其优先权可能不再是最高，从而暂停其执行，将处理器回收并分配给其他优先权更高的进程。这种方式能防止一个长进程长期占用处理器的现象。

5. *高响应比优先调度算法*

高响应比优先调度算法是一个比较折衷的算法，它是从就绪队列中选择一个响应比最高的进程，让其获得处理器执行，直到该进程完成或因等待事件而退出处理器为止。

其中响应比 = 响应时间 / 要求服务时间

= （等待时间 + 要求服务时间）/ 要求服务时间

= 1 + 等待时间 / 要求服务时间

高响应比优先调度算法既照顾了短进程，又考虑了进程到达的先后次序，也不会使长进程长期得不到服务，因此是一个考虑比较全面的算法，但每次进行调度时，都需要对各个进程计算响应比。所以系统开销很大，比较复杂。

6. *多队列调度算法*

目前实际的计算机系统，不少都同时具有多种操作方式，既具有批处理操作系统，用于处理批量型作业；又配置了分时操作系统，来处理交互型作业，但这两种作业的性质却截然不同。通常，为批处理作业所建立的进程将排入后台的就绪队列；而为交互型作业所建立的进程则排入前台就绪队列。前台采用时间片轮转调度算法，而后台可采用最高优先权调度算法或短进程优先调度算法等。

一般地说，多队列调度算法是根据进程的类型或性质的不同，将就绪进程分为若干个独立队列，不同类型或性质的进程固定地分属于一个队列，每个队列可以采用适合的调度算法，不同的队列可使用不同的调度算法。

在采用多队列调度算法时，可按多种方式来处理各队列间的关系。一种是规定每个队列的优先权，优先权高的队列将优先获得调度执行。另一种是为各队列分配一定比例的处理器时间，然后分别调度使用。

7. 多级反馈队列调度算法

前面所介绍的各种进程调度算法，都存在一定的局限性。如短进程优先调度算法，不利于长进程，而且如果未有效表明进程的长度，则其算法将无法正常使用。而多级反馈队列调度算法，则不必事先知道各个进程所需的执行时间，而且还可满足各种类型进程的需要，是目前一种较好的进程调度算法。

在采用多级反馈队列调度算法的系统中，调度算法的实施过程如下：

（1）将设置多个就绪队列，并为每个就绪队列赋予不同的优先权。第一个队列的优先权最高，第二个队列次之，其余队列的优先权逐个降低。

（2）队列中的进程将采用时间片轮转调度算法，但赋予各个队列中进程执行的时间片的大小各不相同，优先权越高的队列，其进程的执行时间片越短。

（3）当一个新进程进入主存后，首先将它放入第一个队列的末尾，按先后次序排队等待时间片轮转调度。当轮到该进程执行时，如能在该时间片内完成，便可正常终止；如在时间片结束时尚未完成，调度程序便暂停该进程的执行，并将其转入到第二个队列的末尾，再同样按先后次序排队等待时间片轮转调度。如果它在第二个队列中运行一个时间片后仍未结束，再依此法将它放入第三个队列的末尾。如此下去，直到放入最低优先权的队列中，也按先后次序排队等待时间片轮转调度，直至结束。

（4）仅当第一个队列无进程时，调度程序才能调度第二个队列中的进程运行。相应地，只有当第 1 个到第 N–1 个队列都无进程时，才能调度第 N 个队列中的进程运行。如果处理器正在第 N 个队列为某个进程服务时，又有新进程进入优先权较高的队列，则此时新进程将抢占正在运行进程的处理器，即由调度程序把正在执行的进程放回到第 N 个队列的末尾，然后将处理器分配给新进程。多级队列调度算法具有较好的性能，能满足各种类型用户的需求。

1）终端型作业用户。

由于终端型作业用户提交的作业，大都属于交互型作业，通常比较短小。系统可以使这些作业（进程）在第一个队列所规定的时间片内完成，从而使终端型作业用户感到满意。

2）短批处理作业用户。

对于短的批处理作业，同样在第一个队列中执行一个时间片即可完成。对于稍长的作业，通常也只需在第二个队列和第三个队列中各执行一个时间片即可完成，其周转时间仍然较短。

3）长批处理作业用户。

对于长作业，它将依次在第 1、2、3、…，直到第 N 个队列中运行，用户不必担心其作业长期得不到处理。

调度最终就是一种选择，知道了选择的原则与过程就可以较好地控制选择的结果。在社会中，我们也会面临无数次的选择，为了选择正确合适的结果，我们也应该很好地了解每次选择的原则与过程。

那么，你认为你是如何选择成功的，或者成功是如何选择你的，是永远向上的朝气、不断进取的锐气、百折不挠的勇气，还是坚守理想的信心、乐于助人的诚心、脚踏实地的耐心。

2.7.5 线程调度

在具有线程的系统中要提供进程和线程两级并行机制。由于线程的实现分为用户级和核心级，所以在具有线程的系统中，调度算法主要依据线程的实现而不同。

1. 用户级线程

由于线程是在用户级实现的，内核并不知道线程的存在，所以内核不负责线程的调度。内核只为进程提供服务，即从就绪队列中挑选一个进程（如 A），为它分配一个时间片，然后由进程 A 内部的线程调度程序决定让 A 的哪一个线程（如 A1）运行。线程 A1 将一直运行下去，不受时钟中断的干扰，直至它用完进程 A 的时间片。之后，内核将选择另一个进程运行。当进程 A 再次获得时间片时，线程 A1 将恢复运行。如此反复，直到 A1 完成自己的工作，进程 A 内部的线程调度程序再调度另一个线程运行。一个进程内线程的行为不影响其他进程。内核只管对进程进行适当的调度，而不管进程内部的线程。

如果进程分到的时间片长，而单个线程每次运行时间短，那么，在 A1 让出 CPU 后，A 的线程调度程序就调度 A 的另一个线程（如 A2）运行。这样，在内核切换到进程 B 之前，进程 A 内部的线程就会发生多次切换。

运行时系统选择线程的调度算法可以是进程调度算法中的任何一种算法。实际上，最常用的算法是轮转法和优先级法，唯一的限制是时钟中断对运行线程不起作用。

2. 核心级线程

在内核支持线程的情况下，由内核调度线程，即内核从就绪线程池中选出一个线程（不必考虑它是哪个进程的线程，当然，内核知道是哪个进程的），分给该线程一个时间片，当它用完时间片后，内核把它挂起。如果线程在给定的时间片内阻塞，内核就调度另一个线程运行，后者可能和前者同属一个进程，也可能属于另一个进程。

用户级线程和核心级线程的主要区别如下：

（1）性能。用户级线程切换可用机器指令，速度快；而核心级线程切换需要全部上下文切换，因而速度慢。

（2）挂起。在核心级线程方式下，一个线程因等待 I/O 而阻塞时，不会挂起整个进程；而用户级线程方式下却会挂起整个进程。

2.8 进程死锁

在操作系统中，虽然通过多个进程的并发执行来改善系统资源的利用率和提高系统的处理能力，但可能发生一种特殊的危险——死锁。本节主要介绍进程死锁的概念、产生死锁的原因和必要条件以及处理死锁的方法（预防死锁、避免死锁、检测和解除死锁等）。

2.8.1 死锁的基本概念

1. 死锁的概念

死锁是指多个进程因竞争资源而造成的一种僵局，若无外力的作用，这些进程将都不能再继续执行。

2. 死锁的原因

（1）竞争资源。

当系统中供多个进程所共享的资源，不足以同时满足它们的需求时，引起它们对资源的竞争而产生死锁。

可剥夺和不可剥夺资源。系统中有些资源是可剥夺的。如采用一定的虚拟存储器管理和抢占式调度算法后，CPU 和主存就属于可剥夺资源。而另一类资源是不可剥夺资源，如打印机等，当系统把这类资源分配给某进程后，将不能强行收回，只能等该进程用完后自行释放。

1）竞争不可剥夺资源。可剥夺资源的共享一般不会导致死锁，但不可剥夺资源的竞争将可能引起死锁，如图 2-19 所示。若系统中只有一台打印机 R1 和一台扫描仪 R2，可供进程 P1 和 P2 共享。假设 P1 已占用了打印机 R1，P2 已占用了扫描仪 R2。此时，P1 又申请扫描仪 R2，因扫描仪已分配给 P2，则 P1 将阻塞；同时 P2 申请打印机 R1，也将被阻塞。于是，在 P1 和 P2 间便形成了僵局，两个进程都在等待对方释放自己所需资源，但它们又因没有获得所要资源而无法继续推进，从而也不能释放自己所占用的资源，以致进入死锁状态。

2）竞争临时性资源。上述的打印机等资源是可以重复使用的资源，称为永久性资源。还有一种临时性资源，这是指由一个进程产生，被另一个进程短暂使用后便无用的资源，它同样能引起死锁，如图 2-20 所示。进程 P1 要先接收从 P3 发来的数据 S3，再发送数据 S1 给 P2；而进程 P2 要先接收从 P1 发来的数据 S1，再发送数据 S2 给 P3；进程 P3 则先接收从 P2 发来的数据 S2，再发送数据 S3 给 P1，这时导致都无法执行，产生死锁。

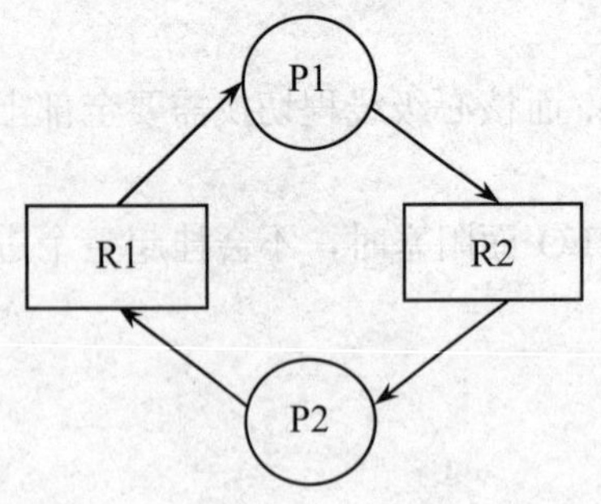

图 2-19 竞争不可剥夺资源导致死锁

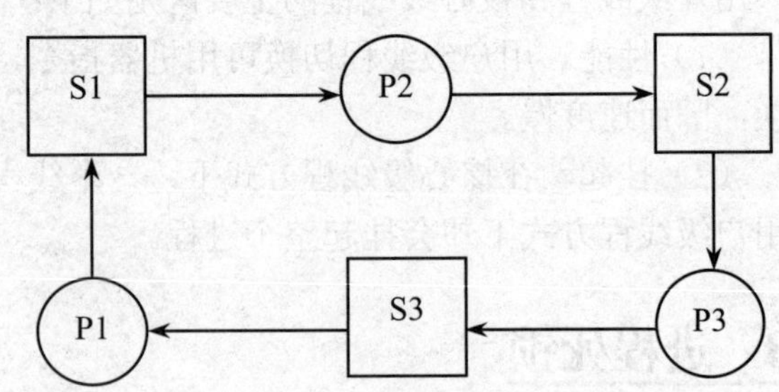

图 2-20 竞争临时性资源导致死锁

（2）进程推进顺序非法。

进程在运行过程中，请求和释放资源的顺序不当，导致了进程死锁。例如，对图 2-20 做一个新的解释：进程 P1 接收从 P3 发来的数据 S3，发送数据 S1 给 P2；而进程 P2 接收从 P1 发来的数据 S1，发送数据 S2 给 P3；进程 P3 则接收从 P2 发来的数据 S2，发送数据 S3 给 P1，但发送和接收无严格的顺序要求。然后执行时可能会有不同的方式，将导致不同的结果。

1）进程推进顺序合法。如果 P1、P2、P3 三个进程按下述顺序执行：

P1：Send（S1）；Request（S3）；…

P2：Send（S2）；Request（S1）；…

P3：Send（S3）；Request（S2）；…

每个进程都先发送数据，后接收数据，则不会发生死锁。

2）进程推进顺序非法。如果 P1、P2、P3 三个进程按下述顺序执行：

P1：Request（S3）；Send（S1）；…

P2：Request（S1）；Send（S2）；…

P3：Request（S2）；Send（S3）；…

每个进程都先接收数据，后发送数据，则可能发生死锁。

3. 产生死锁的必要条件

死锁并不一定会出现，一旦产生死锁，一定会满足下述四个必要条件：

（1）互斥条件。

进程对分配到的资源进行排它性、独占性使用。即在一段时间内某资源只由一个进程占用，如果此时还有其他进程请求使用该资源，请求者只能阻塞，直到占有该资源的进程用完释放。

（2）请求和保持条件。

进程已经拥有并保持了至少一个资源，但又请求新的资源，而新请求的资源又被其他进程占有，此时请求进程被阻塞，但对已获得的资源保持不放。

（3）不剥夺条件。

进程所占有的资源，在结束之前不能被剥夺，只能在运行结束后由自己释放。

（4）环路等待条件。

在发生死锁时，必然存在一个“进程－资源”的环形链。

4. 处理死锁的基本方法

目前用于处理死锁的方法分为三种。

（1）预防死锁。

预防死锁是在进行资源分配之前，就通过设置某些资源分配的限制条件，来破坏产生死锁的 4 个必要条件的一个或几个，来防止死锁的产生。预防死锁是一种较简单的方法，容易使用，但由于施加了限制条件，会导致系统资源利用率和吞吐量的下降。

（2）避免死锁。

避免死锁不在资源分配前设置限制条件，而是在进行资源分配的过程中，用某种方法对每次资源分配进行管理，以避免某次分配使系统进入不安全状态，以至产生死锁。这种方法限制较小，可以获得较好的系统资源利用率和吞吐量。

（3）检测和解除死锁。

这种方法则是不采取任何限制性措施，也不检查资源分配的安全性，它允许系统在运行过程中产生死锁。该方法首先是通过系统的检测过程，及时地检查系统是否出现死锁，并确定与死锁有关的进程和资源；然后通过撤消或挂起一些死锁中的进程，回收相应的资源，进行资源的再次分配，从而将进程死锁状态解除。这种方法没有限制，可以获得较好的系统资源利用率和吞吐量，但实现难度也最大。

2.8.2 死锁的预防

该方法是通过对资源分配的原则进行限制，从而使产生死锁的四个必要条件中的后三个条件之一不能成立，来预防产生死锁。至于第一个必要条件，它是由设备或资源的固有特性所决定的，不仅不能改变，还应加以保证。

1. 破坏“不剥夺”条件

一个已经占有某些资源的进程，当它再提出新的资源需求而不能立即得到满足时，必须释放它已经占有的所有资源，待以后需要时再重新申请。这意味着进程已经拥有的资源，在运行过程中可能会暂时被迫释放，即被系统剥夺，从而摒弃了“不剥夺条件”。

这种预防死锁的方法，实现起来比较复杂，并付出较大的代价，会使前段时间的工作失效等。此外，这种策略还会因为反复的申请和释放资源，延长进程的周转时间，增加系统开销，降低系统吞吐量。

2. 破坏“请求和保持”条件

在采用这种方法预防死锁时，系统要求进程必须一次性地申请其在整个运行期间所需的全部资源。若系统有足够的资源，便一次性将其所需的所有资源分配给该进程，这样一来，该进程在整个运行过程中便不会再提出资源请求，从而摒弃了“请求”条件。而在分配时，只要有一个资源要求不能满足，系统将不分配给该请求进程任何一个资源，此时进程没有占有任何资源，因而也摒弃了“保持”条件，所以可以预防死锁的产生。

这种预防死锁的方法简单方便、易于实现，但因为进程将一次性获得所有资源，并且独占使用，其中可能有些资源在该进程运行期间很少使用，造成资源严重浪费；同时有些进程因不能一次性获得所需资源，导致长时间不能投入运行。

3. 破坏“环路等待”条件

在这种方法中规定，系统将所有的资源按类型进行线性排序，赋予不同的资源序号，并且所有进程对资源的请求和分配必须严格地按资源序号由小到大地进行，即只有先申请和分配到序号小的资源，才能再申请和分配序号大的资源。这样在最后形成的资源分配图中，将不可能再出现环路，从而摒弃了“环路等待”条件。

这种预防死锁的方法与前两种相比，其资源利用率和系统吞吐量都有明显的改善。但涉及对各类资源的排序编号。考虑到实际的使用，其排序的合理性将受到很大的挑战。

2.8.3 死锁的避免

虽然预防死锁有多种方法，但都是施加了较强的限制条件，虽然实现起来相对简单，却严重损害了系统的性能。

在死锁的避免中，所施加的限制较弱，将获得较好的系统性能。该方法把系统状态分为安全状态和不安全状态，只要能使系统始终处于安全状态，便可以避免发生死锁。

1. 安全状态与不安全状态

在避免死锁的方法中，允许进程自由地申请资源，系统是在每次资源分配之前，先计算这次资源分配的安全性，若此次分配不会导致系统进入不安全状态，便将资源分配给请求进程；否则进程的这次请求不予满足，进程必须等待。

安全状态是指系统能按某种顺序为每个进程分配所需资源，直到最大需求，使每一个进程都可以顺利完成；反之，如果系统不存在这样的一个安全序列，则称系统处于不安全状态。

虽然并非所有的不安全状态都是死锁状态，但当系统进入不安全状态后，便很有可能进入死锁状态；反之，只要系统处于安全状态，系统便可避免进入死锁状态。因此，避免死锁的实质就是如何使系统不进入不安全状态。

假定系统有三个进程 P1、P2、P3，共有 12 台打印机，在某一时刻各进程资源分配如表 2-3 所示。

表 2-3 资源分配情况

进程	最大需求量	已分配量	可用量
P1	10	5	3
P2	4	2	
P3	9	2	

经分析可得，现在系统处于安全状态，因为存在一个序列 P2、P1、P3，只要系统按此进程序列分配资源，每个进程都可以顺利完成。

如果此时 P3 又请求一台打印机，系统将检查此次分配后的状态，这样一来，P1、P2、P3 将分别得到 5、2、3 台打印机，系统还有 2 台打印机。经分析可得，此时系统将进入不安全状态，所以，P3 的这次请求不能满足。

2. 利用银行家算法避免死锁

最具代表性的避免死锁的算法是 Dijkstra 的银行家算法。这是由于该算法能用于银行系统现金贷款的发放而得名。

（1）银行家算法采用的数据结构。

银行家算法采用的数据结构有最大需求向量 Max、已分配资源向量 Allocation、还需资源向量 Need 和可用资源向量 Available。

最大需求向量 Max 是一个 N 行 M 列的二维数组，它定义了系统中 N 个进程中的每一个进程对 M 类资源的最大需求。如果 Max [I,J] = K，表示进程 I 需要 J 类资源的最大数目是 K 个。

已分配资源向量 Allocation 是一个 N 行 M 列的二维数组，它定义了系统中的每一类资源当前已分配给每一个进程的资源数。如果 Allocation [I,J] = K，表示进程 I 已分配到 J 类资源的数目是 K 个。

还需资源向量 Need 是一个 N 行 M 列的二维数组，它定义了系统中的每一个进程还需要的各类资源量。如果 Need [I,J] = K，表示进程 I 还需要 J 类资源的数目是 K 个。

可用资源向量 Available 是一个 M 个元素的一维数组，其中每一个元素代表某一类资源的可分配数目，其初值是系统中所配置的全部可用资源数目。随着资源的分配和回收，其值会动态地改变。如果 Available [J] = K，表示系统中目前还未分配的 J 类资源的数目是 K 个。

通常，用表 2-4 所示的资源分配表来简化上述 4 个数组。在实际处理过程中，用资源分配表来描述银行家算法。

表 2-4　资源分配表

进程	最大资源量	已分配资源量	还需资源量	可用资源量

（2）银行家算法。

银行家算法的处理步骤如下：

1）列出某一时刻资源分配表，格式如表 2-4 所示。

2）拿可用资源量与每一个进程所需资源量进行比较，可用资源量不少于所需资源量时，把资源分配给该进程。新的可用资源量为原有可用资源量加上该进程已分配资源量。

3）重复 2），直到所有进程都执行完，即可判断能否获得一个安全资源分配序列。

3. 银行家算法举例

【例 2-9】假定系统中有 5 个进程 P0、P1、P2、P3、P4 和 3 种类型的资源 A、B、C，每一种资源的数量分别为 10、5、7，在某一时刻资源分配情况如表 2-5 所示。

表 2-5　例 2-9 题表

进程	最大资源量	已分配资源量	还需资源量	可用资源量
P0	10　5　3	0　1　0	10　4　3	3　3　2
P1	3　2　2	2　0　0	1　2　2	
P2	9　0　2	3　0　2	6　0　0	
P3	2　2　2	2　1　1	0　1　1	
P4	4　3　3	0　0　2	4　3　1	

利用银行家算法，判断是否有一个资源分配的安全序列？

【解】系统可用的资源量为（3，3，2），根据银行家算法可以与每个进程的还需资源量进行比较、分配，如表2-6所示。

表2-6　例2-9解表

进程	最大资源量	已分配资源量	还需资源量	可用资源量
P1	3 2 2	2 0 0	1 2 2	3 3 2
P3	2 2 2	2 1 1	0 1 1	5 3 2
P4	4 3 3	0 0 2	4 3 1	7 4 3
P2	9 0 2	3 0 2	6 0 0	7 4 5
P0	10 5 3	0 1 0	10 4 3	10 4 7
				10 5 7

资源分配序列{P1、P3、P4、P2、P0}是安全的。

2.8.4　死锁的检测与解除

当系统为进程分配资源时，如果没有采取任何限制措施，系统就会采用死锁的检测与解除来处理死锁。

1. 死锁的检测

在进行死锁的检测时，系统必须能保存有关资源的请求和分配的信息，并提供一种算法，以利用这些信息来检测系统是否进入死锁状态。

（1）资源分配图。

系统死锁可以利用资源分配图来描述。该图是由一组方框、圆圈和一组箭头线组成的，如图2-21所示。资源分配图采用的图素有以下几个：

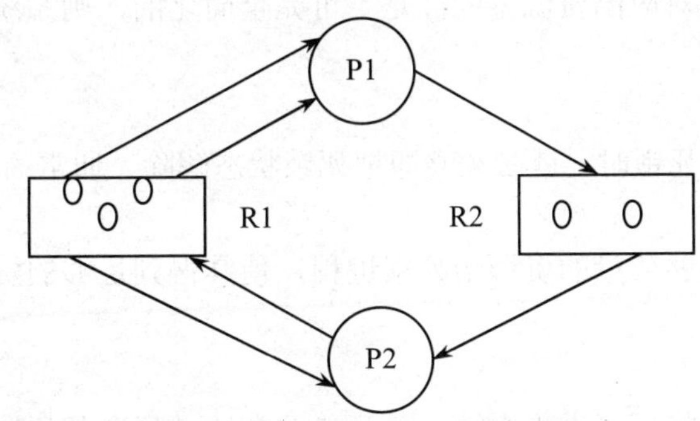

图2-21　具有4个结点的资源分配图

方框：表示资源。有几类资源就画几个方框，方框中的小圆圈表示该类资源的个数。

圆圈：表示进程。有几个进程就画几个圆圈。

箭头线：表示资源的分配与申请。由方框指向圆圈的箭头线表示资源的分配线，由圆圈指向方框的箭头线表示资源的请求线。

在图 2-22 中，P1 进程已经获得了两个 R1 资源，并请求一个 R2 资源；P2 进程已经获得了一个 R2 资源和一个 R1 资源，并请求一个 R1 资源。

（2）死锁定理。

在死锁检测时，可以利用简化资源分配图的方法来判断系统当前是否处于死锁状态。具体方法如下：

1）在资源分配图中，找出一个既非阻塞又非孤立的进程结点 Pi。如果 Pi 可以获得其所需要的资源而继续执行，直至运行完毕，就可以释放其所占用的全部资源。这样，就可以把与 Pi 有关联的所有资源分配线和资源请求线消去，使之成为孤立的点，如图 2-22 所示。

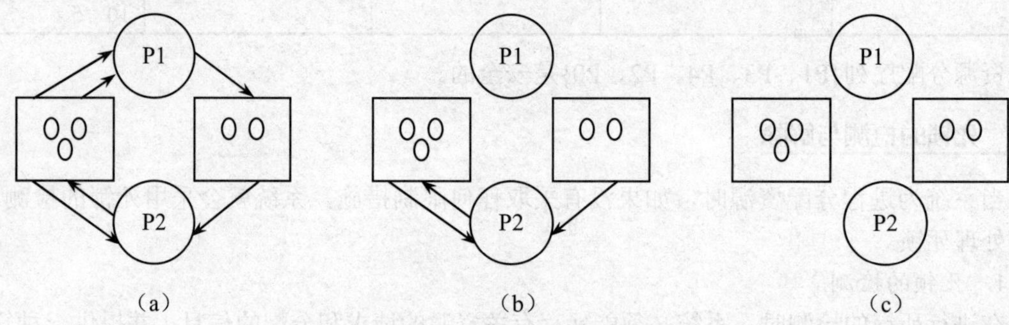

图 2-22　资源分配图的简化

2）重复进行上述操作。在一系列的简化后，如果消去了资源分配图中所有的箭头线，使所有进程结点都成为孤立结点，则称该资源分配图是可完全简化的；反之，则称该资源分配图是不可完全简化的。

如果当前系统状态对应的资源分配图是不可完全简化的，则系统处于死锁状态，该充分条件称为死锁定理。

2. 死锁的解除

当检测到系统发生死锁时，就必须立即把死锁状态解除，通常的方法如下：

（1）剥夺资源法。

从其他进程剥夺足够数量的资源给死锁进程，使其得到足够的资源，然后继续执行，以解除死锁状态。

（2）撤消进程法。

系统采用强制手段将死锁进程撤消。最简单的方法是将全部死锁进程一次性撤消，但代价较大；另一种方法是按照一定的算法，从死锁进程中一个一个地选择进行撤消，并同时剥夺这些进程的资源，直到死锁状态解除为止。

本章小结

处理器管理的主要任务是分配处理器，主要目的是提高处理器的使用效率。它的主要功能有进程控制、进程同步、进程通信和进程调度。

通过本章的学习，熟悉和掌握以下基本概念：

（1）进程。它是一个程序在一个数据集合上的一次运行过程，是资源分配和调度的基本单位。

（2）临界资源。它是指只能被一个进程使用的资源。在程序中使用临界资源的那段程序代码叫临界区。

（3）同步。当前一个进程结束时，后一个进程才能开始；前一个进程没有结束，后一个进程就不能开始。这种进程之间的相互合作关系称为同步。

（4）互斥。当一个进程访问临界资源时，另一个要访问该资源的进程必须等待；当获取临界资源的进程释放临界资源后，这个进程才能获取临界资源。这种进程之间的相互制约关系称为互斥。

（5）原语。它是指用以完成特定功能的、具有“原子性”的一个过程。

（6）线程。它是进程中的一个实体，是被系统独立调度和执行的基本单位。

（7）管程。它是基于资源控制来协调访问资源的进程。

（8）管道。它是指连接读进程和写进程，以实现它们之间通信的共享文件。

（9）死锁。它是指多个进程因竞争资源而造成的一种僵局，若无外力的作用，这些进程将都不能再继续执行。

通过本章的学习，熟悉和掌握以下基本知识：

（1）并发是指在一个时间段内，有多个进程同时执行；并行是指在某一时刻有多个进程同时执行。

（2）进程描述与控制。进程控制块是进程存在的唯一标志；进程具有就绪、执行和阻塞三种基本状态，进程状态之间的转换是通过进程控制原语和进程调度程序实现的。

（3）同步控制机制。所有的同步机制都必须遵循四条准则：空闲让进、忙则等待、有限等待、让权等待。信号量就是一种特殊变量，它用来表示系统中资源的使用情况。而整型信号量就是一个整型变量。当其值大于0时，表示系统中对应可用资源的数目；当其值小于0时，其绝对值表示因该类资源而被阻塞的进程数目；当其值等于0时，表示系统中对应资源已经都被占用，并且没有因该类资源而被阻塞的进程。对于整型信号量可以用P、V操作来实现。

（4）进程调度。原则是周转时间短、响应时间快、截止时间有保证、优先权等面向用户的原则和系统吞吐量高、处理器利用率好、各类资源的平衡利用等面向系统的原则。常用的进程调度算法有先来先服务、短作业（进程）优先、时间片轮转、最高优先权、高响应比优先等。

（5）进程通信。它是指相互合作的进程之间进行信息的交换。在进行进程通信时，通常是指高级通信，即用户直接利用操作系统提供的一组通信命令，高效地传送大量数据。高级通信机制主要有三大类。共享存储器系统、消息传递系统及管道通信系统。

（6）进程死锁。产生死锁的原因是竞争资源和进程推进顺序非法。产生死锁的必要条件是互斥条件、请求和保持条件、不剥夺条件、环路等待条件。处理死锁的基本方法有预防死锁、避免死锁、检测和解除死锁。

习题 2

一、单项选择题

1．多道程序设计是指（　）。

A）在实时系统中并发运行多个程序

B）在分布系统中同一时刻运行多个程序

C）在一台处理机上同一时刻运行多个程序

D）在一台处理机上并发运行多个程序

2．进程存在的唯一标识是（　）。

A）程序　B）PCB　C）数据集　D）中断

3．在 PCB 中，用于进程调度的是（　）。

A）标识信息　B）说明信息　C）现场信息　D）管理信息

4．当进程等待的事件结束时，将进程状态改为就绪态所使用的原语是（　）。

A）创建原语　B）撤消原语　C）阻塞原语　D）唤醒原语

5．分配给进程的时间片用完而强迫进程让出 CPU，此时进程处于（　）。

A）阻塞状态　B）等待状态　C）就绪状态　D）都不是

6．进程被创建后，立即进入（　）。

A）阻塞队列　B）缓冲区队列　C）就绪队列　D）运行队列

7．原语的主要特点是（　）。

A）不可分割性　B）不可再现性

C）不可屏蔽性　D）不可访问性

8．在多道程序中负责从就绪队列中选中一个进程占用 CPU 的是（　）。

A）对换和覆盖调度　B）作业调度

C）进程调度　D）SPOOLing 技术

9．进程的并发性是指（　）。

A）若干进程同时占用中央处理器

B）若干进程交替占用中央处理器

C）微观并行、宏观交替地占用中央处理器

D）在多处理器系统中若干进程同时执行

10．进程从运行状态到阻塞状态，可能是由于（ ）。

A）进程调度程序的调度　　B）现运行进程的时间片用完

C）现运行进程执行了P操作　　D）现运行进程执行了V操作

11．并发进程之间（ ）。

A）彼此无关　　B）必须同步

C）必须互斥　　D）可能需要同步或互斥

12．在操作系统中，P、V操作是一种（ ）。

A）机器指令　　B）系统调用命令

C）作业控制命令　　D）低级进程通信原语

13．若信号量S的初值为2，当前值为-1，则表示有（ ）个等待进程。

A）0　　B）1　　C）2　　D）3

14．设有5个进程共享一个互斥段，如果最多允许两个进程同时进入互斥段，则所采用的互斥信号量的初值是（ ）。

A）5　　B）2　　C）1　　D）0

15．根据进程的紧迫性进行进程调度，应采用（ ）。

A）时间片调度算法　　B）先来先服务调度算法

C）优先数调度算法　　D）计算时间短作业优先调度算法

16．进程的切换是由（ ）引起的。

A）程序的运行　　B）进程状态的变化

C）CPU故障　　D）进程非正常执行

17．在时间片轮转调度法中，若时间片过大时，该算法将退化为（ ）。

A）优先数调度算法　　B）响应比高者优先调度算法

C）先来先服务调度算法　　D）不能确定

18．设有4个进程同时到达，每个进程的执行时间均为2小时，它们在一台机器上按单道方式执行，则平均周转时间为（ ）。

A）1小时　　B）5小时　　C）2.5小时　　D）8小时

19．现有3个同时到达的进程P1、P2、P3，它们的执行时间分别是T1、T2、T3，且T1<T2<T3。系统按单道方式运行，且采用短进程优先算法，则平均周转时间是（ ）。

A）T1+T2+T3　　B）（T1+T2+T3）/3

C）（3T1+2T2+T3）/3　　D）（T1+2T2+3T3）/3

20．进程从运行状态进入就绪状态的原因可能是（ ）。

A）被选中占有处理机　　B）等待某一事件

C）等待的事件已发生　　D）时间片用完

21．一进程8:00到达系统，估计运行时间为1小时。若10:00开始执行该进程，其响应比是（　　）。

A）2　　B）1　　C）3　　D）0.5

22．银行家算法在解决死锁问题中是用于（　　）的。

A）预防死锁　　B）避免死锁　　C）检测死锁　　D）解除死锁

二、填空题

1．系统中各进程之间的逻辑关系称为________。

2．进程通常由________、________、________三部分组成。

3．进程控制块是进程存在的________，程序和数据集合是进程的________。

4．并发进程中涉及相同变量的程序段叫做________，对这段程序要________执行。

5．临界区是指________。

6．设有 4 个进程共享一程序段，而每次最多允许两个进程进入该程序段，则信号量的取值范围可能是________。

7．如果系统有 n 个进程，则在等待队列中进程的个数最多有________个。

8．如果系统中的进程是同时到达的，则平均周转时间最短的进程调度是________。

9．若使用当前运行的进程总是优先级最高的进程，应选择________进程调度算法。

10．如果信号量的当前值为 –4，则表示系统中在该信号量上有________个等待进程。

11．在有 m 个进程的系统中出现死锁时，死锁进程的个数 k 应满足的条件是________。

12．不让死锁发生的策略可以分为静态和动态两种，死锁避免属于________。

13．可以预防死锁的方法是________法和________法。

14．采用资源有序分配的算法可以________死锁的发生。

15．死锁产生的四个必要条件是________、________、________、________。

三、判断题

（　　）1．采用多道程序设计的系统中，系统的程序道数越多，系统的效率就越高。

（　　）2．采用资源的静态分配方法可以预防死锁。

（　　）3．作业调度是处理器的高级调度，进程调度是处理器的低级调度。

（　　）4．进程是一个独立运行的单位，也是系统进行资源分配和调度的基本单位。

（　　）5．程序的并发执行是指在同一时刻有两个以上的程序，它们的指令在同一处理器中。

（　　）6．原语的执行是屏蔽中断的。

（　　）7．时间片轮转法一般用于分时系统。

（　　）8．PCB 是进程存在的唯一标志。

（　　）9．时间片越小，系统响应时间越短，系统的效率就越高。

（　　）10．进程 A 与进程 B 共享变量 S1，需要互斥；进程 B 与进程 C 共享变量 S2，需要互斥。从而，进程 A 与 C 也必须互斥。

四、区分下列概念

1．程序与进程　　2．进程与线程
3．并发与并行　　4．同步与互斥
5．线程与管程　　6．直接通信与间接通信
7．信箱与管道　　8．死锁与“饿死”

五、简答题

1．进程的特征是什么？
2．进程控制块的内容是什么？
3．给出 PV 操作的程序段。
4．进程的基本状态有哪些？试用图示的方式描述它们之间的切换。
5．进程的调度算法有哪些？请比较它们各有什么特点。
6．产生进程死锁的原因是什么？如何解除死锁？
7．请列举 2～3 个现实生活中类似下列概念的事情：
程序、进程、线程、管程、同步、互斥、死锁、并发

六、应用题

1．根据例 2-3 完成下列要求：
（1）如果此题改为两人相向过独木桥，如何修改同步算法？
（2）如果是双向行驶的十字路口，其他条件不变，如何修改同步算法？
2．根据例 2-4 做以下修改，请回答相应问题。
（1）对 4 位哲学家每人都先拿起左手的餐具，再拿右手的餐具，会出现什么问题？
（2）把此题改为：5 位哲学家吃面条，只有 5 根筷子，每个人必须用一对筷子才能吃面条。请用 PV 操作描述 5 位哲学家的关系。
3．设在公共汽车上，司机和售票员的活动分别为：
司机的活动：
启动汽车；
正常行驶；
到站停车；
售票员的活动：
关车门；
售票；
开车门；

在汽车不断到站、停车、行驶过程中，这两个活动有什么同步关系？用信号量和 PV 操作实现它们的同步。

4．根据例 2-5，把题修改为：

（1）生产者为爸爸，消费者为儿子，缓冲区为一个盘子，仍为一个产品（水果）。

（2）生产者为爸爸（生产苹果）和妈妈（生产桔子），消费者为儿子（消费桔子）、女儿（消费苹果），缓冲区为一个盘子，仍为一个产品（水果）。

（3）生产者为爸爸（生产苹果）和妈妈（生产桔子），消费者为儿子（消费桔子、苹果），缓冲区为一个盘子，仍为一个产品（水果）。

5．有一只笼子，每次只能放一只动物，猎手想在笼子中放猴子，农民想在笼子中放猪，动物园等买笼子中的猴子，饭店等买笼子中的猪，试用 PV 操作写出它们能同步执行的程序。

6．根据例 2-6，若把进程 PB 的算法修改如下，其同步效率与例 2-6 相比有何不同？

```
PB()
{
  while (1)
  {   P(f1);                    /* 获取缓冲区 1 满的信息 */
      P(e2);                    /* 获取缓冲区 2 空的信息 */
      从缓冲区 1 中读取一条记录;
      将记录存入缓冲区 2;
      V(e1);                    /* 通知进程 PA 写记录 */
      V(f2);                    /* 通知进程 PC 读记录 */
  } }
```

7．根据例 2-7 修改其同步算法，使得它对写者优先，即一旦有写者到达，后续的读者必须等待。

8．在一个飞机订票系统中，多个用户共享一个数据库。多用户同时查询是可以接受的，但一个用户要订票需要更新数据库时，其余所有用户都不可以访问数据库。请用 PV 操作描述这种同步关系。要求：当一个用户订票而需要更新数据库时，不能因不断有查询者的到来而使他长期等待。

9．某车站售票厅，任何时刻最多可容纳 20 名购票者进入，当售票厅中有少于 20 名购票者时，则厅外的购票者可立即进入，否则需在外面等候。若把一个购票者看作一个进程，请回答下列问题：

（1）用 PV 操作管理这些并发进程时，应怎样定义信号量？写出信号量的初始值及各种定义的含义。

（2）根据所定义的信号量，把应执行的 PV 操作填入下述程序中，以保证进程能够并发执行。

```
pi(i=1...20)
{
 ____________________;
  进入售票厅;
 购票;
   __________ ;
```

```
    退出;
}
```

（3）若欲购票者最多为 n 人，写出信号量可能的变化范围（最大值和最小值）。

10．试用 PV 操作描述读者－写者问题，要求允许几个阅读者进程可以同时访问该数据集，而一个写者进程不能与其他进程（不管是写者还是读者）同时访问该数据集。

11．设有两个进程 P1、P2 的程序如下，其信号量的初始值 S1=S2=0，试求 P1、P2 并发执行结束后，X、Y、Z 的值。

进程 P1

```
Y = 1;
Y = Y+2;
V(S1);
Z = Y+1;
P(S2);
Y = Y+Z;
```

进程 P2

```
X = 1;
X = X+1;
P(S1);
X = X+Y;
V(S2);
Z = Z+X;
```

12．设有 5 个进程，它们的提交时间和运行时间见表 2-7，试给出在下面两种调度算法下，进程的执行顺序和平均周转时间。

（1）先来先服务算法。

（2）短进程优先算法。

表 2-7　提交时间和运行时间

进程名	提交时间	需执行时间
P1	10.1 时	0.3 小时
P2	10.3 时	0.6 小时
P3	10.5 时	0.5 小时
P4	10.6 时	0.3 小时
P5	10.7 时	0.2 小时

13．有 5 个待运行的进程 A、B、C、D、E，各自估计运行时间为 9、6、3、5、X。试问采用哪种运行次序可以使得平均响应时间最短？（答案依赖于 X）

14．单道批处理系统中有 4 个进程，其有关情况如表 2-8 所示。在采用响应比高者优先调度算法时计算其平均周转时间和平均带权周转时间。

表 2-8　14 题表

进程名	提交时间	运行时间
P1	8.0	2.0
P2	8.6	0.6
P3	8.8	0.2
P4	9.0	0.5

15．在银行家算法中，有表 2-9 所示的资源分配情况。

表 2-9　资源分配情况

进程	已分配资源量	还需资源量	可用资源量
P0	0 0 3 2	0 0 1 2	1 6 2 2
P1	1 0 0 0	1 7 5 0	
P2	1 3 5 4	2 3 5 6	
P3	0 3 3 2	0 6 5 2	
P4	0 0 1 4	0 6 5 6	

（1）该状态是否安全？

（2）如果进程 P2 提出请求（1　2　2　2）后，系统能否将资源分配给它？

16．设系统中有 3 类资源：A、B、C，其资源数量分别为 17、5、20 和 5 个进程：P1、P2、P3、P4、P5，在某一时刻的系统状态如表 2-10 所示。系统采用银行家算法实施死锁避免策略。

表 2-10　某一时刻的系统状态

进程	最大资源需求量	已分配资源量
P1	5 5 9	2 1 2
P2	5 3 6	4 0 2
P3	4 0 11	4 0 5
P4	4 2 5	2 0 4
P5	4 2 4	3 1 4

17．试简化下列资源分配图 2-23，并利用死锁定理给出相应的结论。

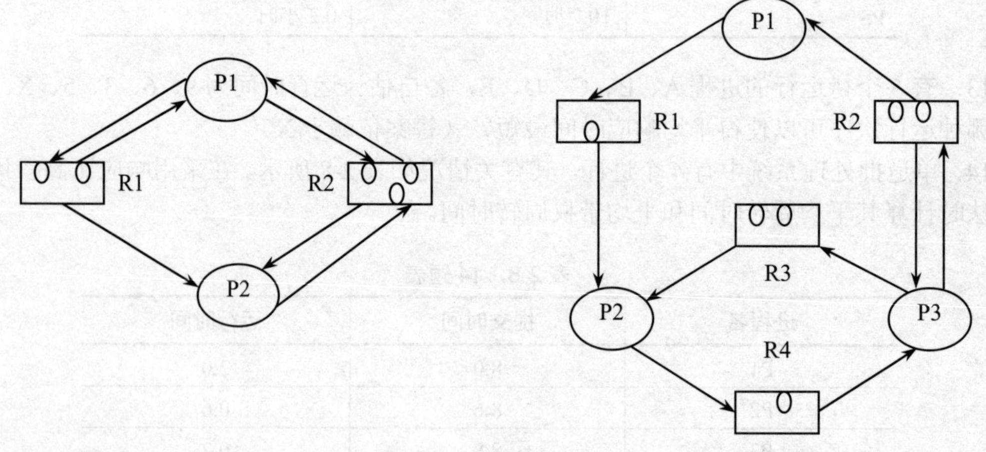

图 2-23　资源分配图

3

存储器管理

本章主要内容

- 存储器管理概述
- 单用户连续存储管理方式
- 固定分区存储管理方式
- 可变分区存储管理方式
- 页式存储管理方式
- 段式存储管理方式
- 段页式存储管理方式
- 虚拟存储管理方式

本章教学目标

- 熟悉存储器管理的基本原理
- 掌握主存的分配与回收、地址转换与存储保护
- 熟悉提高主存利用率的方法

3.1 存储器管理概述

存储器是计算机系统中的重要资源，它向 CPU 提供指令和数据。存储器的利用率直接影响到 CPU 的工作效率。如何为用户作业分配主存空间，提高主存的使用效率，使主存在成本、速度和规模之间获得较好的权衡，是存储器管理的主要任务。

操作系统中的存储器管理是指对主存的管理。如何对存储器实行有效的管理，将直接影响到存储器的利用率和系统性能。本节主要介绍存储器管理的主要功能，以及程序装入时的地址重定位。

3.1.1 存储器管理的主要功能

存储器管理主要解决（多道程序或）多进程共享主存和如何进行主存分配的问题。为此，存储器管理应具有以下功能：

1．主存空间的分配和回收

主存空间的分配是指采用一定的数据结构，按照一定的算法为每一道程序分配主存空间，并记录主存空间的使用情况和作业的分配情况。

主存空间的回收是指当一个作业运行结束后，必须归还所占用的主存空间，即在记录主存空间使用情况的数据结构中进行修改，并且把记录作业分配情况的数据结构删除。

2．地址变换

逻辑地址是指编程时使用的地址，每个程序都是从“0”开始编址，也称为相对地址。物理地址是指在主存中每个存储单元的地址，是程序运行时使用的地址，也称为绝对地址。

在多道程序环境下，程序的逻辑地址与分配到主存的物理地址是不一致的，而 CPU 执行指令时，是按物理地址进行的，所以要进行地址转换，即将逻辑地址转换为物理地址，也称为地址映像。

3．主存空间的共享

在多道程序系统中，并发执行的进程可能需要调用同一个程序或数据，这就是主存空间的共享。操作系统的存储器管理需要解决主存空间的共享问题，从而提高主存的利用率。

4．主存空间的保护

多道程序在分配的主存空间运行，或者共享主存时，要保证存储器内的信息彼此不被破坏，必须解决各存储区信息的保护问题。存储保护的工作一般由硬件和软件配合实现。

5．主存空间的扩充

借助虚拟存储器技术，为用户提供比实际主存空间大的地址空间，使用户编写程序时不必考虑主存的实际容量，从而实现主存容量扩充的目的。

3.1.2 存储器的层次

目前，计算机均采用分层结构的存储子系统，以便在容量大小、速度快慢和价格高低等因素中取得平衡点，以获得较好的性价比。计算机系统的存储器可以分为寄存器、高速缓存、主存储器、磁盘缓存、固定磁盘、可移动存储介质 6 个层次，如图 3-1 所示。

在图 3-1 中，越往上，存储介质的访问速度越快，价格也越高。其中，寄存器、高速缓存、主存储器、磁盘缓存均属于操作系统存储管理的管理范围，掉电后它们所存储的信息丢失。固定磁盘和可移动存储介质属于设备管理的范围，它们存储的信息将被长期保存。而磁盘缓存本身并不是一种实际存在的存储介质，它依托于固定磁盘，提供对主存储器存储空间的扩充。

外存上的程序只有装入主存才能被执行，与外设交换的信息一般也是依托于主存的地址空间。由于处理机在执行指令时主存访问时间远大于其处理时间，因此，寄存器和高速缓存被引入以加快指令的执行速度。

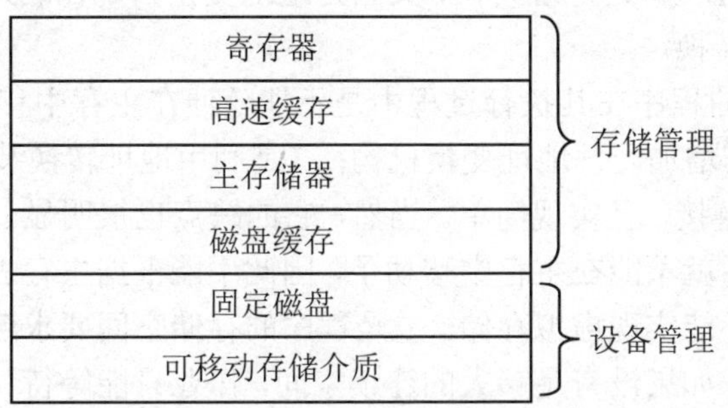

图 3-1 计算机系统存储器的层次

寄存器存在于处理机中，它构成了计算机的一级存储，是访问速度最快的存储设备。它的特点是容量小、访问速度快但价格昂贵。一个计算机系统可能只包括几百个寄存器，用于加速存储访问速度，如用寄存器存放操作数或用地址寄存器加快地址转换速度。

高速缓存（Cache）的容量稍大，其访问速度低于寄存器，但高于主存储器，主要用于存放一些经常访问的信息，可以大大提高程序的执行速度。例如，指令 Cache 用来暂存下一条欲执行的指令，如果没有指令 Cache，CPU 将会空等若干个周期，直到下一条指令从主存中取出。

由于程序在执行和处理数据时存在着顺序性、局部性、循环性和排他性，因此，在程序执行时有时并不需要把程序和数据全部调入内存，而只是先调入一部分，待需要时再逐步调入。这样，计算机系统为了容纳更多的程序，或者为了处理更大批量的数据，就可以在磁盘上建立磁盘缓存，以扩充主存的存储空间。因此，程序和数据就可以装入磁盘缓存，操作系统能够自动实现主存和磁盘缓存之间数据的调进调出，从而为用户提供比实际主存容量大得多的存储空间。

3.1.3 地址转换

源程序经过编译后得到的目标程序存在于它所限定的地址范围内，这个范围称为地址空间。它总是从 0 开始编址，是一个相对于实际起始地址的相对地址，也称为逻辑地址。而主存中存储信息的物理单元的集合称为存储空间，这些单元的编号称为物理地址，它是程序在主存中的实际存放地址。

为了保证程序的正确运行，必须把程序和数据的逻辑地址转换为物理地址，这一工作称为地址转换或重定位。地址转换有两种方式：一种方式是在作业装入时由作业装入程序实现地址转换，称为静态地址转换；另一种方式是在程序执行时实现地址转换，称为动态地址转换。

1. 静态地址转换

静态地址转换是在程序执行之前，由作业装入程序将程序装入内存，同时实现地址转换。地址一旦确定下来就不再改变。例如，在确定了相对目标程序装入到以 1000 开始的主存区域之后，装配程序要把相对目标程序中的所有地址都加上 1000。把在装入时对目标程序中的指令和数据地址的修改过程称为地址转换，又因为地址变换只是在装入时一次完成，以后不再改变，故称为静态地址转换。

静态地址转换后的程序在其执行过程中是不能随便在主存中移动的。静态地址转换有两个主要优点：一是无需增加硬件地址变换机构；二是利用地址转换装配程序可对由若干程序段组成的作业进行静态链接，且实现简单。当然，它的缺点也很明显。一是由于程序只能一次性装入，在地址转换之后就不能在主存中移动了，因此不能根据主存占用情况的变化，调整程序在主存中的位置，即不能实现虚拟存储。二是程序的存储空间要求连续，不能把程序分布在若干个不连续的区域内，如果没有足够大的连续空间，作业只能等待。三是多个用户无法共享主存中的同一程序副本。所以，静态地址转换技术只适用于对程序使用要求不高的场合。

在图 3-2 中，在用户程序的 100 号单元处有一条指令 LOAD A,280，该指令的功能是将 280 号单元中的整数 386 送至寄存器 A。但若将该用户程序装入到主存的 2000～2600 号单元而不进行地址变换，则在执行 2100 号单元中的上述指令时，它仍将从 280 号单元中把数据取至寄存器 A，导致数据出错。由图 3-2 可看出，正确的方法应该是该指令从 2280 号单元中取出数据。为此，应将取数指令中的地址 280 转换成 2280，即把有效地址（相对地址）与本程序在主存中的起始地址相加，才能得到正确的物理地址。故除了数据地址应该转换外，指令地址同样也需要转换。

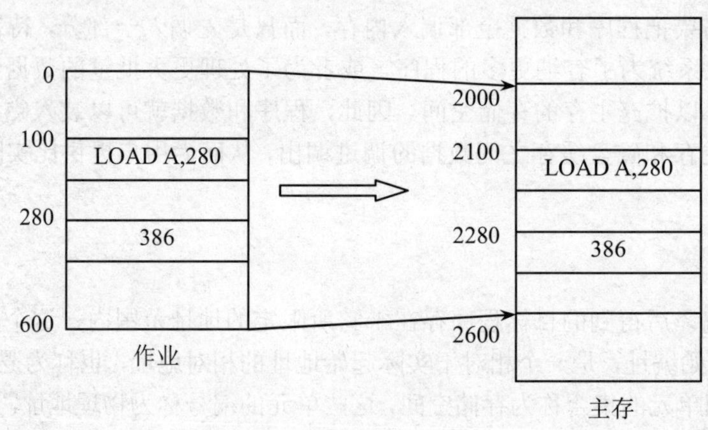

图 3-2　作业装入主存时的情况

2. 动态地址转换

动态地址转换是在程序执行过程中，在每条指令执行之前进行的地址变换，这种重定位的实现需要硬件的帮助，一般是靠硬件地址变换机构实现的。程序代码在装入主存时并不立即把程序代码中的逻辑地址转换为绝对地址，而是把地址转换推迟到程序执行时进行。

动态地址转换有着很明显的优点，表现在以下几个方面：

（1）可以对主存进行不连续分配。这需要增加一个基址寄存器，用来存放程序（数据）在主存中的起始地址。

（2）提供了实现虚拟存储的基础。因为动态地址转换可以部分和动态地分配主存，所以它可以在执行期间采用请求方式为那些不在主存中的程序段分配主存，以达到主存扩充的目的，即为用户提供一个比主存空间大得多的虚拟空间。

（3）有利于实现程序段的共享。

采用动态地址转换也有其不足之处，主要有以下两点：

（1）动态地址转换技术所付出的代价是需要硬件的支持，增加了硬件成本。

（2）实现存储管理的软件算法更复杂。

3.1.4 存储管理方式

根据是否把作业全部装入，全部装入后是否分配到一个连续的存储区域，可以把存储管理方式分为图3-3所示的几种管理方式。

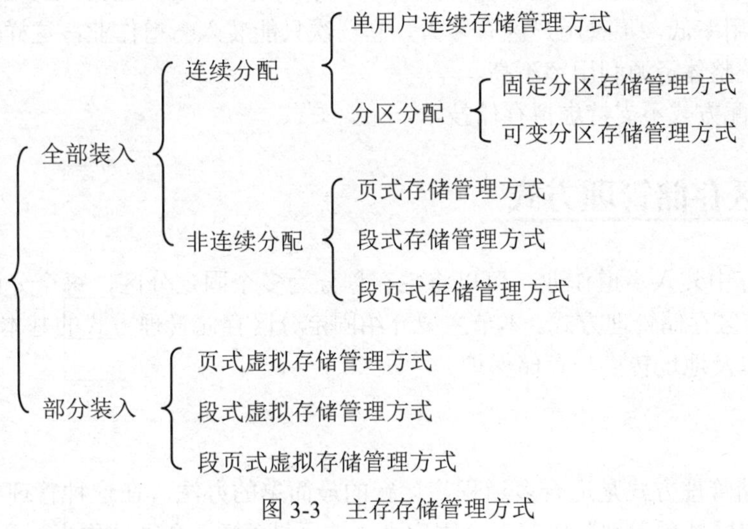

图3-3 主存存储管理方式

3.2 单用户连续存储管理方式

单用户连续存储管理方式是早期使用的一种存储管理方式，管理方法简单。在这种管理方式下，主存被分为两个连续的存储区域，操作系统占有其中一部分，用户作业占用一部分。

3.2.1 基本原理

在单用户连续存储管理方式下，主存中仅驻留一道程序，整个用户区被一个用户所独占。

当用户作业空间大于用户区时，该作业不能装入。当用户作业空间小于用户区时，剩余的一部分空间被浪费掉了。这种存储管理方式的存储器利用率极低，仅能用于单用户、单任务的操作系统，不能用于多用户系统和单用户多任务系统中。

常见的几种单用户单任务操作系统，如CP/M、MS-DOS及RT-11等，都未设置存储保护措施。主要原因有以下几点：

（1）主存由一个用户独占，不可能存在受其他用户程序干扰的问题。

（2）可能出现的破坏行为，也只是由用户程序自己去破坏操作系统，其后果并不严重，只是影响该用户程序的运行。

（3）操作系统也很容易通过系统的再启动而重新装入主存。

3.2.2 管理特点

单用户存储管理方式具有以下特点：

（1）管理简单。主存空间分为两个区：用户区和系统区。用户区一次只能装入一道完整的作业，且连续存储。主存空间一次性全部分配，一次性全部回收。只需要很少的软硬件支持。

（2）资源利用率低。不管用户区有多大，它一次只能装入一道作业，这样造成了存储空间的浪费，使系统整体资源利用率不高。

（3）这种分配方式不支持虚拟存储技术。

3.3 固定分区存储管理方式

为了能在主存中装入多道作业，可以将主存划分为多个固定分区，每个分区装入一道作业，这就是固定分区存储管理方式。本节主要介绍固定分区存储管理方式的基本原理、主存空间的分配与回收以及地址转换与存储保护。

3.3.1 基本原理

固定分区存储管理方式是适合多道程序运行的最简单的办法。在这种管理方式下，把主存中可分配的用户区域预先划分成若干个固定大小的区域，每一个区域称为一个分区，每个分区可以装入一个作业，且一个作业只能装入一个分区，这样多个分区就可以装入多道作业，使之并发执行，如图3-4所示。

各分区的大小可以相同，也可以不同，但是，一旦划分好后，其大小和个数就固定不变了。对于分区大小相等的划分方式，其优点是划分方法简单，主存空间的分配过程简单，但缺点是分区的大小不好确定。若分区小，则无法装入大程序；若分区大，则有可能出现大分区装入小程序的情况，浪费存储空间。这种分区方式只适用于某些特定环境。

通常采用大小不等的分区方式。在主存中划分出多个较小的分区、适量的中等分区及少量的大分区，这样就可以满足不同大小程序的要求。

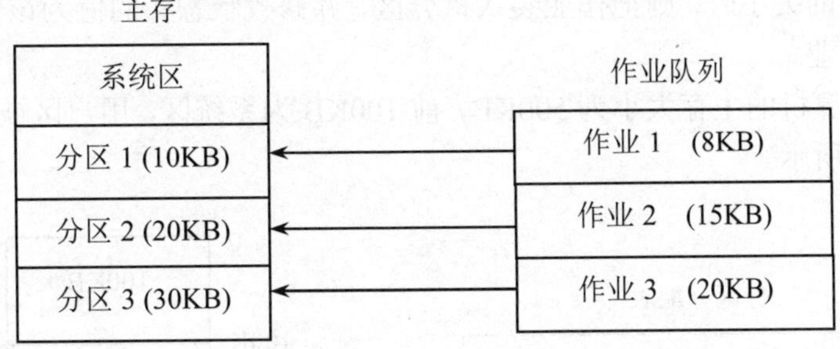

图 3-4 固定分区存储管理方式

3.3.2 主存空间的分配与回收

1. 采用的数据结构

在固定分区存储管理方式下，为了记录各个分区的使用情况，实现主存空间的分配与回收，需要为主存建立一张分区分配表，如表 3-1 所示。分区分配表含有四个表项：分区序号、起始地址、大小和状态。状态栏的值为 0 表示分区空闲，为可分配状态；当分区已分配，其值为该作业的作业名，表示这个分区不可再分配。表 3-1 中显示第 0，2，3，5 分区空闲，第 1 分区被作业 J1 占用，第 4 分区被作业 J2 占用。

表 3-1 固定分区分配表

序号	始址	大小	状态
0	8K	8K	0
1	16K	16K	J1
2	32K	16K	0
3	48K	16K	0
4	64K	32K	J2
5	96K	32K	0

因为在作业装入之前，主存中的分区大小和个数已经确定，也就是说，分区分配表的记录个数是确定的。所以，分区分配表一般采用顺序存储方式，即用数组存储。

2. 主存空间的分配

首先进行分区分配表的初始化。根据主存分区的划分情况，在分区分配表中填入每个分区的始址、大小，状态栏的值设置为“0”，表示该分区可用。当有作业申请主存空间时，主存空间的分配步骤为：从作业队列中取出队首作业，检查分区分配表，选择状态标志为“0”的分区，并将作业地址空间的大小与状态标志为“0”的分区的大小进行比较，若所有分区长度都不能容纳该作业，则显示主存空间不足的信息，该作业暂时不能装入内存。当某一个分区长度能够满足该作业的大小时，则把作业装入该分区，并修改状态栏的值为该作业的作业名，然后再分配下一个作业。

例如，某台计算机的主存大小为500KB，前100KB为系统区，用户区被划分为四个分区，划分情况如图 3-5 所示。

分区分配表

序号	始址	大小	状态
0	100K	80KB	0
1	180K	120KB	0
2	300K	50KB	0
3	350K	150KB	0

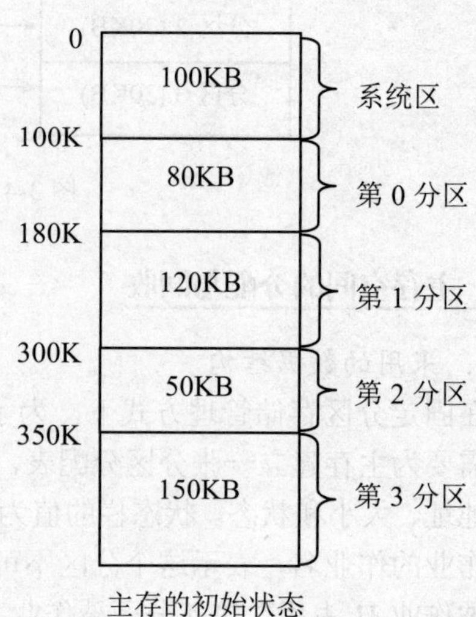

图 3-5　分区分配表和主存的初始状态

现有一个作业申请队列 J1、J2、J3、J4、J5，大小分别为 30KB、20KB、40KB、100KB、70KB，按固定分区分配主存空间后，分区分配表和主存的变化如图 3-6 所示。作业 J5 处于等待状态。

分区分配表

序号	始址	大小	状态
0	100K	80KB	J1
1	180K	120KB	J2
2	300K	50KB	J3
3	350K	150KB	J4

 表示作业占用空间

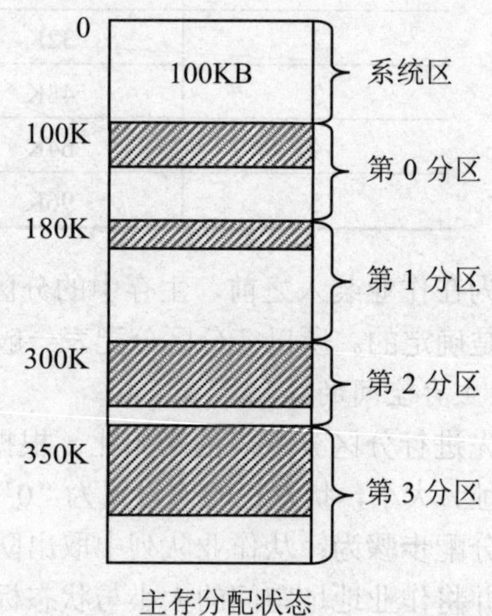

图 3-6　固定分区的主存分配

3. 主存空间的回收

固定分区分配方式的主存空间回收很简单。当作业运行结束时，根据作业名到分区分配表的状态栏中查找，找到后将状态栏设置为“0”即可，表示该分区可分配。

3.3.3 地址转换与存储保护

在固定分区存储管理方式下，处理器设置两个寄存器用于地址转换：下限寄存器和上限寄存器。下限寄存器用来存放分区的低地址，即起始地址；上限寄存器用来存放分区的高地址，即末地址。这两个寄存器的内容是随着处理作业的不同而改变的，它们从分区分配表中获取该分区的始址和末址（等于始址+分区大小 – 1）。地址转换过程如图 3-7 所示。

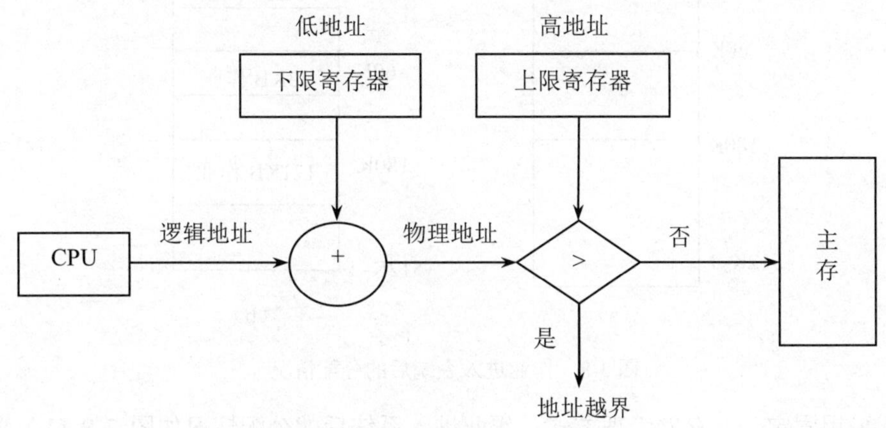

图 3-7　固定分区的地址转换过程

地址转换过程：CPU 获得的逻辑地址首先与下限寄存器的值相加，得到物理地址，然后与上限寄存器的值比较，若大于上限寄存器的值，则产生“地址越界”中断信号，由相应的中断处理程序处理，停止执行该指令，以达到存储保护的目的；若不大于上限寄存器的值，则该物理地址即为合法地址，就可以按照它到主存中取指令。

3.3.4 管理特点

采用固定分区存储管理方式有以下特点：

（1）一个分区只能装入一个作业，一个作业只能装入一个分区，当分区大小不能满足作业的要求时，该作业暂时不能装入。

（2）通过对“分区分配表”的改写，来实现主存的分配与回收。

（3）当分区较大而作业较小时，主存空间浪费严重，并且分区总数固定，限制了并发执行的作业数目。

3.3.5 固定分区存储管理举例

【例 3-1】在某系统中采用固定分区存储管理方式，主存分区情况如图 3-8（a）所示。现有大小为 1KB、9KB、33KB、121KB 的多个作业要求进入主存，试画出它们进入主存后的空间分配情况，并说明主存空间浪费有多大？

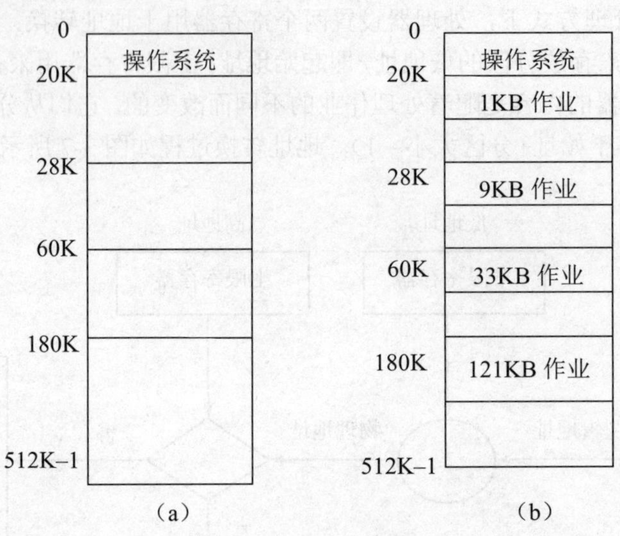

图 3-8　作业进入系统后的分配情况

【解】采用固定分区存储管理方式，作业进入系统后的分配情况如图 3-8（b）所示。1K 的作业装入一个 8K 的分区，浪费 7K 的空间；9K 的作业装入一个 32K 的空间，浪费 23K 的空间，依此类推。则：

主存空间浪费=(8K－1K)+(32K－9K)+(120K－33K)+(332K－121K)=328KB。

通过本例可以看出，固定分区存储管理方式有可能造成存储空间的严重浪费，主存空间的利用率很低。它不适用于通用计算机的存储管理，但在某些用于控制多个相同对象的控制系统中，由于每个对象的控制程序大小相同，其所需的数目也是一定的，因此仍可采用这种存储管理方式。

3.4 可变分区存储管理方式

在固定分区存储管理方式中，由于主存的分区大小是固定不变的，有可能出现大作业无法装入小分区的现象；如果小作业装入大分区，又造成主存空间的极大浪费。为了让分区的大小与作业的大小相一致，可以采取可变分区存储管理方式。本节主要介绍可变分区存储管理方式的基本原理、主存空间的分配与回收、地址转换与存储保护以及可变分区存储管理方式所采用的技术。

3.4.1　基本原理

可变分区存储管理方式又称为动态分区存储管理方式，主存不是事先划定分区，而是当要装入一个作业时，根据作业的大小动态地划分分区，使分区的大小正好适合作业的要求。各分区的大小随作业的大小而定，分区的数目也不是固定的。克服了固定分区方式中主存空间的浪费，有利于多道程序设计，进一步提高了主存资源利用率。

随着作业的不断装入和撤消，主存空间被分成许多个分区，有的分区被作业占用，而有的分区是空闲的。当一个新的作业要求装入时，必须找一个足够大的空闲区把作业装入，如果找到的空闲区大于作业需要量，则作业装入后又把原来的空闲区分成两部分，一部分被作业占用了，而另一部分又分成为一个较小的空闲区。当一个作业运行结束撤消时，它归还的区域如果与其他空闲区相邻，则可合成一个较大的空闲区。如图 3-9 所示，带底纹的区域为空闲分区。

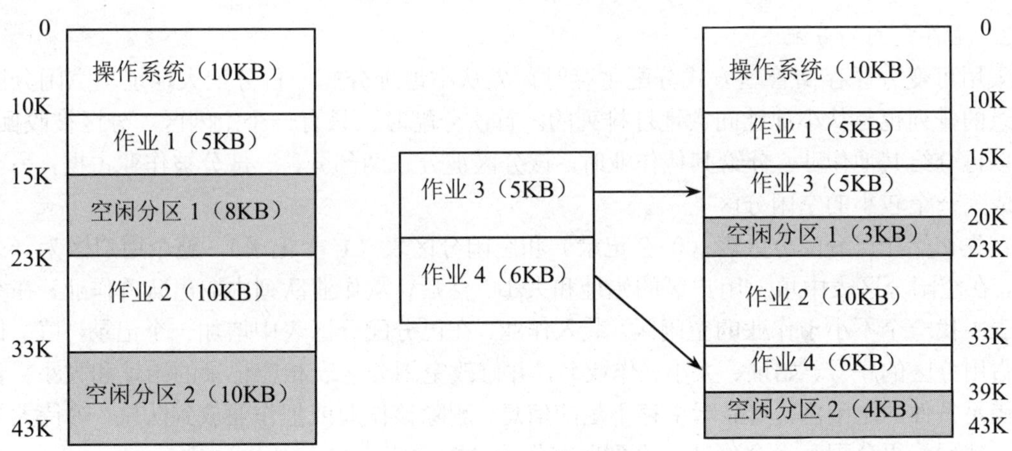

图 3-9　可变分区存储管理方式

3.4.2　主存空间的分配与回收

1．采用的数据结构

在可变分区存储管理方式中，主存分区的数目和大小随作业的执行而不断改变。为了实现主存的分配，系统中必须配置相应的数据结构，用来记录主存的使用情况，包括空闲分区的情况和已分配分区的情况，为作业分配主存空间提供依据。为此，设置了两个表，即已分配分区表和空闲分区表。

已分配分区表记录主存中已分配作业分区的情况，包括分区序号、起始地址、大小和状态（作业名），如表 3-2 所示。

空闲分区表记录主存中空闲分区的情况，包括空闲分区序号、起始地址和大小，如表 3-3

所示。因为已分配分区表和空闲分区表中记录的个数是随着主存的分配与回收而变化的，所以这两个表一般采用链表的形式存储，链表中的数据域记录相关的信息。

表 3-2 已分配分区表

序号	始址	大小	状态
1	10K	5KB	作业 1
2	23K	10KB	作业 2

表 3-3 空闲分区表

序号	始址	大小
1	15K	8KB
2	33K	10KB

2. 主存空间的分配

采用可变分区存储管理方式分配主存时，先从小地址分配，再分配大地址。空闲分区表中记录的排列也是从小地址向大地址排列的。首次分配时，只有一个空闲区。分区被收回后，还可以再分给其他作业。分给其他作业时，该分区被分成两部分，一部分被作业占据，另一部分又成为一个较小的空闲分区。

首先初始化已分配分区表（0 个记录）和空闲分区表（1 个记录），整个用户区为一个空闲区，在空闲分区表中填入用户区的始址和大小。然后，从作业队列中取出队首作业，在空闲分区表中找一个不小于作业的空闲区，装入作业，在已分配分区表中增加一个记录，填上该作业所占用分区的序号、始址、大小、作业名，并修改空闲分区表相应记录的始址和大小；若找不到满足条件的空闲区，则显示主存不足的信息，删除该作业或把作业放到队尾，等待大的空闲区。然后，再分配下一个作业，直到所有作业分配完毕。

3. 常用主存分配算法

在为作业分配存储空间时，有三种不同的分配算法可供选择，它们是最先适应分配算法、最优适应分配算法和最坏适应分配算法。它们各有优缺点，可适应系统的不同要求。

（1）最先适应分配算法（First Fit，FF）。

最先适应分配算法要求空闲分区表中的记录按地址递增的顺序排列。每次分配时，总是顺序查找空闲分区表，找到第一个满足长度要求的空闲区，划分出合适的大小分配给作业，另一部分仍为空闲区。

这种分配算法的优点是算法简单，容易实现。但有两方面的缺点：第一，分配总是从低地址部分顺序查找，有可能对大的分区进行多次分配后，使其成为小的“碎片”。主存碎片是指主存中不能使用的小分区，这种算法把大的空闲区分成了小的空闲区，当有大作业要求分配时，不能满足要求，降低了系统的效率。第二，分配总是从低地址部分开始，使得主存的低地址部分使用率过高，而高地址部分使用较少，造成主存利用率不均衡。解决的方法是采用循环首次适应算法。循环首次适应算法对空闲分区表记录的要求仍然是按地址递增的顺序排列。每次分配时，是从上次分配的空闲区的下一条记录开始顺序查找空闲分区表，最后一条记录不能满足要求时，再从第一条记录开始比较，找到第一个能满足作业长度要求的空闲区，分割这个空闲区，装入作业。否则，作业不能装入。

（2）最优适应分配算法（Best Fit，BF）。

最优适应分配算法是从所有的空闲分区中选择一个能满足作业要求的最小空闲区进行分配。这样可以保证不去分割一个更大的空闲区，使装入大作业时比较容易得到满足。为实现这种算法，需要把空闲分区按长度递增次序登记在空闲分区表中，分配时顺序查找分区分配表，找到的第一个满足条件的分区，一定是满足条件的最小分区。

最优适应分配算法的优点是解决了大作业的分配问题，其缺点是容易产生主存碎片。如果找出的分区比所要求的略大则分割后剩下的空闲区就很小，以致无法使用。另外，按这种方法，在回收一个分区时也必须对分配表或链表重新排列，这样就增加了系统开销。

（3）最坏适应分配算法（Worst Fit，WF）。

最坏适应分配算法是从空闲分区表中选择一个最大的分区进行分配，分割出一部分给作业使用，由于是一个大分区，这样就使得剩下的部分不至于太小而成为主存碎片。为实现这种算法，需要把空闲分区按长度递减的次序登记在空闲分区表中，分配时按顺序查找。

最坏适应分配算法的优点是不容易产生过多的碎片，其缺点是影响大作业的分配。另外主存回收时，要按长度递减的顺序插入到空闲分区表中，增加了系统开销。

4. *主存空间的回收*

当一个作业运行结束，系统将回收其所占用的主存空间。在已分配分区表中根据作业名找到该作业，将状态栏置为“0”，并根据该作业所占主存的始址和大小，去修改空闲分区表相应的记录。

对空闲分区表的修改，根据回收分区与空闲分区是否相邻可分为四种情况，如图 3-10 所示，斜线部分为被作业占用的主存区域。

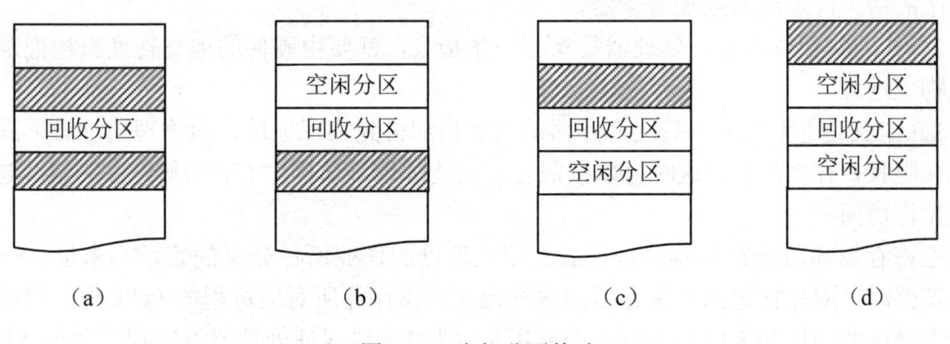

图 3-10　空闲分区修改

（1）回收的分区前后没有相邻的空闲分区。

对于这种情况，需要在空闲分区表中要增加一条记录，该记录的始址和大小为回收分区的始址和大小，如图 3-10（a）所示。

（2）回收分区的前面有相邻的空闲区。

对于这种情况，只要修改空闲分区的大小即可。在空闲分区表中找到这个空闲分区（查找的方法是比较空闲分区的始址+空闲分区的大小与回收分区的始址是否相等），修改这个空闲分区的大小，即空闲分区大小与回收分区的大小之和，始址不变，如图 3-10（b）所示。

（3）回收分区的后面有相邻的空闲分区。

对于这种情况，需要修改空闲分区的始址和大小。在空闲分区表中找到这个空闲分区（查找的方法是回收分区的始址+回收分区的大小与空闲分区的始址比较是否相等），修改这个空闲分区的始址和大小。始址为回收分区的始址，大小为回收分区的大小与空闲分区的大小之和，如图 3-10（c）所示。

（4）回收分区的前后都有相邻的空闲分区。

对于这种情况，需要修改其中一个分区表的大小，然后删除另一个空闲分区。在空闲分区表中找到这两个空闲分区，修改前面相邻的空闲分区的大小，大小改为相邻两个空闲分区和回收分区的大小之和，其始址不变。然后从空闲分区表中删除后一个相邻空闲分区的记录，如图 3-10（d）所示。

3.4.3 地址转换与存储保护

因为空闲分区的个数和大小以及作业的个数和大小都不能预先确定，所以，可变分区存储管理方式一般采用动态地址转换方式装入作业。它需要设置硬件地址转换机构：两个专用寄存器（即基址寄存器和限长寄存器）以及一些加法器、比较电路。基址寄存器存放分配给作业使用的分区的起始地址，限长寄存器存放该分区的末址（始址+大小－1）。

地址转换步骤如下：

（1）当作业占用处理器时，进程调度把该作业所占分区的始址送入基址寄存器，把作业所占分区的最大地址送入限长寄存器。

（2）作业执行过程中，处理器每执行一条指令，都要由硬件的地址转换机构把逻辑地址转换成物理地址。

（3）作业的逻辑地址与基址寄存器的内容相加得到物理地址，该物理地址必须满足：物理地址≤限长寄存器的值，这时可以按照相应的物理地址访问主存，否则产生“地址越界”中断，不允许访问。

基址寄存器和限长寄存器总是存放占用处理器的作业所占分区的始址和末址。一个作业让出处理器时，应先把这两个寄存器的内容保存到该作业所对应进程的 PCB 中，然后再把新作业所占分区的始址和末址存入这两个专用寄存器中，以保证处理器能控制作业正常运行。地址转换过程如图 3-11 所示。

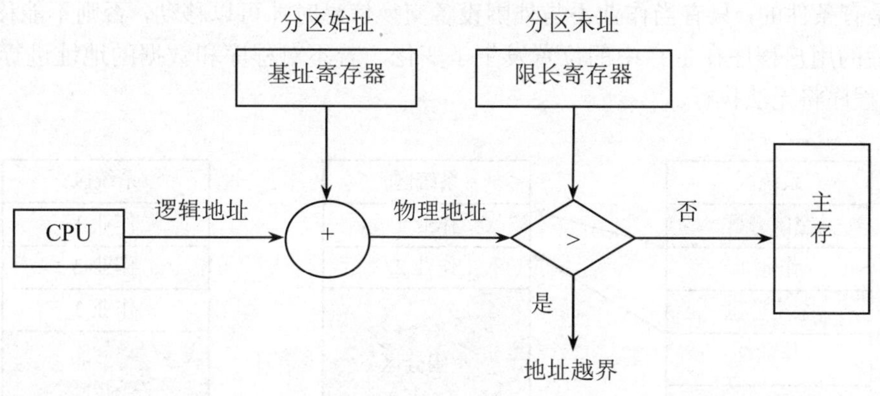

图 3-11 可变分区存储管理的地址转换

3.4.4 管理特点

可变分区存储管理方式具有以下特点：

（1）分区的长度不是预先固定的，而是按作业的实际需求来划分的。分区的个数也不是预先确定的，而是由装入的作业数决定的，提高了主存的使用效率。

（2）主存经过多次分配与回收之后，会产生许多主存“碎片”。有可能出现这种情况：内存空闲分区的总容量还有 30KB，但都是一些不超过 5KB 的分区，这时有一个 10KB 的作业要装入，可是却不得不因为主存空间不足而等待。所以碎片问题造成了主存空间的浪费。

3.4.5 可变分区存储管理方式采用的技术

在可变分区存储管理中经常采用移动技术和对换技术来解决主存空间不足的问题。移动技术是将小的空闲分区合并，以满足作业的要求。对换技术是将暂时不能执行的进程交换到外存，而将具备运行条件的进程装入内存使其运行的技术。

1. 移动技术

移动技术是通过合并空闲分区的方法实现的。在连续分配主存的方式中，作业必须装入到一个连续的主存空间，如果在系统中有若干个小的分区，其总容量大于要装入的程序，但由于它们不是连续的空间，该程序也不能装入主存。

在此情况下，可采用移动技术把在主存中的作业改变存放区域，同时修改它们的基址和限长值，从而使分散的空闲区汇集成一片而有利于作业的装入。具体方法是：移动主存中的所有作业，使它们相邻接。这样，原来分散的多个主存碎片便拼接成了一个大的空闲分区，从而可以装入作业。这种通过移动把多个分散的小分区拼接成大分区的方法称为“拼接”或“紧凑”。这种改变作业在主存中位置的工作称为“移动”，如图 3-12 所示。

采用移动技术提高了主存的利用率，但是，将作业在内存中移动大大增加了系统开销。

而且移动是有条件的，只有当作业不与外围设备交换信息时才可以移动，否则不能移动。由于经过移动后的用户程序在主存中的位置发生了变化，若不对程序和数据的地址进行相应修改（变换），程序将无法执行。

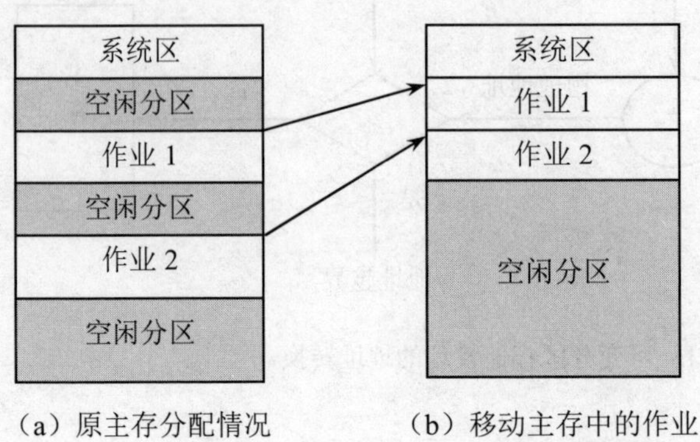

图 3-12　移动分配示例

2. 对换技术

对换技术是指把主存中暂时不能运行的进程或数据换出到外存上，把已具备运行条件的进程换入到主存的技术。

在多道程序环境下，一方面是主存中的某些进程由于某事件尚未发生而被阻塞，无法正常运行，却仍然占据着大量的主存空间，有时甚至会使在主存中的所有进程都被阻塞，而迫使 CPU 停下来等待；另一方面是在外存上尚有许多进程，因主存空间不足而不能进入主存运行。显然，这对系统资源是一种严重的浪费，且使系统吞吐量下降。为了解决这一问题，在系统中增设了对换设施。它是提高主存利用率的有效措施。对换技术现在已被广泛应用于操作系统中。

对换有两种方式，如果对换是以整个进程为单位，称为“整体对换”或“进程对换”，这种对换被广泛应用于分时系统中，其目的是解决主存紧张问题，并可进一步提高主存的利用率；如果对换是以“页”或“段”为单位进行的，则分别称为“页面对换”或“分段对换”，又统称为“部分对换”，这种对换方法是实现请求分页或请求分段式存储管理的基础，其目的是为了支持虚拟存储系统。

3.4.6　可变分区存储管理举例

【例 3-2】主存有两个空闲区 F1、F2，如图 3-13 所示。F1 为 220KB，F2 为 120KB，另外依次有 J1，J2，J3 三个作业请求加载运行，它们的主存需求量分别是 40KB、160KB、100KB，试比较最先适应算法、最优适应算法和最坏适应算法的性能。

【解】在最先适应算法和最坏适应算法中可以给所有作业分配空间，在最优适应算法中，还有作业 J3 不能分配，如图 3-14 所示。

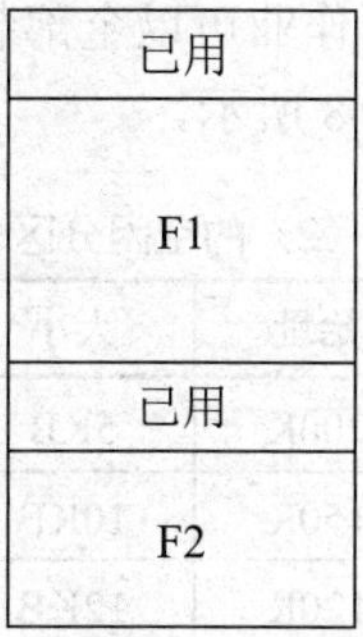

已用
F1
已用
F2

图 3-13　分配前

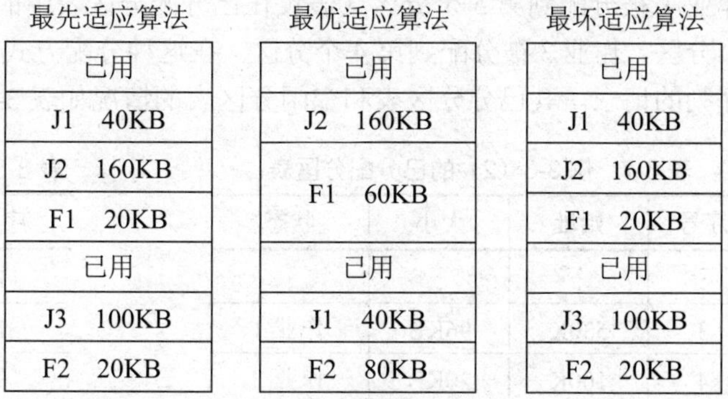

最先适应算法	最优适应算法	最坏适应算法
已用	已用	已用
J1　40KB	J2　160KB	J1　40KB
J2　160KB	F1　60KB	J2　160KB
F1　20KB		F1　20KB
已用	已用	已用
J3　100KB	J1　40KB	J3　100KB
F2　20KB	F2　80KB	F2　20KB

图 3-14　分配后

【例 3-3】表 3-4 给出了某系统中的空闲分区表，系统采用可变分区存储管理策略。现有作业序列：96KB（作业 1）、20KB（作业 2）、200KB（作业 3）。若分别用最先适应算法和最优适应算法来处理这个作业序列，试问哪一种算法可以满足该作业序列的请求？

表 3-4　某系统中的空闲分区表

序号	始址	大小
1	100K	32KB
2	150K	10KB
3	200K	5KB
4	220K	218KB
5	530K	96KB

【解】

（1）按最先适应算法分配主存。作业 1 被分配到第 4 个分区（假设在已分配分区表中的分区序号为 3），作业 2 被分配到第 1 个分区，作业 3 没有足够的空间不能分配。已分配分区表和空闲分区表的情况如表 3-5、表 3-6 所示。

表 3-5　例 3-3（1）的已分配分区表

序号	始址	大小	状态
⋮	⋮	⋮	……
3	220K	96KB	作业 1
4	100K	20KB	作业 2

表 3-6　例 3-3（1）的空闲分区表

序号	始址	大小
1	120K	12KB
2	150K	10KB
3	200K	5KB
4	316K	122KB
5	530K	96KB

（2）按最优适应算法分配主存。最优适应算法要求空闲分区表按分区大小的升序排列，

这时，作业 1 被分配到第 5 个分区（假设在已分配分区表中的分区序号为 3），作业 2 被分配到第 1 个分区，作业 3 被分配到第 4 个分区。在这种分配方式下，3 个作业可以全部装入，满足作业序列的请求。其已分分区表和空闲分区表的情况如表 3-7、表 3-8 所示。

表 3-7　例 3-3（2）的已分配分区表

序号	始址	大小	状态
⋮	⋮	⋮	⋮
3	530K	96KB	作业 1
4	100K	20KB	作业 2
5	220K	200KB	作业 3

表 3-8　例 3-3（2）的空闲分区表

序号	始址	大小
1	200K	5KB
2	150K	10KB
3	120K	12KB
4	420K	18KB

3.5　分页式存储管理方式

固定分区存储管理方式有可能因为大分区装入小作业而造成存储空间的浪费，可变分区存储管理方式解决了分区内空间浪费问题，却带来了“碎片”问题，即使主存的容量能够满足作业的大小要求，也可能无法装入作业。最根本的原因就是因为这两种存储管理方式都要求作业在主存中连续存放。

如果允许作业在内存中不连续存放，就不必再通过移动技术进行碎片整理了，基于这一思想就产生了主存的离散分配方式。根据离散分配时所用基本单位的不同，又可把离散分配方式分为分页式存储管理方式、分段式存储管理方式和段页式存储管理方式。本节主要介绍分页式存储管理方式的基本原理、主存空间的分配与回收、地址的转换与存储保护以及对分页式存储管理的改进。

3.5.1　基本原理

在分页式存储管理方式中，将用户作业的地址空间分成若干个大小相等的区域，称为页面或页，页的编号从“0”开始。主存空间分成与页大小相等的若干个物理块，称为块或页框。程序的逻辑地址由两部分组成：页号和页内地址。逻辑地址格式如图 3-15 所示。

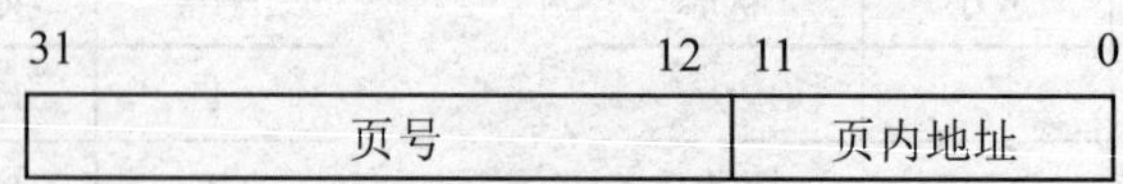

图 3-15　分页的逻辑地址格式

在为作业分配主存时，一个页面存入主存的一个块中，块和块之间的地址可以不连续，也就是说，作业在主存中可以不连续存放。存储地址由连续到离散的变化，为以后实现程序的“部分装入、部分对换”奠定了基础。

采用分页式存储管理时，逻辑地址是连续的，用户在编制程序时仍可使用顺序的地址，而不必考虑如何去分页。页号的长度决定了分页的多少，页内地址的长度决定了页面的大小。作业执行时根据逻辑地址中的页号找到它所对应的块号，再确定当前指令要访问的物理地址。它的地址转换属于动态地址转换，由于进程的最后一页经常装不满一块，而形成不可利用的碎片，称为“页内碎片”。

3.5.2 主存空间的分配与回收

1. 采用的数据结构

系统设置了页表、主存分配表和位示图，以实现主存空间的分配与地址转换。

（1）页表。

在分页式存储管理系统中，允许将作业的每一页离散地存储在主存的任一物理块中，为了能在主存中找到每个页面所对应的物理块，系统为每个作业建立一张页表，页表给出逻辑地址中的页号与主存块号的对应关系。当作业运行时，通过查找页表，可以找到每个页面在主存中所对应的物理块号，以实现逻辑地址到物理地址的转换，如图 3-16 所示。

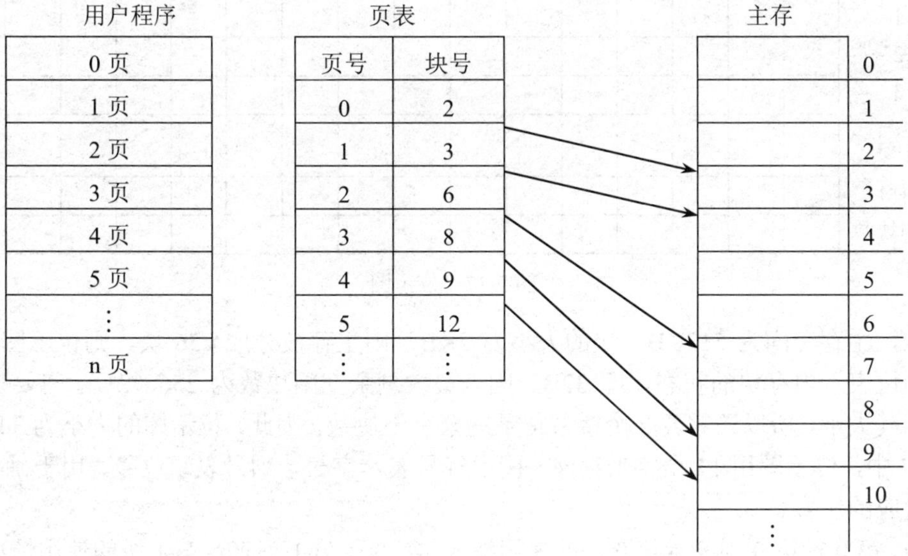

用户程序
0 页
1 页
2 页
3 页
4 页
5 页
⋮
n 页

页表

页号	块号
0	2
1	3
2	6
3	8
4	9
5	12
⋮	⋮

主存
0
1
2
3
4
5
6
7
8
9
10
⋮

图 3-16 页表的作用

（2）主存分配表。

它记录主存中各作业的作业名、页表始址和页表长度，页表长度为页表中页号的最大序号，通过主存分配表可以找到作业的页表在内存中的地址，整个系统设置一个主存分配表，如表 3-9 所示。

表 3-9 主存分配表

作业名	页表始址	页表长度
J1	4000K	5
J2	4500K	7
……	……	……

（3）位示图。

分页式存储管理把主存分成若干块，主存分配以块为单位。为实现主存的分配与回收，设置了一个“位示图”，如图 3-17 所示。位示图是一个由“0”和“1”构成的矩阵，每个内存块对应位示图中的一个二进制位，有多少个内存块，位示图就有多少位。如果内存块为空闲状态，其对应的二进制位为“0”，若内存块已分配，其相应的二进制位为“1”。为表示内存中还有多少空闲块可供分配，位示图还需要一些字节用于表示剩余空闲块数。

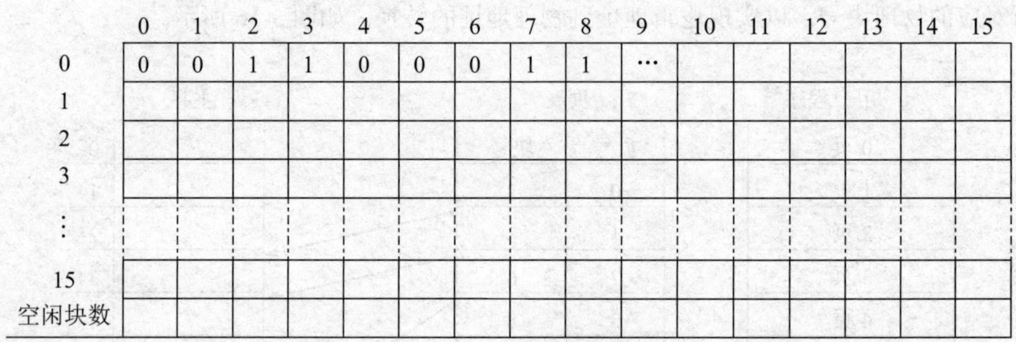

图 3-17 位示图

例如，主存空间为 512KB，块的大小为 2KB，则主存被分成 256 块，则位示图需要 256 个二进制位表示内存块的状态，即 32B。因为最大剩余空闲块数为 256（2^8），需要 9 位二进制数表示其大小，所以还需要 2 个字节记录剩余空闲块数，因此，位示图的大小为 34 个字节。在图 3-17 中，位示图用 17 个字来存储，图中行号表示字号，列号表示位号，用于确定该二进制位所对应的块号。

其中，第 0 行第 0 列表示第 0 块的使用情况，第 0 行第 1 列表示第 1 块的使用情况，……，第 15 行第 15 列表示第 255 块的使用情况。最后一个字，表示剩余空闲块数，其初值为 256，表示空闲块为 256 块，其值为 0 表示无空闲块。

2. 主存空间的分配

主存空间的分配过程如下：

（1）系统初始化位示图，即把位示图中的标志位全部置为“0”，剩余空闲块数置为主存的最大块数。

（2）在进行主存分配时，从作业队列中取出队首作业，计算该作业的页数，将其与位示图中的剩余空闲块数比较，若不能满足作业空间的要求，则作业不能装入，显示主存不足的信息，把该作业放到队尾或删除该作业；若能满足作业的空间要求，则为该作业建立页表。

（3）根据位示图中主存块的状态标志，找出标志为“0”的那些位，将其置为“1”，根据该位在位示图中的字号和位号，利用下列公式可以计算出其所对应的块号。计算块号的方法为

块号=字号×字长+位号

（4）把作业页装入对应的主存块，并在页表中填入对应的块号，重复步骤（3）和（4），直到所有作业页全部装入。

（5）修改位示图中空闲块数，即原有空闲块数减去本次分配的块数（页数），并在主存分配表中增加一条记录，登记该作业的作业名、页表始址和页表的长度。

3. 主存空间的回收

当一个作业执行结束，就应收回该作业所占用的主存块。根据要回收作业的作业名，查找主存分配表中相应的记录，可知该作业的页表始址。取出该作业的页表，逐项归还每一块，方法是：根据块号计算出该块在位示图中的位置，将标志位设置为“0”。然后，把归还的块数加入到剩余空闲块数中，删除该作业的页表，并把主存分配表中该作业的记录删除。

计算块号对应位示图中位置的方法是

字号=块号/字长（商），位号=块号 mod 字长（余数）

3.5.3 地址转换与存储保护

1. 地址转换

为了能将用户地址空间中的逻辑地址变换为主存空间中的物理地址，在系统中必须设置地址变换机构，该机构的基本任务是实现逻辑地址到物理地址的转换。因为页与块大小相等，所以，页内地址与块内地址相同，从逻辑地址转换到物理地址只是将逻辑地址中的页号转换为主存中的物理块号。

由逻辑地址计算出页号和页内地址的方法为

页号=逻辑地址/页长 （商）

页内地址=逻辑地址 mod 页长 （余数）

由块号计算物理地址的方法为

物理地址=块号×块长+块内地址+用户区基址

其中，块长等于页长，块内地址等于页内地址，用户区基址在转换前是已知的。

在分页式存储管理方式中，页表的作用就是实现从页号到物理块号的变换，因此，地址变换的任务就借助页表来完成。

如果将页表项存放在寄存器中，由于寄存器具有很高的访问速度，因而有利于提高地址转换的速度。但由于寄存器成本较高，故只适用于较小的系统。大多数现代计算机的页表都很大，页表项的总数可达几千至几十万个，显然它们不可能都用寄存器来实现。通常为了减少开

销，将页表存储在内存中。在系统中设置一个页表寄存器，用以存放当前运行作业的页表始址和页表长度。

页表始址和页表长度是存放在主存分配表中的，当调度程序调度到某作业时，才将它们装入到页表寄存器中。因此，在单处理器环境下，虽然系统中可以运行多个作业，但只需要一个页表寄存器。当作业要访问某个逻辑地址中的数据时，地址转换机构会自动地将有效地址分为页号和页内地址两部分，再以页号为索引去检索页表。查找页表操作由硬件执行。

在执行检索之前，先将页号与页表长度进行比较，如果页号大于页表长度，则表示本次所访问的地址已超过作业的地址空间。这一错误将被系统发现并产生“地址越界”中断。若未出现越界错误，则根据页表始址和页号，得到该表项在页表中的位置，从中得到该页的物理块号，将块号装入物理地址寄存器中。与此同时，再将逻辑地址寄存器中的页内地址直接送入物理地址寄存器的块内地址字段中。经过硬件机制，把物理地址寄存器中的块号和块内地址，转换成物理地址。这样便完成了从逻辑地址到物理地址的变换。页式地址转换过程如图 3-18 所示，假设用户区基址为 1000，块的大小为 2KB。

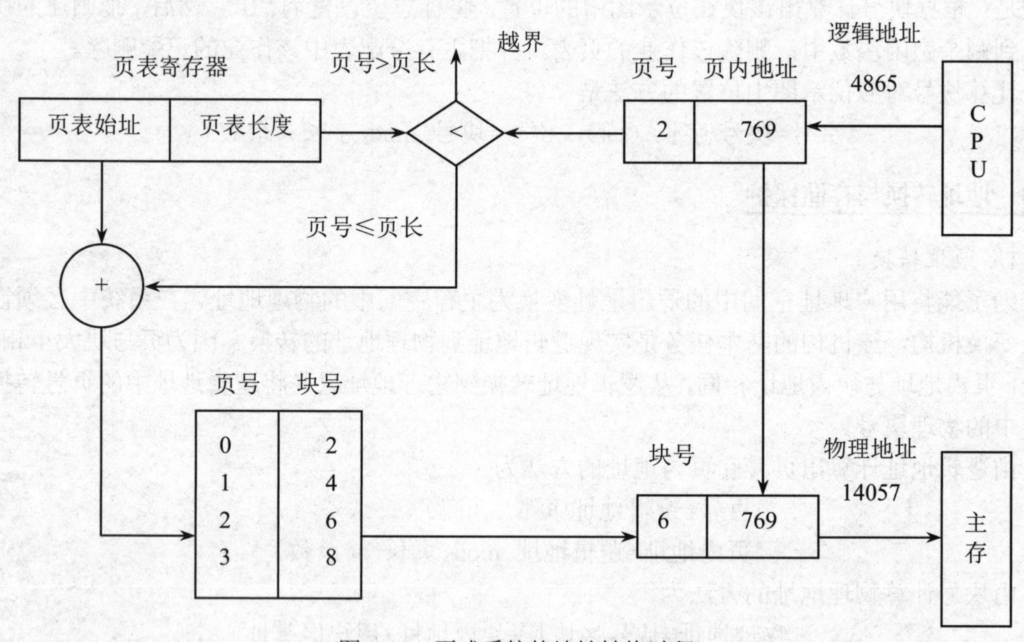

图 3-18　页式系统的地址转换过程

2. 页的共享和保护

（1）页的共享。

页的共享可以节省主存空间。分页存储管理能方便地实现多个作业共享程序和数据。共享的方法是使各自页表中的有关表目指向共享信息的主存块。如表 3-10 所示，页表 1 所代表作业的第 2 页（灰色底纹部分）与页表 2 所代表作业的第 1 页（灰色底纹部分）共享第 9 块主存空间。

表 3-10 页表 1（左）与页表 2（右）的共享

页号	块号
0	2
1	6
2	9
3	12
⋮	⋮

页号	块号
0	1
1	9
2	10
3	17
⋮	⋮

（2）页的保护。

实现信息共享必须解决共享信息的保护问题。分页式存储管理方式下的保护有三种情况：共享页的保护、不同作业所占空间的保护、逻辑地址到物理地址转换的保护。

1）共享页的保护。其方法是在页表中增加一个权限位，指出该信息可读/写、只读、只执行等权限，如表 3-11 所示。

表 3-11 带权限的页表

页号	权限位	块号
0	只执行	2
1	读/写	7
2	只读	8
…	…	…

完成从逻辑地址到物理地址的转换后，在执行指令之前，检查该指令的标志位，是否有这种操作的权限。如果有这种操作权限就执行指令，否则不能执行。

2）不同作业所占空间的保护。在给作业分配主存时，通过位示图中的每个存储块的标志位（标志为“0”可用，标志为“1”不可用），来保护已经分配到主存中的作业空间，不被新作业覆盖。

3）逻辑地址到物理地址转换的保护。在把作业的逻辑地址转换成物理地址时，通过逻辑地址中的页号与页表寄存器中的页表长度（最大页号）比较，若大于页表长度，则产生“地址越界”中断信号，由相应的中断处理程序处理；否则，取出页表首地址，进行逻辑地址到物理地址的转换。

3.5.4 对分页式存储管理的改进

页式存储管理方式很好地解决了碎片问题，提高了主存利用率。但付出的代价是降低了系统的处理速度，即以时间换空间，并且过大的页表如何存储也是一个需要合理解决的问题。

1. 具有快表的地址变换

由于页表是存放在主存中的，CPU 在存取数据时，需要访问主存两次。第一次是访问主存中的页表，从中找出指定页的物理块号，将此块号与页内偏移量拼接形成物理地址。第二次是根据上一步得到的物理地址，再次访问主存从中获取数据。这样，就使计算机的处理速度大大降低了。

为了解决多次访问内存的问题，提高地址变换速度，可以把页表放在“联想存储器”中。联想存储器由多个寄存器和存储体组成，要查找的变量放在寄存器中，存储体中的每个存储单元都含有存储、比较、读写、控制等电路，可并行操作，访问速度大大高于主存，所以又称为快表。

采用快表的物理地址形成过程是：扫描快表、查找逻辑地址中的页号，如果该页已登记在快表中，则由块号和页内地址形成物理地址；若在快表中找不到相应的页号，则需要访问主存中的页表，形成物理地址，同时将该页登记到快表中。若快表已满，则需要淘汰某个旧的页表项，最简单的策略就是“先进先出”，总是淘汰最先登记的那个页面。具有快表的地址转换如图 3-19 所示。

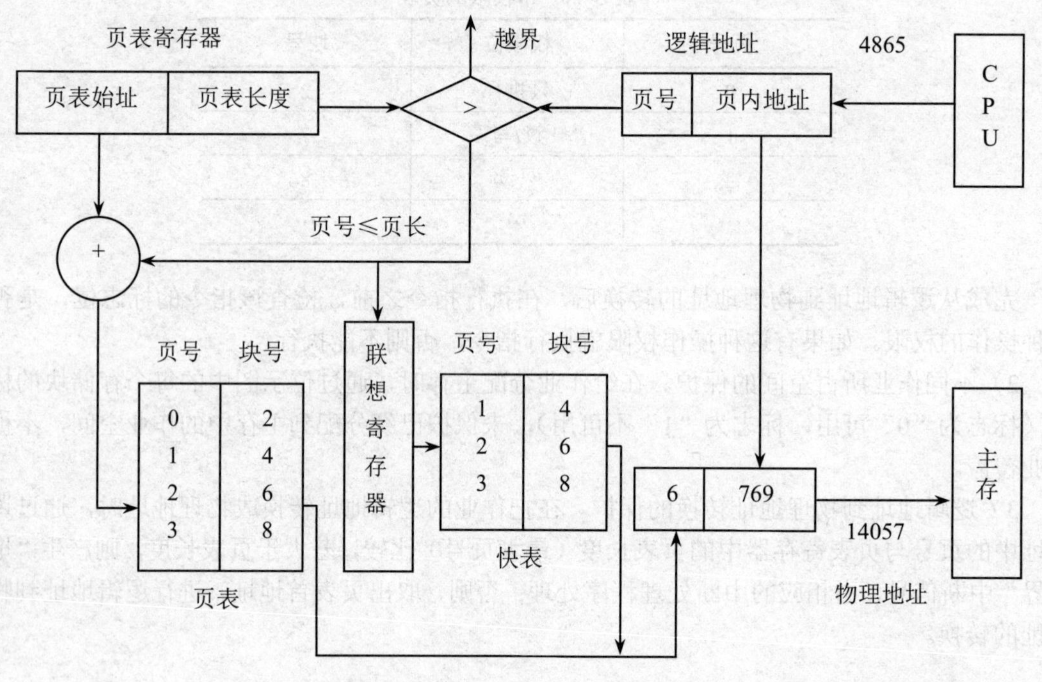

图 3-19　具有快表的地址转换

联想存储器的存取速度比主存高，但其造价也高，因此容量不能做得很大，通常只存放 16～512 个页表项，但即使如此仍然可以大大提高程序的执行速度。

系统为每个作业建立一个主存页表，但只设置一个公共快表，当前正在执行哪个作业，快表就描述哪个作业的页表。由于快表一般小于页表，所以它描述了页表的活跃子集，即快表中保存当前作业经常要访问的那些页。经验表明，当快表由 8 个单元组成时，命中率就达 85%，当增值到 12 和 16 个单元时，命中率可高达 90%以上。486 的联想存储器是 32 个单元，从中能找到所需页的概率为 90%。

假设访问主存的时间为 100ns（纳秒），访问联想存储器的时间为 20ns，联想存储器的命中率为 90%，则按逻辑地址访问主存的平均时间为

$$(100+20)\times 90\%+(100+100+20)\times 10\%=130\text{（ns）}$$

2. 两级页表的地址转换

现代计算机已普遍使用 32 位或 64 位虚拟地址，可以支持 2^{32}～2^{64} 容量的逻辑地址空间，采用分页式存储管理时，页表会相当大。以 32 位逻辑地址空间为例，当页面大小为 4KB 时，页表项为 1M 个，而每个页表项占 4B，则页表的大小为 4MB。如果页表在主存中连续存放，很难找到如此之大的连续空间来存放页表。因此，引入了两级页表来解决页表过大的问题。

就像把作业分页存储一样，也把页表进行分页，页的大小与主存物理块大小相同，并为它们进行编号，即依次为 0 页、1 页、……、n 页。可以离散地将各个页面分别放在不同的物理块中，同样要为离散分配的页表再建立一张页表，称为外层页表。因为页的大小为 4KB（2^{12}），一个页表项占 4B，则一页可存放 2^{10}（1024）个页表项，具有 1M 个页表项的页表就被划分为 2^{10} 个页面。也就是说，外层页表的地址占 10 位，内层页表的地址占 10 位，页内地址占 12 位，此时的逻辑地址结构如图 3-20 所示。

图 3-20 两级页表的逻辑地址结构

图 3-21 所示为两级页表的结构，其中，外层页表用于存放某个页表在内存中的块号，而内层页表用于存放某一页在内存中的块号。例如，外层页表中的 0 号页表项是在主存的 1012 块中，该页表项的第 0 页的存储块为 3，这时就利用两级页表实现了逻辑地址到物理地址的转换。图 3-22 显示了地址转换的过程。

利用两级页表解决了页表过大的问题，但并未解决用较少的空间存放大页表的问题。对于这一问题的解决，可以采用把当前所需要的部分页调入内存，其他页表放在外存，根据需要再陆续调入的方法。

3.5.5 管理特点

页式存储管理仍然需要把作业全部装入主存，但不要求必须装入一个连续的空间。它事先把作业分成大小相等的“页”，把主存分成与作业大小相等的“块”，把作业的“页”装入主

存空闲的“块”，并在页表中记录对应的页号与块号。

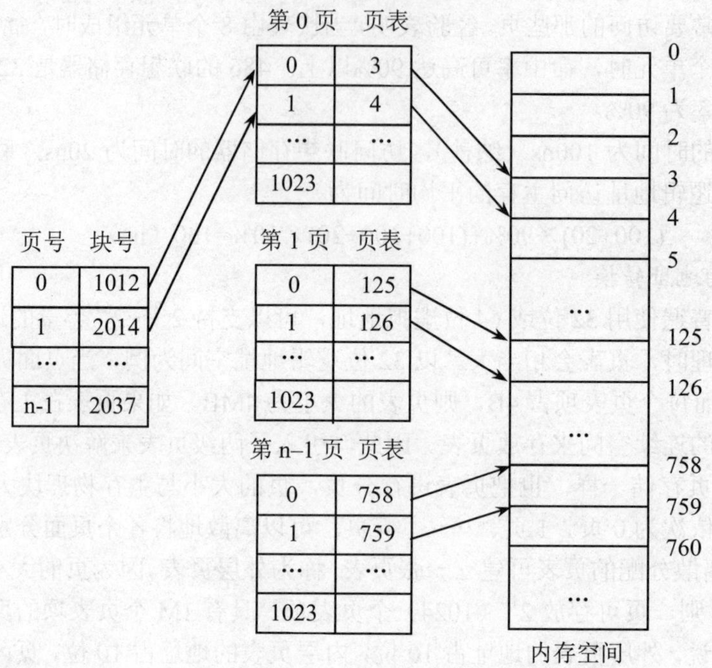

图 3-21 两级页表的结构

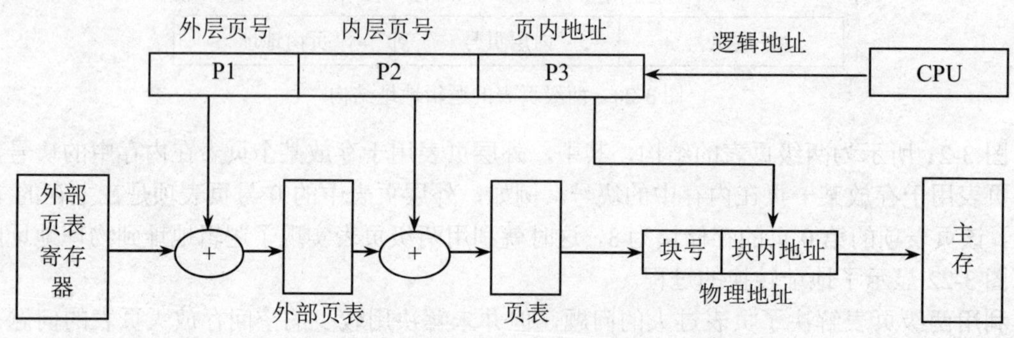

图 3-22 具有两级页表的地址转换结构

采用分页式存储管理的主存分配方式，程序和数据存放在不连续的主存空间，有效地解决了碎片问题。

通过位示图和页表记录主存的使用情况和每个作业的分配情况，当主存很大，并且作业也很大时，位示图和页表都有可能占用较大的存储空间。另外，它要求有相应的硬件支持，从而增加了系统成本，也增加了系统开销，如需要地址变换机构、快表等。并且它仍然存在不可利用的空间，如最后一页的部分空间没有放满等。它还要求页的大小固定，不能随程序的大小而变，对程序的共享和使用造成了许多困难。

3.5.6　分页式存储管理举例

【例 3-4】在一个分页式存储管理系统中，页面大小为 1KB，主存中用户区的起始地址为 1000，假定页表如表 3-12 所示。现有一逻辑地址（页号为 2，页内地址为 20），试计算相应的物理地址，并画图说明地址转换过程。

表 3-12　页表

页号	块号
0	3
1	4
2	9
3	7

【解】地址转换过程如图 3-23 所示。从逻辑地址中取出页号 2，与页表地址寄存器中的页表始址相加，得到该页在页表中的记录号，从页表中取出该页的块号 9，因页内地址为 20，所以块内地址也是 20。根据物理地址的计算公式可得：

物理地址 = 用户区基址+块号×块长+块内地址 = 1000+9×1024+20 = 10236

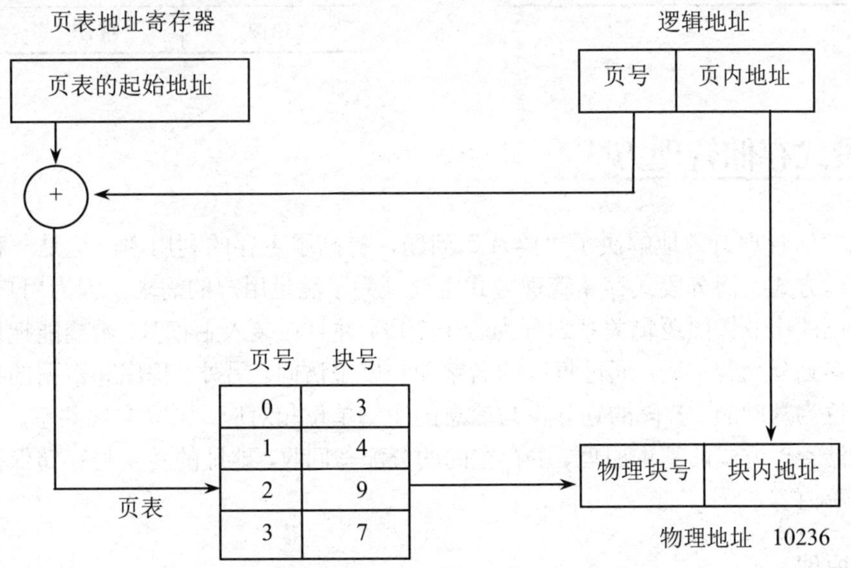

图 3-23　地址转换过程

【例 3-5】设一分页式存储管理系统，向用户提供逻辑地址空间最大为 16 页，每页 2048B，主存共有 8 个存储块，试问逻辑地址应为多少位？主存空间有多大？

【解】分页式存储管理系统中的逻辑地址结构为：页号+页内地址。在本题中，由于每页为 2048（2^{11}）B，所以页内地址部分需要占据 11 个二进制位；逻辑地址空间最大为 16（2^4）页，页号部分地址需要占据 4 个二进制位。故逻辑地址至少为 11+4=15（位）。

由于主存共有 8 个存储块，在分页式存储管理系统中，存储块大小与页面的大小相等。因此，主存空间为 16KB。

【例 3-6】在分页式存储管理系统中，某作业的页表如表 3-13 所示。页面大小为 1024B，用户区的基址为 1000，试将逻辑地址 1011、2148、3000、4000、5012 转换为物理地址。

【解】根据页表和每个页面的大小 1024B，利用公式：

页号 = int (逻辑地址/页面大小)，页内地址 = 逻辑地址 mod 页面大小

根据页号，到页表中查找块号。然后，物理地址=用户区基址+块号×块长+块内地址。

由此公式可计算出各逻辑地址对应的物理地址如表 3-14 所示。

表 3-13　页表

页号	块号
0	2
1	3
2	1
3	6

表 3-14　地址映射表

逻辑地址	物理地址
1011	4095
2148	2124
3000	2976
4000	8072
5012	非法

3.6　分段式存储管理方式

分页式存储管理有效地解决了“碎片”问题，提高了主存的利用率。这是一种有利于系统的存储管理方式。而分段式存储管理方式主要是为了满足用户的需求。因为用户在编程时，一般会把自己的作业按照逻辑关系划分为若干个段，并且在装入主存时，希望能把自己的作业按照逻辑关系划分为若干段，通过每段的名字和长度来访问。另外，程序和数据的共享是以信息的逻辑单位为基础的，若段的划分也与信息的逻辑单位相对应，则易实现共享。本节主要介绍分段式存储管理方式的基本原理、主存空间的分配与回收、地址的转换与存储保护以及段页式存储管理等内容。

3.6.1　基本原理

在分段式存储管理方式中，作业被划分为若干段，按段存储。段是按照程序的逻辑结构

划分的，比如一个主程序段、一个或若干个子程序段及数组段等，因而各段长度不等。每个段有一个段号，都从 0 开始编址，因此，段的逻辑地址是二维的，由段号和段内地址组成。段的地址结构如图 3-24 所示。

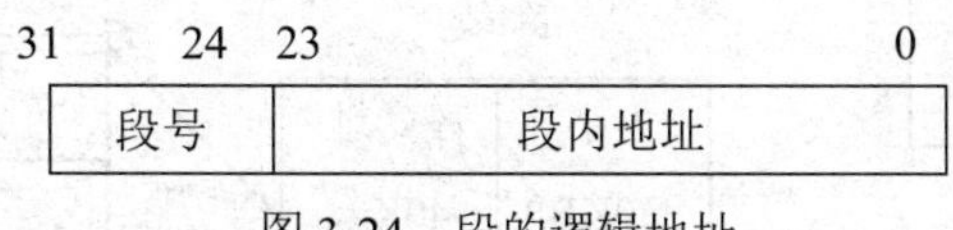

图 3-24 段的逻辑地址

在内存中，每个段占用一段连续的存储空间，而段与段之间可不连续。如果没有足够大的连续空间，则采用移动技术，拼接出大的空间。在图 3-24 所示的地址结构中，一个作业最多可有 256（2^8）个段，每段最长为 16MB（2^{24}）。

在装入作业时，用一个段表记录每个段在主存中的起始地址和长度。若作业的段找不到足够大的空闲分区，可采用移动技术，合并分散的空闲区。主存的分配与回收类似于可变分区存储管理方式，采用动态地址转换机构。

3.6.2 主存空间的分配与回收

1. 采用的数据结构

为了记录每个段分配主存的情况，实现主存的分配和地址转换，在分段式存储管理方式下，设置了段表、主存分配表和空闲分区表。

（1）段表。

系统为每个作业建立一个段表，段表记录了作业的每个段在主存中所占分区的起始地址和大小，用于实现逻辑地址到物理地址的转换，如表 3-15 所示。

表 3-15 段表

段号	段始址	大小
0	100K	56K
1	400K	40K
…	…	…

在段表的映射下，作业的每个段可以离散地装入主存的各分区中。例如，一个作业有主程序段 MAIN、子程序段 X、数据段 D 和栈段 S 等，在主存的映像情况如图 3-25 所示。

（2）主存分配表

整个系统设置一个主存分配表，用于记录主存中各作业的作业名、段表始址和段表长度，段表长度为段表中的最大段号，如表 3-16 所示。

（3）空闲分区表

用于记录主存中空闲分区的起始地址和大小，以实现主存空间的分配与回收。段式存储的主存空间分配类似于可变分区存储管理方式，需要建立一个表来管理主存中的空闲分区。

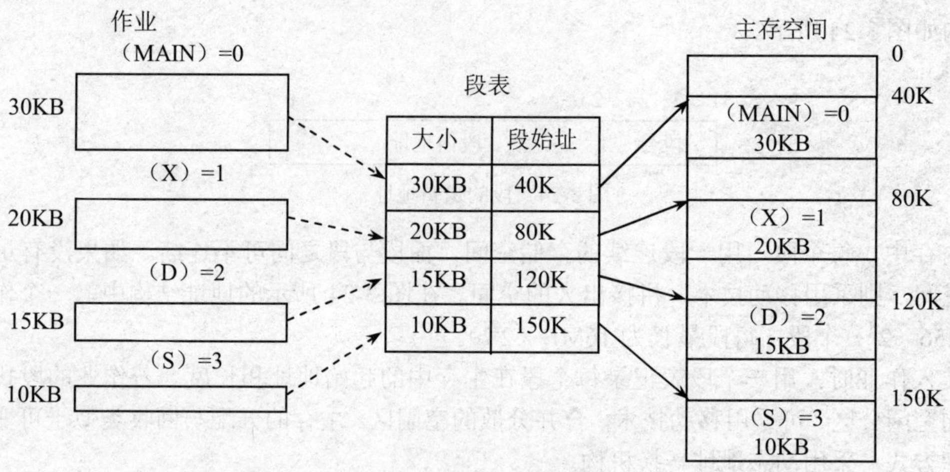

图 3-25　利用段表实现地址映像

表 3-16　主存分配表

作业名	段表始址	段表长度
J1	4000K	6
J2	4800K	8
…	…	…

在分配第 1 个作业之前，主存的空闲区只有一个，即为整个用户区。但随着主存的多次分配与回收，空闲分区的个数也会随之增加或减少，不可避免地会产生无法再分配的小分区，即“碎片”。

2. 主存空间的分配过程

主存空间的分配过程就是建立段表的过程，在主存中找到满足作业各段大小的空闲分区，把作业装入，若无满足条件的分区，则合并空闲分区。当段表建立以后，就将其在主存中的始址及最大段号记录在主存分配表中。

3.6.3　地址转换与存储保护

1. 地址转换

在分段式存储管理方式中，根据段表来进行地址转换。为了提高地址的转换速度，系统中设置了段表寄存器，用来存放段表的始址和段表长度。当运行作业时，系统从主存分配表中获取该作业的段表始址和段表长度，将其送入段表寄存器。地址转换过程如图 3-26 所示。

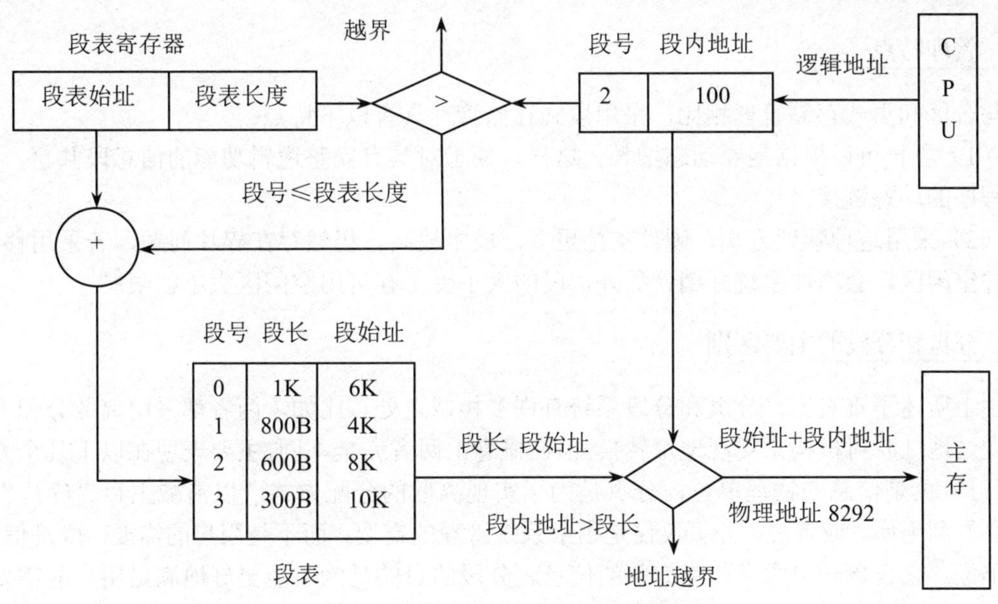

图 3-26　段式存储管理的地址转换过程

在进行地址转换时，系统将逻辑地址中的段号与段表中的段表长度进行比较，若超过段表长度则表示段号越界，产生“地址越界”中断信号。若未越界，则根据段表始址查找到段表，从段表中可找到相应段在主存中的始址。然后，检查段内地址是否超过该段的段长，若超过，则发出“越界”中断信号。若未越界，则把段起始地址加上段内地址就得到欲访问主存的物理地址。

2. 段的共享

段式系统的一个突出优点是易于实现段的共享。在可变分区存储管理中，每个作业只能占用一个分区，那么就不允许各道作业有公共的区域。这样，当几道作业都要用某个子程序时就只好在各自的区域内各放一套。显然，降低了主存的使用效率。

而在分段式存储管理中，由于每个作业可以由几个段组成，所以可以实现段的共享。分段共享是通过两个作业段表中的相应表目都指向被共享的同一物理副本来实现的。表 3-17 中段表 1 的第 1 段和段表 2 的第 2 段（灰色底纹部分）是共享的。

表 3-17　段表 1（左）与段表 2（右）的共享

段号	段始址	大小
0	20K	10KB
1	100K	40KB
2	210K	30KB
3	80K	5KB
…	…	…

段号	段始址	大小
0	170K	10KB
1	300K	50KB
2	100K	40KB
3	400K	35KB
…	…	…

3.6.4 管理特点

与分区和页式存储管理相比，采用段式存储管理具有以下特点：

（1）段长可以根据需要动态增长。这样，便于对具有完整逻辑功能的信息段共享，便于实现程序的动态链接。

（2）采用这种管理方式，硬件支持更多，成本较高。仍然存在碎片问题，若采用移动技术合并空闲区，会增加系统开销。另外，段的大小受主存可用空闲区大小的限制。

3.6.5 分页和分段的主要区别

由上所述不难看出，分页和分段系统有许多相似之处。比如，两者都采用离散分配方式，都要通过地址映射机构来实现地址转换。但在概念上两者完全不同，主要表现在以下几个方面：

（1）页是信息的物理单位，分页是为了实现离散的分配方式，以消减主存“碎片”，提高主存的利用率。或者说，分页仅仅是由于系统管理的需要，而不是用户的需要。段是信息的逻辑单位，它包含一组意义相对完整的信息。分段的目的是为了能更好地满足用户的需要。

（2）页的大小固定且由系统确定，把逻辑地址划分为页号和页内地址两部分，是由机器硬件实现的，因而一个系统只能有一种大小的页面。段的长度却不固定，取决于用户所编写的程序，通常由编译程序在对源程序进行编译时，根据信息的逻辑结构来划分。

（3）分页的作业地址空间是一维的，即单一的线性地址空间，程序员只需要利用一个记忆符，即可表示一个地址。分段的作业地址空间是二维的，程序员在标识一个地址时，既要给出段名，又要给出段内地址。

3.6.6 分段式存储管理举例

【例 3-7】某个采用分段式存储管理的系统为装入主存的一个作业建立的段表如表 3-18 所示。

表 3-18 段表

段号	段始址	大小
0	2219B	660B
1	3300B	140B
2	90B	100B
3	1237B	580B
4	3959B	960B

（1）给出段式地址转换过程。

（2）计算该作业访问逻辑地址（0，432）、（1，10）、（2，500）、（3，400）、（5，450）时的物理地址。

【解】

（1）段式地址的转换过程如图 3-27 所示。

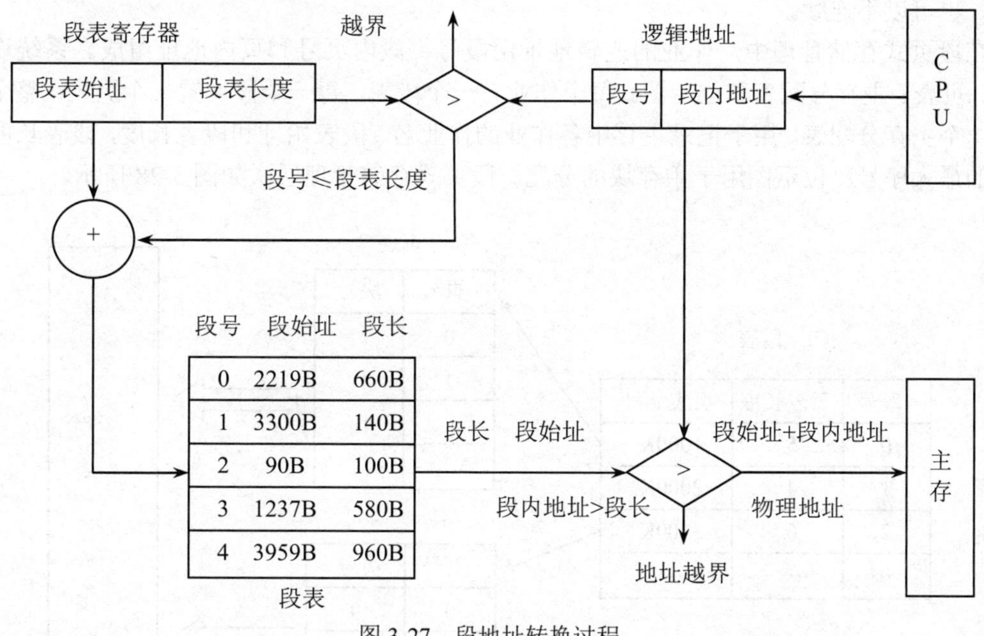

图 3-27 段地址转换过程

（2）根据地址转换图 3-27 可知，该作业访问的逻辑地址（0，432）、（1，10）、（2，500）、（3，400）、（5，450）对应的物理地址如表 3-19 所示。

表 3-19 逻辑地址对应的物理地址

逻辑地址	物理地址
0，432	2651
1，10	3310
2，500	段内地址越界
3，400	1637
5，450	段号越界

3.6.7 段页式存储管理方式

页式和段式存储管理方式各有优缺点。页式方式能有效地提高主存的利用率，很好地解决了“碎片”问题，而段式方式能很好地满足用户需要。如果对两种存储管理方式“各取所长”，则可以将两者结合形成一种新的存储管理方式，称为“段页式存储管理方式”。

1. 工作原理

段页式存储管理方式的基本原理是段式和页式工作原理的组合，即先把用户程序分成若干个段，并为每个段赋予一个段名，每段可以独立地从“0”编址，再把每个段划分成大小相等的若干个页，把主存分成与页大小相同的块。每段分配与其页数相同的主存块，这些块可以连续，也可以不连续。

在段页式存储管理中，作业的逻辑地址由段号、段内页号和页内地址组成。系统设置了段表、页表、主存分配表和位示图。每个作业有一个段表，每一个段设置一个页表；整个系统设置一个主存分配表，用于记录主存中各作业的作业名、段表始址和段表长度，段表长度为段表中的最大序号；位示图用于主存块的分配。段页式存储管理层次如图 3-28 所示。

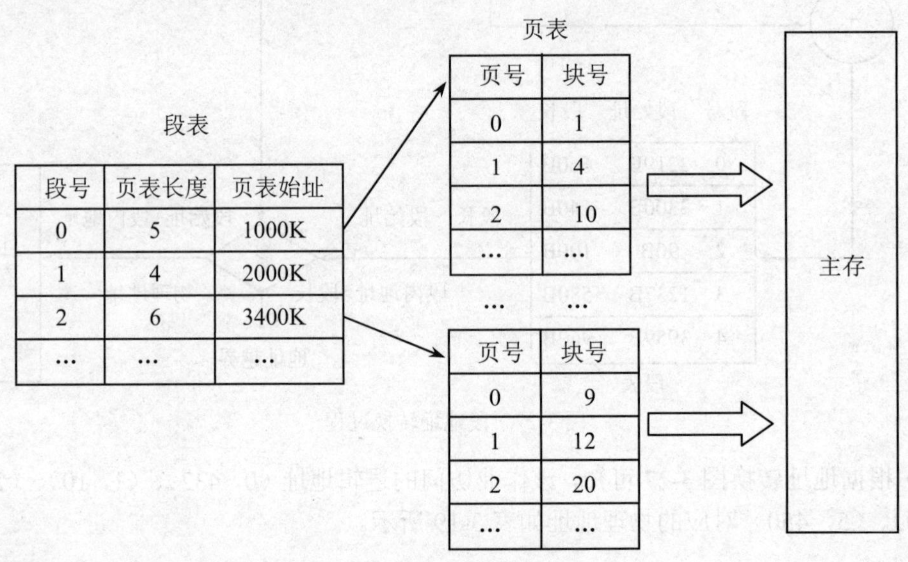

图 3-28　段页式存储管理层次

2. 主存空间的分配和回收

（1）根据程序模块划分作业的段，对每个段再划分若干个页，计算该作业所需的总页数。

（2）用作业的总页数与位示图中的空闲块数进行比较。若大于空闲块数，则不能装入；否则，可以装入。装入时，分别创建页表，最后形成段表。

（3）在主存分配表中，登记该作业段表的始址和段表长度。

当作业运行结束时，根据该作业段表每一条记录所对应的页表，去修改位示图中的标志位和空闲块数，把标志位由“1”改为“0”，空闲块数增加页数大小。最后，删除每段对应的页表及该作业的段表。

3. 地址转换

在段页式存储管理中进行地址转换时，首先利用段号，将它与段表寄存器中的段长进行比较，若大于段长则产生越界中断；否则，利用段表始址和段号在段表中找到相应页表的始址，再利用逻辑地址中的页号，与段表中的页长比较，若页号大于该页表长度，产生越界中断，否则，在页表中找出其对应的块号，再与逻辑地址中的页内地址一起组成物理地址。段页式存储管理的地址转换如图3-29所示。

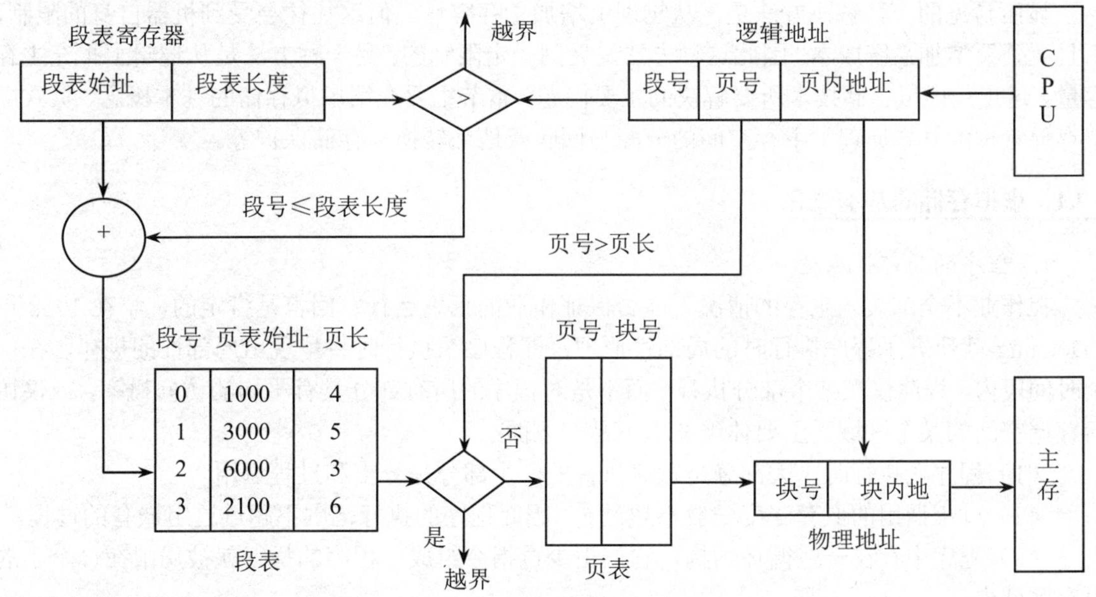

图3-29 段页式存储管理的地址转换

4. 管理特点

（1）根据作业模块把作业分成若干段，再根据页面大小把每一段分成若干页，主存仍然分成与页大小相等的块。分配主存时，把作业的每一段的页分配到主存块中。

（2）这种分配方式既照顾到了用户共享和使用方便的需求，又考虑到主存的利用率，提高了系统的性能。

（3）这种分配方式的空间浪费要比页式管理得多。作业各段的最后一页都有可能浪费一部分空间。另外，段表和页表占用空间，都比页式和段式的多，增加了系统开销。

3.7 虚拟存储管理方式

在前面介绍的各种存储管理方式中，都要求将一个作业全部装入主存方能运行，这样，就必须为作业分配足够的存储空间，否则这个作业是无法运行的。于是，就出现了一些情况：

（1）当把有关作业的全部信息都装入主存储器后，作业执行时实际上不是同时使用全部信息，可能有些部分运行一次以后就不再使用了，甚至有些部分在作业执行的整个过程中都不会被使用到（如错误处理部分）。

（2）有的作业很大，所要求的主存空间超过了主存总容量，作业不能全部被装入主存，致使该作业无法运行。

（3）有大量的作业要求运行，但由于主存容量不足以容纳所有这些作业，只能将少数作业装入主存让它们先运行，而将其他大量的作业留在外存上等待。

显而易见的一种解决方法是，从物理上增加主存容量，但这往往会受到机器自身的限制，而且无疑要增加系统成本，因此这种方法是受到一定限制的；另一种方法是从逻辑上扩充主存容量，这正是虚拟存储技术所要解决的主要问题。本节主要介绍虚拟存储的基本概念、页式虚拟存储管理的基本原理、主存空间的分配与回收及地址转换与存储保护等。

3.7.1 虚拟存储的基本概念

1. 程序的局部性原理

在作业不全部装入主存的情况下能否保证作业的正确运行？回答是肯定的，早在 1968 年 P.Denning 就研究了程序执行时的局部性原理，即程序在执行时将呈现出局部性的规律，在一个时间段内，程序仅在某个部分执行，而不是对程序的所有部分具有平均的访问概率，或仅访问存储空间的某个区域。主要体现在以下几个方面：

（1）程序在执行时，大部分是顺序执行的，少部分是分支和过程调用。

（2）过程调用的嵌套深度一般不超过 5，因此程序的执行范围不超过这组嵌套的过程。

（3）程序中存在一些循环结构，它们由少量指令组成，程序的执行就被局限在一个小的内存区域内。

（4）程序中存在很多对数据结构的操作，如对数组的操作往往局限在较小区域内。

（5）程序中的某些部分不是每次执行都会用到，这些程序不放在主存也不会影响整个程序的执行。如出错处理程序，仅当出现错误或异常时才会用到。

上述种种情况表现为时间局部性和空间局部性，这些现象充分说明，作业执行时没有必要把全部信息同时装入主存储器中，而仅仅只装入一部分即可运行的假设是合理的。在装入部分信息的情况下，只要调度得好，不仅可以正确运行，而且能提高系统效率。这些研究结果为虚拟存储器的实现奠定了基础。

2. 虚拟存储器的定义

基于前面所分析的局部性原理，一个作业在运行之前，没有必要全部装入主存，而仅将那些当前需要运行的那部分页面或段，先装入主存便可启动运行，其余部分暂时留在外存上。程序在运行时如果它所要访问的页（段）已调入主存，便可继续执行下去；但如果程序所要访问的页（段）尚未调入主存（称为缺页或缺段），此时程序应利用操作系统所提供的请求调页（段）功能，将它们调入主存，以使作业能继续执行下去。如果此时主存已满，无法再装入新的页（段），则还需要再利用页（段）的置换功能，将主存中暂时不用的页（段）调出到磁盘上，腾出足够的主存空间后，再将所要访问的页（段）调入主存，使程序继续执行下去。这样，便可使一个大的用户程序在较小的主存空间中运行；也可使主存中同时装入更多的作业并发执行。从用户角度看，该系统所具有的主存容量，将比实际主存容量大得多，人们把这样的存储器称为虚拟存储器。

虚拟存储器是指仅把作业的一部分装入主存便可运行作业的存储器系统。具体地说，虚拟存储器是指具有请求调入功能和置换功能，能从逻辑上对主存容量进行扩充的一种存储器系统。实际上，用户所看到的大容量只是一种感觉，是虚的，故而得名虚拟存储器。

虚拟存储器的容量与主存大小无直接关系，它受限于系统的地址结构及可用的辅存容量大小。虚拟存储器的逻辑（最大）容量是由地址寄存器的位数决定的。虚拟存储器的物理（实际）容量一般为内外存之和，如果其总和不超过地址线的范围，则是内存+外存，否则就是由地址线决定。例如，计算机的主存为128MB，硬盘为40GB，地址寄存器是64位，地址按单字节编址，则虚拟存储器的逻辑（最大）容量是2^{64}B，实际容量为40128MB。

3. 虚拟存储器存储的特点

虚拟存储器具有以下特点：

（1）离散性。离散性是指作业可以采用不连续的方式存放到主存的多个不同区域，这是虚拟存储器的基础。没有离散性，也就不可能实现虚拟存储器。只有采用离散分配方式，且仅在需要调入某部分程序和数据时，才为它申请主存空间，以避免浪费主存空间，也才有可能实现虚拟存储器的功能。

（2）多次性。多次性是指一个作业可以被分成多次调入主存运行，亦即在作业运行时不必将其全部调入，只需将当前要运行的那部分程序和数据装入主存即可，以后运行到哪一部分时再将其调入。

（3）对换性。对换性是指允许在作业的运行过程中换进、换出，亦即在作业运行期间，允许将那些暂不使用的程序和数据，从主存调至外存的对换区（换出），待以后需要时再将它们从外存调至主存（换入）。对换性能有效地提高主存的利用率。

（4）虚拟性。虚拟性是指能够从逻辑上扩充主存容量，使用户所看到的主存容量远大于实际主存容量。这是虚拟存储器所表现出来的最重要的特征，也是实现虚拟存储器的最重要目标。

4. 虚拟存储器的实现方法

虚拟存储器是基于程序局部性原理的一种假想的而不是物理存在的存储器，允许用户程序以逻辑地址来寻址，而不必考虑物理上可获得的主存大小，这种将物理空间和逻辑空间分开编址但又统一管理和使用的技术为用户编程提供了极大方便。此时，用户作业空间称虚拟地址空间，其中的地址称为虚地址。为了实现虚拟存储器，必须解决好以下有关问题：主存辅存统一管理问题、逻辑地址到物理地址的转换问题、部分装入和部分对换问题。目前，虚拟存储管理主要采用以下几种技术来实现：分页式虚拟存储管理、分段式虚拟存储管理和段页式虚拟存储管理。

（1）分页式虚拟存储管理。

分页式虚拟存储管理也称为请求分页式存储管理方式。它是在分页式存储管理基础上增加了请求调页功能和页面置换功能所形成的页式虚拟存储管理系统。它允许只装入部分页面（而非全部程序）的用户程序和数据便可启动运行，以后，再通过调页功能及页面置换功能，陆续地把即将要运行的页面调入主存，同时把暂不运行的页面换出到外存上。置换时以页面为单位。

为了能实现请求调页和置换功能，系统必须提供必要的软硬件支持。主要的硬件支持有请求分页的页标机制、缺页中断机构、地址变换机构。相应的软件有请求分页的软件、实现页面置换的软件。

（2）分段式虚拟存储管理。

它是在分段式存储管理基础上增加了请求调段功能和段置换功能所形成的段式虚拟存储管理系统。它允许只装入部分段（而非所有的段）的用户程序和数据，即可启动运行。以后再通过调段功能和段的置换功能，将暂不运行的段调出，同时调入即将运行的段，置换是以段为单位进行的。为了实现请求分段，系统同样需要必要的硬件支持。

（3）段页式虚拟存储管理。

段页式虚拟存储管理是把段式虚拟存储管理和页式虚拟存储管理的优点结合起来，在请求分页式存储管理的基础上实现请求分段式存储管理的方式。

段页式虚拟存储管理的基本原理为：虚地址以程序的逻辑结构划分成段，这是段页式虚拟存储管理的段式特征。实地址划分成位置固定、大小相等的页框（块），这是段页式虚拟存储管理的页式特征。将每一段的线性地址空间划分成与页框大小相等的页面，于是形成了段页式虚拟存储管理的特征。

本节主要以分页式虚拟存储管理为例来介绍虚拟存储管理的主存分配和回收、地址转换和存储保护等，不再对分段式虚拟存储管理和段页式虚拟存储管理进行介绍，其分配方法请参考有关资料。

3.7.2 分页式虚拟存储管理

1. 基本原理

分页式虚拟存储管理也称为请求分页存储管理方式。它是建立在纯分页基础上的，增加了请求调页功能、页面置换功能所形成的页式虚拟存储管理系统。将作业分页，内存分块，页和块大小相等，只将一部分页放入内存，作业就可以开始运行，当发现要运行的页不在内存时，再将外存的页装入内存，如果内存没有空闲块，必须把一些页置换到外存，再把新页装入，使作业继续运行。

2. 采用的数据结构

虚拟存储器在实现上是有一定难度的，既需要一定的硬件支持，又需要较多的软件支持，但请求分页式虚拟存储管理方式相对容易，因为它换进、换出的基本单位是固定长度的页面。

（1）页表。

页表用来记录作业的分配情况，由于只将应用程序的一部分调入主存，还有一部分仍在磁盘上，故需要在页表中再增加若干项，供程序（数据）在换进、换出时参考。请求分页系统中的页表结构如图 3-30 所示，其中各字段含义如下：

页号	块号	状态位	访问字段	修改位	外存地址

图 3-30　页表项结构

状态位（存在位）：用于指示该页是否已调入主存，供程序访问时参考。其值为“1”表示该页已经在主存中，在块号中填入所装入的块号；其值为“0”表示该页不在主存中，在块号中填入“-1”。

访问字段：用于记录本页在一段时间内被访问的次数，或最近已有多长时间未被访问，提供给置换算法选择换出页面时参考。

修改位：表示该页在调入主存后是否被修改过。由于主存中的每一页都在外存上保留一份副本，因此，若装入主存的页面未被修改，在置换该页时直接将其覆盖即可；若该页被修改过，在置换该页时就需要将其回写到外存，以保证外存中保留的始终是最新副本。

外存地址：用于指出该页在外存上的地址，通常是物理块号，供调入该页时使用。

（2）主存分配表。

主存分配表记录主存中每个作业的作业名、页表始址、页表长度和分配的主存块数。

（3）位示图。

与页式存储管理相同，主存空间的使用情况仍用位示图表示，它包括标志位和空闲块数。标志位表示主存的分配情况，其值为“1”表示该块已分配，其值为“0”表示该块空闲可以分配；空闲块数表示主存中的可用块数。

（4）缺页中断机构。

在分页式虚拟存储管理方式中，当所访问的页在主存时，其地址变换过程与分页存储管理相同；当所访问的页不在主存时，则应先将该页调入主存，再按照与分页存储管理相同的方式进行地址变换。

在分页式虚拟系统中，每当所要访问的页面不在主存时，便要产生一次缺页中断，请求系统将所缺页面调入主存。缺页中断作为中断，它同样需要经历诸如保护 CPU 环境、分析中断原因、转入缺页中断处理程序进行处理、恢复 CPU 环境等几个步骤。

图 3-31 展示了缺页中断的处理过程。当作业要访问某页（如第 i 页）到页表中去查找时，发现该页不在主存，将产生缺页中断。根据页表中指示的位置到磁盘的第 j 块上，把第 i 页调进主存，将其放入第 k 块中，然后修改页表，在“块号”k 中，再重新执行访问 i 页的指令。

缺页中断是一种特殊的中断，它与一般的中断相比有着明显的区别，主要表现在：

1）产生中断的时间不一样。一般中断是在执行完一条指令后，检查中断请求，产生中断。若有，便去响应；否则，继续执行下一条指令。然而，缺页中断是在指令执行期间，发现所要访问的指令或数据不在主存时产生和处理的。即缺页中断是在指令执行过程中产生中断请求。

2）产生中断的次数不一样。一般中断在执行一条指令后只产生一次中断，而缺页中断在一条指令执行期间就可能产生多次中断。基于这些特征，系统中的硬件机构应能保存多次中断时的状态，并保证最后能返回到中断前产生缺页中断的指令处继续执行。

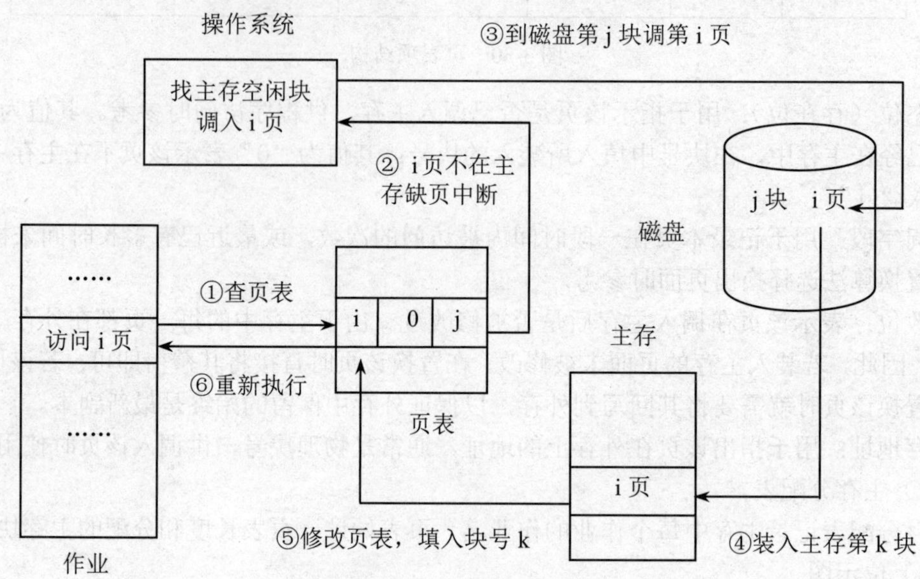

图 3-31 缺页中断的处理过程

分页式虚拟存储管理方式中的存储保护方法与分页式存储管理方式很相似，在此不再赘述。

3. 页面装入和清除策略

页面装入策略决定何时把一个页面装入主存。有两种策略可供选择：请页式调入和预调式调入。

请页式调入是仅当发生缺页中断时，由缺页中断处理程序分配页面，再把所需页面装入主存。当某个进程第一次执行时，开始会有许多缺页中断，随着越来越多的页面装入主存，根据局部性原理，大多数未来访问的程序和数据都在最近被装入主存的页面中，因此，一段时间后，缺页中断就会下降到很低的水平，程序进入相对平稳阶段。这种策略的主要优点是确保只有被访问的页才调入主存，节省主存空间；缺点是开始时缺页中断次数过多，调页系统开销较大，由于每次只调入一页，增加了磁盘 I/O 次数。

预调式调入取进主存的页并不是缺页中断请求的页面，而是由操作系统依据某种算法，动态预测进程可能要访问的页，在使用之前预先调入主存，尽量做到进程在访问页面之前该页已在主存，而且每次调入若干页面，而不是一个页面。由于进程的页面大多数连续存放在辅存，一次调入多个连续的页面能减少磁盘 I/O 启动次数，节省了寻道时间和搜索时间。但是调入的页不一定被使用，这样效率会很低。因此，预调式调入要建立在预测的基础上，目前所用预调页的成功率仅在 50%左右。

页面清除策略是考虑何时把一个修改过的页面写回辅存。常用的两种方法是请页式清除和预约式清除。

请页式清除是仅当一页被选中进行替换，且之前它又被修改过，才把这个页写回辅存。预约式清除是对所有修改过的页面，定时成批地进行回写。两种方法各有优缺点。对于预约式清除，回写的页仍在内存中，如果刚回写了很多页面，在它们被替换之前，其中大部分又被更改，则预约式清除将毫无意义。对于请页式清除，一页只有被替换时才将其写回辅存。由于回写和替换成对出现，进程必须等待两次 I/O 操作，会降低 CPU 的使用效率。

较好的方法是采用页缓冲技术，其策略如下：仅清除淘汰的页面，并使清除操作和替换操作不必成对进行。在页缓冲方式中，淘汰了的页面进入两个队列，即修改页面队列和非修改页面队列。在修改页面队列中的页定时成批回写，并加入到非修改队列；非修改页面队列中的页，当它被再次引用时回收，或者淘汰掉以作替换。

4. 页面分配和置换策略

在请求分页存储管理系统中，为作业分配存储空间时会面临两个问题：①为每个作业分配的物理块，其数目是固定的还是可变的；②对各作业所分配的物理块数，是采取平均分配算法还是根据作业的大小按比例分配等。为此，在存储管理中需要考虑页面分配和页面置换。

在请求分页系统中，可采取两种分配策略，即固定分配和可变分配策略。

固定分配是指分配给作业的内存块数在作业运行期间始终保持不变。当发生缺页时必须有一页被换出。它的缺点是缺乏灵活性。可变分配是指分配给作业的内存块数可变，当操作系统发现进程运行的某一阶段缺页率较高，则多为其分配内存块；反之，则减少分配。可变分配比固定分配性能好，但它必须时刻监视进程的缺页中断率，系统开销较大。

在进行置换时，也可采取两种策略，即全局置换和局部置换。于是可组合出以下三种适用的策略。

（1）固定分配局部置换。基于作业的类型（交互型或批处理型等），或根据程序员、系统管理员的建议，为每个作业分配一固定页数的主存空间，在整个运行期间都不再改变。采用该策略时，如果作业在运行中发生缺页，则只能从该作业在主存的 n 个页面中选出一页换出，然后再调入一页，以保证分配给该作业的主存空间不变。这种策略的困难在于：应为每个作业分配多少个页面的主存难以确定。若太少，会频繁地出现缺页中断，降低了系统的吞吐量；若太多，又必然使主存中驻留的作业数目减少，进而可能造成 CPU 空闲或其他资源空闲的情况，而且在实现作业对换时，会花费更多的时间。

在采用固定分配策略时，如何将系统中可供分配的所有物理块分配给各个作业，可采取下述几种方法：

1）平均分配算法。这是将系统中所有可供分配的物理块平均分配给各个作业。例如，当系统中有 100 个物理块，有 5 个作业在运行时，每个作业可分得 20 个物理块。这种方式貌似公平，但实际上是不公平的。因为它并未考虑到各作业本身的大小，如有一个作业的大小为 200 页，只分配给它 20 个块，这样必将会有很高的缺页率；而另一个作业只有 10 页，却有 10

个块在闲置未用。

2）按比例分配算法。这是根据作业的大小按比例分配物理块。计算公式为：（作业页面数/作业总页面数）×物理总块数。

3）优先权分配算法。在实际应用中，为了照顾到重要的、紧迫的作业能尽快地完成，应为它分配较多的主存空间。

通常采取的方法是把主存中可供分配的所有物理块分成两部分：一部分按比例分配给各作业；另一部分则根据各作业的优先权，适当地增加其相应份额后分配给各作业。在重要的实时控制系统中，是按优先级为各作业分配物理块的。

（2）可变分配全局置换。这可能是最易于实现的一种页面分配和置换策略，已用于若干个操作系统中。在采用这种策略时，先为系统中的每个作业分配一定数目的物理块，而操作系统自身也保持一个空闲物理块队列。当某作业发生缺页时，由系统从空闲物理块队列中取出一物理块分配给该作业，并将欲调入的缺页装入其中。这样，凡产生缺页的作业，都将获得新物理块。仅当空闲物理块队列中的物理块用完时，操作系统才从主存中选择一页调出，该页可能是系统中任一作业的页，这样，自然又会使那个作业的物理块减少，进而使其缺页率增加。

（3）可变分配局部置换。同样基于作业的类型或根据程序员的要求，为每个作业分配一定数目的主存空间。当某作业发生缺页时，只允许从该作业在主存的页面中选出一页换出，这样就不会影响其他作业的运行。如果作业在运行中频繁地发生缺页中断，则系统需要再为该作业分配若干附加的物理块，直至该作业的缺页率降低到适当程度为止；反之，若一个作业在运行过程中的缺页率特别低，可适当减少分配给该作业的物理块，但不应引起其缺页率的明显增加。

5. 页面置换算法

实现虚拟存储管理能给用户提供一个容量很大的存储器，但当主存空间已装满而又要装入新页时，必须按一定的算法把已在主存中的一些页调换出去，这个工作叫做页面置换。页面置换算法就是用来确定应该淘汰哪些页的算法，也称淘汰算法。算法的选择是很重要的，选用了一个不适合的算法，就会出现这样的现象：刚被淘汰的页面又立即要用，因而又要把它调入，而调入不久再被淘汰，淘汰不久再被调入。如此反复，使得整个系统的页面调度非常频繁，以至于大部时间都花在来回调度页面上。这种现象称为“抖动”（Thrashing）现象，一个好的调度算法应减少和避免抖动现象的发生。

从理论上讲，应将那些以后不再被访问的页面换出，或把那些在较长时间内不再访问的页面换出。

（1）最佳置换算法（OPTimal replacement algorithm，OPT）。

从主存中移出永远不再访问的页，若无这样的页，则移出最长时间不需要访问的页。该算法只具有理论意义。因为它要求必须预先知道每一个作业的访问串，因而不能实现。可用作性能评价的依据。如系统为某进程分配了 3 个物理块，进程运行的页面走向为 7、0、1、2、0、3、0、4、2、3、0、3、2、1、2、0、1、7、0、1。开始时 3 个物理块均为空闲，采用最佳置换算法时的页面置换情况如表 3-20 所示。

表 3-20 最佳置换算法

访问顺序	7	0	1	2	0	3	0	4	2	3	0	3	2	1	2	0	1	7	0	1
物理块	7	7	7	2	2	2	2	2	2	2	2	2	2	2	2	2	2	7	7	7
		0	0	0	0	0	0	4	4	4	0	0	0	0	0	0	0	0	0	0
			1	1	1	3	3	3	3	3	3	3	3	1	1	1	1	1	1	1
缺页	1	2	3	4		5		6			7			8				9		

可以看出，发生了 9 次缺页中断，缺页率为 9/20=45%。

（2）先进先出置换算法（First-In First-Out algorithm，FIFO）。

该算法总是淘汰最早进入主存的那个页面。因为，最早进入的页面，其不再使用的可能性比最近调入的页面要大。先进先出置换算法实现简单，只要把各调入主存的页按其进入主存的先后顺序排成一个队列即可，总是淘汰队首的那一页。

先进先出置换算法的不足是它所依据的理由不是普遍成立的。那些在主存中驻留很久的页，往往是被经常访问的页，如主程序、常用子程序、循环等，结果这些常用的页都被淘汰调出，而可能又需要立即调回主存。

设某个作业执行时，进程运行的页面走向为 1、2、3、4、1、2、5、1、2、3、4、5。采用先进先出页面置换算法。如果分配给进程的物理块数为 3 时，页面置换情况如表 3-21 所示。

表 3-21 物理块数为 3 时的页面置换情况

访问顺序	1	2	3	4	1	2	5	1	2	3	4	5
物理块	1	1	1	4	4	4	5	5	5	5	5	5
		2	2	2	1	1	1	1	1	3	3	3
			3	3	3	2	2	2	2	2	4	4
缺页	1	2	3	4	5	6	7			8	9	

如果分配给进程的物理块数为 4 时，页面置换情况如表 3-22 所示。

表 3-22 物理块数为 4 时的页面置换情况

访问顺序	1	2	3	4	1	2	5	1	2	3	4	5
物理块	1	1	1	1	1	1	5	5	5	5	4	4
		2	2	2	2	2	2	1	1	1	1	5
			3	3	3	3	3	3	2	2	2	2
				4	4	4	4	4	4	3	3	3
缺页	1	2	3	4			5	6	7	8	9	10

可以看出，分配给进程的物理块数为 3 时，产生的缺页数为 9。分配给进程的物理块数为 4 时，产生的缺页数为 10。

（3）最近最久未使用算法（Least Recently Used algorithm，LRU）。

该算法选择在最近一段时间内最久没有使用过的页，把它淘汰掉。它依据的是程序局部性原理，即如果某页被访问，它可能马上还要被访问；相反，如果某页长时间未被访问，它再被访问的可能性不大。

最近最久未使用算法是利用一个特殊的栈来保存当前使用的各个页的页号。每当访问某页时，考察栈内是否有与此相同的页号，若有则将该页的页号从栈中抽出，再将它压入栈顶。因此，栈顶始终是最新被访问页面的编号，而栈底则是最近最久未使用页面的编号。淘汰一页时，总是从栈底抽出一个页号。

最近最久未使用算法（LRU）的近似算法是指在页表中设置一个引用位，当某一页被访问时，由硬件把其引用位置为“1”，由操作系统选择一个周期 T，每隔一个周期 T，就把引用位清“0”。在时间 T 内，被访问过的页的引用位为“1”，没有被访问的页的引用位为“0”。因此，产生缺页中断时，可以从引用位为“0”的页中选择一页调出，同时把所有引用位置“0”。这种算法的关键是周期 T 的选择。例如，系统为某进程分配了 3 个物理块，进程运行的页面访问顺序为 4、3、0、4、1、1、2、3、2。页面置换情况如表 3-23 所示。可以看出，产生的缺页数为 6。

表 3-23　采用 LRU 的页面置换情况

访问顺序	4	3	0	4	1	1	2	3	2
物理块			0	4	1	1	2	3	2
		3	3	0	4	4	1	2	3
	4	4	4	3	0	0	4	1	1
应该淘汰的页面	4	4	4	3	0	0	4	1	1
缺页	1	2	3		4		5	6	

（4）时钟算法（Clock）。

时钟算法也称为最近未使用算法（Not Recently Used，NRU），该算法采用循环队列机制构造页面队列，形成一个类似于钟表面的环形表，指针指向可能要淘汰的页面。需要为每页设置一个“访问位”R，若该页被访问，则置 R 为 1，总是淘汰那些 R 为 0 的页。当需要进行页面置换时：

1）指针扫描循环队列，遇到 R=1 的页，置 R=0，指针下移。遇到 R=0 的页，将其淘汰，插入新页，置 R=1。指针推进一步。

2）如果所有页面的 R=1，则指针会循环一周，停在起始位置，并淘汰这一页，插入新页，置 R=1。指针推进一步。

时钟算法实现比较简单，但是它只考虑到页面被访问的情况，而在实际应用中，还需要考虑页面在内存期间是否被修改过。如果该页被修改过，换出时需要回写到磁盘，如果该页未修改，换出时就不必回写。显然，换出时首选未修改过的页面。考虑到这一因素，将时钟算法进行了改进。

在改进的时钟算法中，为每页增设了一个修改位 M，若该页在主存中修改过，则置 M 为 1，若没修改过，则置为 0。这样，置换页面选择的顺序是：①R＝0，M＝0，该页既未引用过，也未修改过；②R＝0，M＝1，该页未引用过，但被修改过。

改进后的时钟算法执行过程如下：

1）指针扫描循环队列，扫描过程中不改变引用位，首先找 R＝0 且 M＝0 的页置换，置换后，把新页 R 置 1，指针推进一步。

2）如果没有找到，则找 R＝0，M＝1 的页置换，置换前先进行回写，置换后，把新页 R 置 1，扫描过程中把 R 置 0。

3）进行第 3 轮扫描，此时，所有页的 R=0，再回到第 1）步。

这种改进的页面置换算法，减少了 I/O 操作的次数，提高了系统效率，但增加了扫描次数，系统开销有所增加。

6. 管理特点

（1）采用虚拟存储管理方式，要运行的作业可以不必全部装入主存，先装入一些必需的页，运行时再装入所需要的页，作业的地址空间不再受实际主存大小的限制，因而可将较大的程序运行在较小的内存空间中。

（2）与全部装入主存的存储管理方式相比，虚拟存储管理方式可以节省主存空间，增加并发执行的作业个数，提高系统资源的利用率。

（3）采用了动态地址变换机构，增加了计算机成本，降低了处理机的速度。

（4）因为缺页中断的处理，机器成本增加，系统开销加大。

3.7.3 分页式虚拟存储管理例题

【例 3-8】在一个分页式虚拟存储管理的系统中，一个程序的页面访问顺序为 6、0、1、2、0、3、0、4、2、3，分别采用最佳置换算法、先进先出置换算法和最近最久未使用算法，完成下列要求。设分配给该程序的存储块数 M=3，每调进一个新页就发生一次缺页中断。

（1）试完成表 3-24，并求缺页中断次数 F 和缺页率 f。

表 3-24 例 3-8 表

访问顺序	6	0	1	2	0	3	0	4	2	3
M=3										
缺页										

【解】

（1）采用最佳置换算法（见表 3-25）

表 3-25　OPT 算法求解过程

访问顺序	6	0	1	2	0	3	0	4	2	3
M=3	6	6	6	2	2	2	2	2	2	2
		0	0	0	0	0	0	4	4	4
			1	1	1	3	3	3	3	3
缺页	1	2	3	4		5		6		

缺页中断次数 F=6，缺页率 f=6/10=60%。

（2）采用先进先出置换算法（见表 3-26）

表 3-26　FIFO 算法求解过程

访问顺序	6	0	1	2	0	3	0	4	2	3
M=3 (队)	6	6	6	0	0	1	2	3	0	4
		0	0	1	1	2	3	0	4	2
			1	2	2	3	0	4	2	3
缺页	1	2	3	4		5	6	7	8	9

缺页中断次数 F=9，缺页率 f=9/10=90%。

（3）采用最近最久未使用算法（见表 3-27）

表 3-27　LRU 算法求解过程

访问顺序	6	0	1	2	0	3	0	4	2	3
M=3 (栈)			1	2	0	3	0	4	2	3
		0	0	1	2	0	3	0	4	2
	6	6	6	0	1	2	2	3	0	4
缺页	1	2	3	4		5		6	7	8

缺页中断次数 F=8，缺页率 f=8/10=80%。

【例 3-9】在一个分页式虚拟存储管理系统中，假定作业的页面走向为 2、3、2、1、5、2、4、5、3、2、5、2。试用先进先出置换算法，分别计算出当系统分配给一个作业的物理块数为 2、3、4 时，程序访问过程中所发生的缺页次数，并说明是什么问题。

【解】

（1）当物理块数为 2 时，按先进先出置换算法的缺页次数为 10 次，如表 3-28 所示。

表 3-28　物理块数为 2 求解过程

访问顺序	2	3	2	1	5	2	4	5	3	2	5	2
M=2 (队)	2	2	2	3	1	5	2	4	5	3	2	2
		3	3	1	5	2	4	5	3	2	5	5
缺页	1	2		3	4	5	6	7	8	9	10	

（2）物理块数为 3 时，按先进先出置换算法的缺页次数为 9 次，如表 3-29 所示。

表 3-29　物理块数为 3 求解过程

访问顺序	2	3	2	1	5	2	4	5	3	2	5	2
M=3 (队)	2	2	2	2	3	1	5	5	2	2	4	3
		3	3	3	1	5	2	2	4	4	3	5
				1	5	2	4	4	3	3	5	2
缺页	1	2		3	4	5	6		7		8	9

（3）物理块数为 4 时，按先进先出置换算法的缺页次数为 6 次，如表 3-30 所示。

表 3-30　物理块数为 4 求解过程

访问顺序	2	3	2	1	5	2	4	5	3	2	5	2
M=4 (队)	2	2	2	2	2	2	3	3	3	1	1	1
		3	3	3	3	3	1	1	1	5	5	5
				1	1	1	5	5	5	4	4	4
					5	5	4	4	4	2	2	2
缺页	1	2		3	4		5			6		

这说明了随着分配给作业的物理块数的增大，作业的缺页次数在减少。

【例 3-10】在一个分页式虚拟存储管理系统中，主存容量为 1MB，被划分为 256 块，每块为 4KB。现有一作业，它的页表如表 3-31 所示，请计算：

（1）若给定一逻辑地址为 9016，其物理地址为多少？

（2）若给定一逻辑地址为 12300，给出其物理地址的计算过程。

表 3-31　例 3-10 页表

页号	块号	状态
0	24	1
1	26	1
2	32	1
3	–1	0
4	–1	0

【解】

（1）逻辑地址为 9016 时，因为 9016/4096 商为 2，余数为 824，所以页号为 2，页内地址为 824。

从页表中可知，该页被装入主存的第 32 块，所以，其物理地址为：

$$32\times4\times1024+824=131896$$

（2）根据（1）可知，12300/4096 商为 3，余数为 12，即页号为 3，页内地址为 12。由页表可知，该页在辅存中，产生缺页中断，中断处理程序将该页从外存装入主存相应的块中，把块号填入页表中，再进行地址转换。

本章小结

存储器管理的主要任务是分配存储器，主要目的是提高存储器的使用效率。它的主要功能有存储器的分配与回收、地址转换与保护、主存的扩充。

通过本章的学习，读者应熟悉和掌握以下基本概念：

逻辑地址、物理地址、地址转换、“碎片”、移动技术、对换技术。

通过本章的学习，读者应熟悉和掌握以下基本知识：

（1）连续存储管理方式。用户作业运行前必须全部装入主存，并且放在一个连续的主存空间里。具体有单用户连续存储管理、固定分区存储管理和可变分区存储管理三种方式。

（2）非连续存储管理方式。用户作业运行前必须全部装入主存，但可以不放在一个连续的主存空间里。具体有分页式存储管理、分段式存储管理和段页式存储管理三种方式。

（3）虚拟存储管理方式。用户作业运行前不必全部装入主存，也不必放在一个连续的主存空间里，使小主存可运行大作业。

（4）存储管理的学习要点。首先，明确主存空间的使用情况和作业的分配情况，即采用的数据结构；其次，根据该数据结构，完成主存空间的分配与回收、地址转换与存储保护等。

习题 3

一、单项选择题

1．把作业地址空间中使用的逻辑地址变成主存中使用的物理地址称为（　　）。

A）加载　　B）地址转换　　C）物理化　　D）逻辑化

2．在可变分区管理方式中，最优适应算法是将空闲分区在空闲分区表中按（　　）次序排列。

A）地址递增　　B）地址递减　　C）容量递增　　D）容量递减

3．在可变分区存储管理方式中的移动技术可以（　　）。

A）集中空闲区　　B）增加主存容量

C）缩短访问时间　　D）加速地址转换

4．在固定分区分配中，每个分区的大小（　　）。

A）相同　　B）随作业长度变化

C）可以不同但预先固定　　D）可以不同但根据作业长度固定

5．采用固定分区方式分配主存的最大缺点是（　　）。

A）不利于存储保护　　B）分配算法复杂

C）主存利用率不高　　　　　　　　D）零头太多

6．在下列存储管理方案中，可用上、下限地址寄存器实现存储保护的是（　）。

A）固定分区存储管理　　　　　　　B）段页式存储管理

C）分段式存储管理　　　　　　　　D）分页式存储管理

7．在以下存储管理方案中，不适用于多道程序设计系统的是（　）。

A）单用户连续分配　　　　　　　　B）固定分区分配

C）可变分区分配　　　　　　　　　D）分页式存储管理

8．在可变式分区分配方案中，某一作业完成后，系统收回其主存空间，并与相邻空闲区合并，为此需修改空闲区表，造成空闲区数减1的情况是（　）。

A）无上邻空闲区，也无下邻空闲区　B）有上邻空闲区，但无下邻空闲区

C）无上邻空闲区，但有下邻空闲区　D）有上邻空闲区，也有下邻空闲区

9．最坏适应算法的空闲分区是（　）。

A）按空间递减顺序排列的　　　　　B）按空间递增顺序排列的

C）按地址由小到大排列的　　　　　D）按地址由大到小排列的

10．在分页系统环境下，程序员编制的程序，其地址空间是连续的，分页是由（　）完成的。

A）程序员　　B）编译地址　　C）用户　　D）系统

11．在存储管理中，采用交换技术的目的是（　）。

A）节省主存空间　　　　　　　　　B）物理上扩充主存容量

C）提高CPU的利用率　　　　　　　D）实现主存共享

12．动态重定位技术依赖于（　）。

A）重定位装入程序　　　　　　　　B）重定位寄存器

C）地址机构　　　　　　　　　　　D）目标程序

13．联想寄存器在计算机系统中是用于（　）的。

A）存储文件信息　　　　　　　　　B）与主存交换信息

C）主存地址变换　　　　　　　　　D）主存管理信息

14．在采用分段式存储管理的系统中，若地址用24位表示，其中8位表示段号，则允许每段的最大长度是（　）。

A）2^{24}　　B）2^{16}　　C）2^{8}　　D）2^{32}

15．很好地解决了“碎片”问题的存储管理方式是（　）。

A）分页式存储管理　　　　　　　　B）分段式存储管理

C）多重分区管理　　　　　　　　　D）可变式分区管理

16．虚拟存储器的最大容量是（　）。

A）为内外存容量之和　　　　　　　B）由计算机的地址结构决定的

C）是任意的　　　　　　　　　　　D）由作业的地址空间决定的

17．在虚拟存储器系统中，若作业在主存中占 3 块（开始时为空），采用先进先出置换算法，当执行访问页号序列为 1、2、3、4、1、2、5、1、2、3、4、5、6 时，将产生（　）次缺页中断。

A）7　　B）8　　C）9　　D）10

18．系统“抖动”现象的发生是由（　）引起的。

A）置换算法选择不当　　B）交换的信息量过大

C）主存容量不足　　D）请求分页式存储管理方案

19．虚拟存储管理系统的基础是程序的（　）理论。

A）局部性　　B）全局性　　C）动态性　　D）虚拟性

20．设主存的容量为 8MB，辅存的容量为 50MB，计算机地址寄存器是 24 位，则虚拟存储器的实际容量为（　）。

A）8MB　　B）2^{24}B　　C）50MB　　D）58MB

二、填空题

1．把作业装入主存中随即进行地址变换的方式称为________，而在作业执行期间，当访问到指令或数据时才进行地址转换的方式称为________。

2．可变分区存储管理中，为了提高主存空间的利用率，可以采用________技术来合并空闲区。

3．在分页式存储管理系统中，利用页表、________和________实现主存的管理。

4．设有 8 页的逻辑空间，每页有 1KB，它们被映射到 32 块的物理存储区中。那么，逻辑地址的有效位是________位，物理地址至少是________位。

5．设一段表如表 3-32 所示。逻辑地址（2，88）对应的物理地址是________。逻辑地址（4，100）对应的物理地址是________。

表 3-32　段表

段号	段始址	大小
0	219	600B
1	2300	14B
2	90	100B
3	1327	580B
4	2952	96B

6．在页式和段式管理中，指令的地址部分结构形式分别为________和________。

7．在段页式存储管理系统中，每道程序都有一个________表和一组________表。

8．在分页式虚拟存储管理系统中，反复进行入页和出页的现象称为________。

9．在分页式虚拟存储管理系统中，常用的页面置换算法是________和________。

10．在虚拟存储管理中，虚拟地址空间是指逻辑地址空间，实地址空间是指________；前者的大小只受________限制，而后者的大小受________的限制。

三、判断题

（　）1．在可变分区管理方式中，会出现许多碎片，这些碎片很小时，将无法使用，尤其是采用最优适应算法就更为严重。

（　）2．每个作业都有自己的地址空间，地址空间中的地址都是相对于起始地址“0”单元的，因此逻辑地址就是相对地址。

（　）3．按最先适应算法分配的分区，一定与作业要求的容量大小最接近。

（　）4．页表的作用是实现逻辑地址到物理地址的映像。

（　）5．在分页式存储管理中，减少页面大小，可以减少主存的浪费。所以页面越小越好。

（　）6．分页式存储管理方案易于实现用户使用主存空间的动态扩充。

（　）7．一个虚拟的存储器，其逻辑地址空间的大小等于辅存的容量加上主存的容量。

（　）8．对于分页式虚拟存储管理系统，若把页面的大小增加一倍，则缺页中断次数会减少一半。

（　）9．虚拟存储思想是把作业地址空间和主存空间视为两个不同的地址空间，前者称为虚存，后者称为实存。

（　）10．在分页式虚拟存储管理系统中，页面的大小与可能产生的缺页中断次数无关。

四、名词解释题

1．移动

2．碎片

3．快表

4．抖动

5．虚拟存储器

五、简答题

1．常用的主存保护方法有哪些？其特点是什么？

2．分段式存储管理和分页式存储管理的区别是什么？

3．分页式虚拟存储管理的缺页中断率是什么？影响缺页中断率的因素有哪些？

4．简述常用的页面调度算法。

5．为实现分页式虚拟存储管理，页表中至少应包括哪些内容？

六、应用题

1．主存大小为512KB，前100KB为系统区，其余的空间为用户区。采用固定分区管理，划分为四个分区，分区分配表如表3-33所示。各分区的初始状态为“0”，表示可用。现有一个作业申请队列J1、J2、J3、J4、J5，大小为80KB、60KB、30KB、120KB、80KB，按固定分区分配主存空间后，试修改分区分配表，并画出主存空间作业的分配示意图，说明主存空间浪费有多大。

表3-33　分区分配表

序号	始址	大小	状态
0	100K	70KB	0
1	170K	130KB	0
2	300K	80KB	0
3	380K	132KB	0

2．假设主存用户区大小为200MB，作业的大小为100KB，页面大小为4KB，采用分页式存储管理方式管理主存，请计算位示图和页表的大小。

3．在分页式存储管理方式下，若用户区的起始地址为2000，页面大小为4KB，已装入主存的作业的页表如表3-34所示。

表3-34　页表

页号	块号
0	2
1	6
2	12
3	20
4	27

请计算下列逻辑地址所对应的物理地址：2872、18702、20837。

4．某个采用分段式存储管理的系统为装入主存的一个作业建立了段表如表3-35所示，计算该作业访问主存地址（0，337）、（1，100）、（2，200）、（3，550）、（4，850）时的物理地址。

表3-35　段表

段号	段始址	大小
0	2110	630B
1	3500	140B
2	190	100B
3	1200	520B
4	3900	970B

5. 一个矩阵 a[100][100]以行为先进行存储。有一个虚存系统，物理主存共有三页，其中一页用来存放程序，其余两页用来存放数据。假设程序已在主存中占有一页，其余两页为空。

程序 A：
```
for(i=0;i<100;i++)
    for(j=0;j<100;j++)
        a[i][j]=0;
```
程序 B：
```
for(i=0;i<100;i++)
    for(j=0;j<100;j++)
        a[j][i]=0;
```
若每页可放 200 个数据，程序 A 和程序 B 的执行过程各会发生多少次缺页中断？若每页只能存放 100 个数据呢？以上说明了什么问题？

6. 在一个分页式虚拟存储管理系统中，一个程序的页面走向为 4、3、2、1、4、3、5、4、3、2、1、5。利用最近最久未使用算法：

（1）当分配给程序 4 个存储块时，求出程序的页面中断的次数。

（2）当分配给程序 3 个存储块时，求出程序的页面中断的次数。

（3）以上结果说明了什么问题？

7. 在一个分页式虚拟存储管理系统中，一个程序的页面走向为 2、4、1、2、5、0、6、3、0、4、2、3，设分配给该程序的存储块数 M=3，每调进一个新页就发生一次缺页中断。分别采用最佳置换算法、先进先出置换算法和最近最久未使用算法时，求缺页的次数和缺页中断率。

8. 在一个分页式虚拟存储管理系统中，主存容量为 1MB，被划分为 256 块，每块为 4KB。现有一作业，它的页表如表 3-36 所示。

表 3-36 某段表

页号	块号	状态
0	24	1
1	26	1
2	32	1
3	-1	0
4	-1	0

（1）若给定一逻辑地址为 9016，其物理地址为多少？

（2）若给定一逻辑地址为 12300，试给出其物理地址的计算过程。

9. 设作业的虚拟地址为 24 位，其中高 8 位为段号，低 16 位为段内相对地址。试问：

（1）一个作业最多可以有多少段？

（2）每段的最大长度为多少字节？

（3）某分段式存储管理采用如表 3-37 所示的段表，试计算（0，430）、（1，50）、（2，30）、（3，70）的主存地址。

表 3-37　段表

段号	大小	段始址	是否在主存
0	600B	2100	1
1	40B	2800	1
2	100B		0
3	80B	4000	1

4 设备管理

本章主要内容

- 设备管理概述
- 输入输出系统
- 设备分配与回收
- 设备处理
- 设备管理采用的技术

本章教学目标

- 熟悉设备管理的主要功能
- 掌握输入输出控制的三种方式
- 掌握缓冲技术和 SPOOLing 技术
- 掌握设备的分配
- 熟悉设备的处理

4.1 设备管理概述

设备是指计算机系统中的外部设备，它包括外存、输入设备和输出设备（I/O 设备）。外存的管理和使用，请参考第 5 章“文件管理”。本章主要介绍输入设备和输出设备的管理。设备管理的主要任务是完成用户提出的输入输出请求，为用户分配输入输出设备，提高 CPU 与输入输出设备的利用率，提高输入输出设备的速度，方便用户使用输入输出设备。本节主要介绍设备管理的任务、设备管理的主要功能和设备的分类。

4.1.1 设备管理的主要功能

设备管理的主要功能有缓冲管理、设备分配与回收、设备处理和虚拟设备等。缓冲管理的任务是管理好各种类型的缓冲区，协调各类设备的工作速度，提高系统的使用效率。它通过单缓冲区、双缓冲区或缓冲池等机制来实现。设备分配与回收的任务是根据用户提出的输入输出请求，为其分配需要的设备，用户使用完后，回收分配的设备。它通过设备控制表、控制器控制表、通道控制表和系统设备表记录设备的使用情况，实现设备的分配与回收。设备处理的任务是实现 CPU 和设备控制器之间的通信，它通过相应的设备处理程序来实现。虚拟设备的功能是把每次只允许一个进程使用的物理设备，改造为能同时供多个进程共享的设备。

4.1.2 设备的分类

计算机系统配有各种各样的设备，常见的有显示器、键盘、磁盘、光驱、打印机、绘图仪、鼠标、音箱、话筒等。可以从设备的从属关系、操作特性、设备共享属性或信息交换单位对外部设备进行分类。

1. 按设备的从属关系分类

按设备的从属关系可以把设备分为系统设备和用户设备。系统设备是指操作系统生成时已经登记在操作系统中的标准设备，如键盘、显示器、打印机等。用户设备是指操作系统生成时未登记在操作系统中的非标准设备，如绘图仪、扫描仪等。

2. 按操作特性分类

按操作特性可以把设备分为存储设备和输入输出设备。存储设备是指用来存放信息的设备，如磁盘、磁带等。输入输出设备是指向 CPU 传输信息和输出加工处理信息的设备，如键盘、显示器、打印机等。

3. 按设备共享属性分类

按设备共享属性可以把设备分为独享设备、共享设备和虚拟设备。独享设备是指在一段时间内只允许一个进程访问的设备。系统一旦把这种设备分配给一个进程后，便由该进程独占，直到用完释放其他进程才能使用。多数低速设备都属于此类设备，如打印机。共享设备是指在一段时间内允许多个进程访问的设备，如磁盘。虚拟设备是指通过虚拟技术将一台独占设备变换为若干台逻辑设备，供若干个进程同时使用的设备，如虚拟打印机。

4. 按信息交换单位分类

按信息交换单位可以把设备分为块设备和字符设备。块设备是指处理信息的基本单位是字符块。一般块的大小为 512B～4KB，如磁盘、磁带等。字符设备是指处理信息的基本单位是字符，如键盘、显示器、打印机等。

4.2 输入输出系统

输入输出系统是设备管理的主要对象，要想熟悉设备管理，就必须首先了解输入输出系统。本节主要介绍输入输出系统的结构、输入输出设备控制器、输入输出通道和输入输出系统的控制方式。

4.2.1 输入输出系统的结构

对于不同规模的计算机系统，其输入输出系统的结构也有差异。通常把输入输出系统的结构分成两大类：微机输入输出系统和主机输入输出系统。

1. 微机输入输出系统

微机输入输出系统一般采用总线输入输出系统结构，如图 4-1 所示。

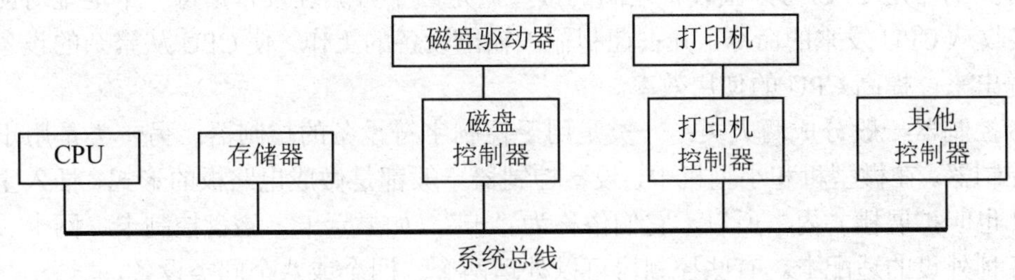

图 4-1 总线型输入输出系统结构

从图 4-1 中可以看出，CPU 和主存是直接连接到总线上的。输入输出设备是通过设备控制器连接到总线上。CPU 并不直接与输入输出设备进行通信，而是与设备控制器进行通信，并通过它去控制相应的设备。因此，设备控制器是处理器和设备之间的接口。应根据设备的类型，给设备配置与之相应的控制器，如磁盘控制器、打印机控制器等。

2. 主机输入输出系统

当主机所配置的输入输出设备较多时，特别是配有较多的高速外设时，采用总线型输入输出系统结构会加重 CPU 与总线的负担。因此，在这样的输入输出系统中不宜采用单总线结构，而是增加一级输入输出通道。引入通道的目的是建立独立的 I/O 操作，使得不仅数据传输独立于 CPU，数据的传输控制也尽量独立于 CPU。引入通道后，CPU 只需向通道发送一条 I/O 指令，其他工作都由通道完成，通道工作结束后才向 CPU 发一个中断信号。具有通道的输入输出系统结构如图 4-2 所示。

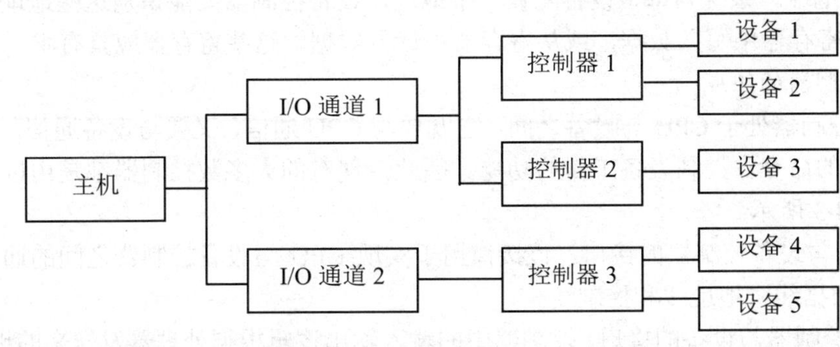

图 4-2 具有通道的输入输出系统结构

其中，输入输出系统共分为 4 级：最低级为输入输出设备，次低级为设备控制器，次高级为输入输出通道，最高级为主机。一个通道可以控制一个设备控制器或多个设备控制器，而一个设备控制器也可以控制一个设备或多个设备。

4.2.2 设备控制器

1．设备控制器的概念

设备控制器是 CPU 与外围设备之间的接口，是一个可编址设备，每一个地址对应一个设备。它接收从 CPU 发来的命令，并去控制输入输出设备的工作，使 CPU 从繁杂的设备控制事务中解脱出来，提高 CPU 的使用效率。

设备控制器一般分成两大类：一类是用于控制字符设备的控制器；另一类是用于控制块设备的控制器。在微型机和小型机中，设备控制器一般都是做成电路板的形式，插入主板的总线插槽（也叫扩展槽）内。所以，它们俗称为“卡”，如显示卡、磁盘控制卡、网卡、声卡以及其他各种外设的适配卡。有些控制器可以处理两个、四个或八个同类设备。

2．设备控制器的功能

设备控制器实现设备与 CPU 的通信，一般具有以下功能：

（1）接收和识别命令。接收和识别由 CPU 发送来的各种命令，并对这些命令进行译码。为此，在控制器中应设置相应的控制寄存器，用来存放接收的命令和参数，并对所接收的命令进行译码。

（2）交换数据。实现 CPU 与控制器、控制器与设备之间的数据交换。对于前者，是通过数据总线，由 CPU 并行地把数据写入控制器，或从控制器中并行地读出数据；对于后者是设备将数据输入到控制器，或从控制器传送给设备。为此，在控制器中需要设置数据寄存器。

（3）了解和报告设备状态。在控制器中应设立一个状态寄存器用于记录设备的各种状态，以供 CPU 使用。例如，仅当该设备处于发送就绪状态时，CPU 才能启动控制器从设备中读出数据。为此，在控制器中应设置一个状态寄存器，用其中的每一位来反映设备的某一种状态。当 CPU 将该寄存器的内容读入后，便可以了解该设备的状态。

（4）识别地址。系统为每个设备配置一个地址，设备控制器要能识别这些地址。此外，为使 CPU 能向寄存器中写入数据，或从寄存器中读取数据，这些寄存器应具有唯一的地址。

3．设备控制器的组成

由于设备控制器处于 CPU 与设备之间，它既要与 CPU 通信，又要与设备通信，还应具有按照 CPU 发来的命令去控制设备工作的功能。因此，现有的大多数控制器都是由以下三部分组成的，如图 4-3 所示。

（1）CPU 与设备控制器的接口。该接口用于实现 CPU 与设备控制器之间的通信。共有三类信号线：数据线、地址线和控制线。

（2）设备控制器与设备的接口。控制器中的输入输出逻辑根据处理器发送来的地址信号，选择一个设备接口。一个设备接口连接一台设备。

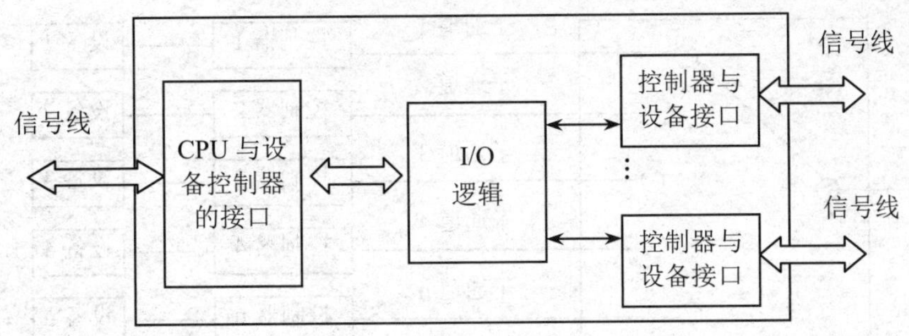

图4-3 设备控制器的组成

（3）输入输出逻辑。输入输出逻辑用于实现对输入输出设备的控制。它通过一组控制线与处理器交互，处理器利用该逻辑向控制器发送输入输出命令；输入输出逻辑对收到的命令进行译码。每当CPU要启动一个设备时，一方面将启动命令发送给控制器，另一方面又同时通过地址线把地址发送给控制器，由控制器的输入输出逻辑对收到的地址进行译码，再根据译出的命令对选择的设备进行控制。

4.2.3 输入输出通道

1. 输入输出通道的概念

输入输出通道是独立于CPU的专门负责输入输出工作的处理器。它控制设备与内存直接进行数据交换，中央处理器可以做相应的计算操作，从而使系统获得CPU与外设的并行处理能力。通道有自己的指令系统（包含数据传送指令和设备控制指令），能按照指定的要求独立地完成输入输出操作。但I/O通道又与一般处理机不同，主要表现在两个方面：一方面是其指令类型单一，所能执行的指令主要局限于与I/O操作有关；另一方面是通道没有自己的内存，通道指令是放在主机的内存中的，即通道与CPU共享内存。

2. 输入输出通道的分类

输入输出通道是用于控制外围设备的。由于外围设备的类型较多，且其传输速率相差较大，因而也使通道具有多种类型。根据信息交换方式的不同，把通道分成三种类型：字节多路通道、数据选择通道和数组多路通道。

（1）字节多路通道。字节多路通道通常都含有许多非分配型子通道，其数量可以从几十到数百个，每一个子通道连接一台输入输出设备，这些子通道按时间片轮转方式共享主通道，如图4-4所示。

当第一个子通道控制其输入输出设备完成一个字节的交换后，便立即腾出字节多路通道（主通道），让给第二个子通道使用；当第二个子通道也交换完一个字节后，又同样把主通道让给第三个子通道；依此类推。当所有子通道轮转一周后，又返回来由第一个子通道去使用字节多路通道。这样，只要字节多路通道扫描每个子通道的速率足够快，而连接到子通道上的设备的速率又不是太高时，也就是，通过字节多路通道来连接低速或中速设备时，便不会丢失信息。

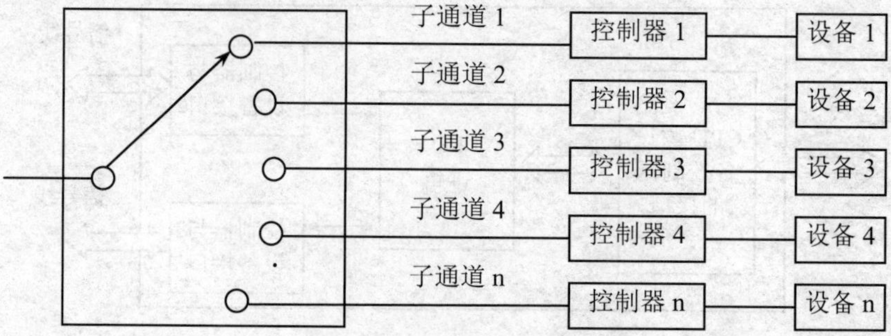

图 4-4　字节多路通道示意图

（2）数据选择通道。数据选择通道可以连接多台高速设备，但是，由于它只含有一个分配型子通道，在一段时间内只能执行一个通道程序，控制一台设备进行数据传送，致使当某台设备占用了该通道后，便一直由它独占（即使无数据传送，通道被闲置也不允许其他设备利用），直至该设备传送完毕后释放该通道。数据选择通道虽然有很高的传输速率，但它每次只允许一个设备传输数据。所以，这种通道利用率很低。

（3）数组多路通道。数组多路通道是将数据选择通道传输速率高和字节多路通道各子通道（设备）分时并行操作的优点相结合，而形成的一种新通道。它含有多个非分配型子通道，因而这种通道既具有很高的数据传输速率，又能获得令人满意的通道利用率。所以，该通道被广泛地用于连接多台高、中速的外围设备，其数据传送是按数组方式进行的。

4.2.4　输入输出系统的控制方式

输入输出系统的控制方式，又称 I/O 控制方式，是指 CPU 何时、怎样去驱动外设，如何控制外设与主机之间的数据传递。随着计算机技术的发展，输入输出控制方式也在不断发展，先后出现了四种控制方式：程序直接控制方式、中断控制方式、直接存储器存取控制方式和通道控制方式。

1. 程序直接控制方式

程序直接控制方式也称为“忙－等待”方式，即在一个设备的操作没有完成时，控制程序一直检测设备的状态，直到该操作完成才能进行下一个操作。程序直接控制方式的步骤如下：

（1）当用户需要输入数据时，由处理器向设备控制器发出一条输入输出指令，启动设备进行输入。在设备输入数据期间，处理器通过循环执行测试指令不间断地检测设备状态寄存器的值，当状态寄存器的值显示设备输入完成时，处理器将数据寄存器中的数据取出，送入主存指定的存储单元，然后再启动设备去读取下一个数据。

（2）当用户进程需要向设备输出数据时，也必须同样发出启动命令启动设备输出，并等待输出操作完成。

由于 CPU 的工作速度远远高于外设，导致 CPU 的绝大部分时间都处于等待外设完成数据输入输出的循环测试中，无法实现 CPU 和外设的并行工作，造成对 CPU 资源的极大浪费，整个计算机系统的效率都很低下。此外，由于没有中断机制，外设（或其他硬件）如果出现故障，CPU 也无法知道。所以，程序直接控制方式的特点是工作过程简单、CPU 的利用率低。程序直接控制方式适用于早期无中断的计算机系统，目前已经不再使用。

2. 中断控制方式

中断控制是指计算机在执行期间，系统内发生任何非寻常的或非预期的急需处理事件，使得 CPU 暂时中止当前正在执行的程序而转去执行相应的事件处理程序，待处理完毕后又返回原来被中止处继续执行或调度新的进程执行的过程。现代计算机系统都引入了中断机构，因此，对于输入输出设备的控制大都由相应的中断处理程序完成。

以键盘输入为例，在中断控制方式下，数据的输入过程如下：

（1）需要输入数据的进程，通过 CPU 发出启动指令，把启动位和中断允许位为 1 的控制字写入键盘控制寄存器中，启动键盘。当中断允许位为 1 时，中断程序可以被调用。

（2）在进程发出指令启动设备之后，该进程放弃 CPU 进入等待状态，等待键盘输入完成。从而，进程调度程序调度其他就绪进程使用 CPU。

（3）键盘启动后，将数据输入键盘控制器的数据寄存器，当数据寄存器装满后，键盘控制器通过中断请求线向 CPU 发出中断信号。

（4）CPU 在接收到中断信号后，暂停正在进行的工作，转向设备中断处理程序。设备中断处理程序将输入数据寄存器中的数据传输到某一特定主存单元中，给要求输入的进程使用。同时，唤醒等待输入完成的那个进程，再返回到被中断的进程继续执行。

（5）在以后的某个时刻，进程调度程序选中提出请求输入的进程，该进程从特定的主存单元中取出所需的数据继续工作。

中断控制方式中，CPU 不必循环测试、等待外设，仅仅当接到中断请求时才花费极短的时间去处理中断，与程序直接控制方式相比，CPU 的利用率大大提高。但是，每当数据充满数据寄存器时，I/O 设备就要通过其控制器向 CPU 发送一次中断请求，如果连续传送一块较大的数据块，则需要经过多次中断，这样 CPU 会因为过于频繁的接收中断请求而导致效率降低。

中断方式一般用于低速字符设备，如键盘、打印机、低速 MODEM 等。而对于高速外设的访问则应采用直接存储器访问方式。

3. 直接存储器存取控制方式

采用中断控制方式，数据的输入和输出是以字节为单位进行的。每传送一个字节的数据，控制器就向 CPU 请求中断一次，使 CPU 在数据传送时仍然处于忙碌状态。这样就产生了直接存储器访问（Direct Memory Access，DAM）控制方式。

DMA 访问方式在外部设备和内存之间建立了直接的数据通路，即外设和内存之间可直接读写数据。数据传送的基本单位是数据块，整块数据的传送由 DMA 控制器完成（与一般的设备控制器相比，DMA 控制器增加了字节计数器、内存地址寄存器）。在 DMA 控制器的作用下，设备和主存之间可以成批地进行数据交换，而不用 CPU 的干涉，仅在一个或多个数据块传送的开始和结束时，才需要 CPU 进行处理。

以数据输入为例，DMA 方式的处理过程如下：

（1）当进程要求设备输入一批数据时，CPU 将设备存放输入数据的主存始址以及要传送的字节数分别送入 DMA 控制器中的地址寄存器和传送字节计数器中；另外，将中断位和启动位置为 1，以启动设备开始进行数据输入并允许中断。

（2）发出数据要求的进程进入等待状态，进程调度程序调度其他进程占据 CPU。

（3）输入设备不断地挪用 CPU 工作周期，将数据寄存器中的数据源源不断地写入主存，直到所要求的字节全部传送完毕。

（4）DMA 控制器在传送字节数完成时，通过中断请求线发出中断信号，CPU 收到中断信号后转去执行中断处理程序，唤醒等待输入完成的进程，并返回被中断的程序。

（5）在以后的某个时刻，进程调度程序选中提出请求输入的进程，该进程从指定的主存始址取出数据做进一步处理。

采用直接存储器访问控制方式，数据的传送方向、存放数据的主存始址及传送数据的长度等都由 CPU 控制，具体的数据传送由 DMA 控制器负责，每台设备需要配一个 DMA 控制器，这样输入输出数据传输速度快，CPU 负担少。直接存储器存取控制方式适用于块设备的数据传输。

4．通道控制方式

采用 DMA 控制方式，数据的输入和输出是以数据块为单位进行的。每传送一个数据块的数据，DMA 控制器就向 CPU 请求中断一次。这样虽然比中断方式减少了对 CPU 的中断次数，但是，当数据量较大时，仍需要 CPU 发出多次输入/输出指令，来完成数据的传递。能否让 CPU 发出一次输入/输出指令，就可以完成一组数据块的传递呢？由此产生了通道控制方式。

通道是比 DMA 控制器功能更强的一种硬件，具有自己的一套通道指令，一个通道相当于一个专用的 I/O 处理机，可以控制一台或者几台外部设备的控制器，进一步提高了外设的并行程度。CPU 只需要发出启动指令，指出通道相应的操作和输入输出设备，该指令就可以启动通道并使该通道从内存中调出相应的通道指令执行，完成一组数据块的输入/输出。

以数据输入为例，通道控制方式的处理过程如下：

（1）当进程要求输入数据时，CPU 发出启动指令指明输入输出操作、设备号和对应的通道。

（2）对应通道接收到 CPU 发来的启动指令后，把存放在主存中的通道指令程序读出，并执行通道程序，控制设备将数据传送到主存中指定的区域。

（3）若数据传输结束，则向 CPU 发出中断请求。CPU 收到中断信号后转去执行中断处理程序，唤醒等待输入完成的进程，并返回被中断的程序。

（4）在以后的某个时刻，进程调度程序选中提出请求输入的进程，该进程从指定的主存始址取出数据做进一步处理。

通道控制方式是 DMA 方式的发展，它进一步减少了 CPU 的干预，即把以一个数据块的读写为单位的干预，减少为以一组数据块的读写为单位的干预。同时可以实现 CPU、通道和输入输出设备三者之间的并行操作，从而更有效地提高整个系统资源的利用率。通道控制方式适用于现代计算机系统中的大量数据交换。

4.3 设备分配与回收

当进程向系统提出输入输出请求之后，设备分配程序将按照一定的分配策略为其分配所需要的设备。同时还要分配相应的控制器和通道，以保证 CPU 与设备之间的通信。本节主要介绍设备分配中采用的数据结构、设备分配应考虑的因素、设备的分配、设备的回收和对设备分配程序的改进。

4.3.1 设备分配中的数据结构（设备信息描述）

为了实现对设备的管理和控制，需要了解系统中所有设备的基本情况，因此需要建立一些数据结构以记录设备的相关信息。为了适应不同的计算机系统，除了分配的设备，可能还包含该设备相应的通道和控制器。为此，设备分配需要采用四种数据结构：设备控制表（DCT）、控制器控制表（COCT）、通道控制表（CHCT）和系统设备表（SDT）。设备分配的数据结构如图 4-5 所示。

系统设备表
设备类
设备标识符
指向设备控制表指针
驱动程序入口

控制器控制表
控制器标识符
控制器状态：忙/闲
与控制器连接的通道表指针
控制器队列的队首指针
控制器队列的队尾指针

设备控制表
设备类型
设备标识符
设备状态：忙/闲
指向控制器表指针
重复执行次数或时间
设备队列的队首指针

通道控制表
通道标识符
通道状态：忙/闲
与通道连接的控制器表首址
通道队列的队首指针
通道队列的队尾指针

图 4-5 系统设备表、设备控制表、控制器控制表和通道控制表

1. 设备控制表

就像进程控制块 PCB 一样，系统为每台设备配置一张设备控制表（Device Control Table，DCT），用于记录设备的特性及与输入输出控制器连接的情况，一般在系统生成时或与该设备

连接时创建。设备控制表中的主要内容包括设备标识符、设备类型、设备状态、设备等待队列指针、输入输出控制器指针、设备相对号、占用作业名等。其中，设备状态用来表示设备是忙还是闲，设备等待队列指针指向等待使用该设备的进程组成的等待队列，输入输出控制器指针指向与该设备相连接的输入输出控制器。

设备标识符也称为设备绝对号。它是指计算机系统对每台设备的编号。用户对每类设备的编号称为设备相对号，也称为设备类号。用户总是用设备的相对号提出使用设备的请求，操作系统为用户分配具体设备时就建立了“绝对号”与“相对号”的对应关系。这样，操作系统根据用户的使用要求，就知道应该启动哪台设备。

2. 控制器控制表

系统为每个控制器配置了一张控制器控制表（Controller Control Table，COCT），以反映控制器的使用状态以及与通道的连接状况等。其内容包括控制器标识符、控制器的状态、与控制器连接的通道表指针、控制器队列的队首指针、通道队列的队尾指针等。其中与控制器连接的通道表指针指向该控制器的通道控制表。

3. 通道控制表

系统为每个通道配置一张通道控制表（Channel Control Table，CHCT），以反映通道的使用状态。其内容包括通道标识符、通道状态、等待获得该通道的进程等待队列指针等。只有在通道控制方式下，通道控制表才存在。

4. 系统设备表

系统设备表（System Device Table，SDT）也称为设备类表，整个系统配置一张，存放了系统中所有设备信息。它记录已被连接到系统中的所有物理设备的情况，每个物理设备占一个表目，包括设备类型、拥有设备台数、现存设备台数、设备控制表指针等。其中设备控制表指针指向该设备对应的设备控制表。

这几张表的关系是，在系统设备表中有指向设备控制表的指针，在设备控制表中有指向该设备控制器控制表的指针，在控制器控制表中有指向与该控制器连接的通道控制表的指针。系统就是通过这种关系进行设备的分配与回收的。

4.3.2 设备分配应考虑的因素

在多道程序设计的系统环境中，多个进程会产生对某类设备的竞争问题，系统在进行设备分配时应考虑设备的使用性质、设备的分配算法、设备分配的安全性和设备的独立性。

1. 设备的使用性质

按照设备自身的使用性质，可以采用以下三种不同的分配方式：独占分配、共享分配、虚拟分配。独占分配适用于大多数低速设备，如打印机。共享分配适用于高速设备，如磁盘。虚拟分配适用于虚拟设备。根据设备的使用性质来决定一台设备可以分给几个进程。

2. 设备的分配算法

设备的分配算法主要是确定把设备分给哪个进程。系统通常采用的设备的分配算法有先来先服务和优先权两种。

（1）先来先服务算法。根据进程发出请求的先后顺序，把这些进程排成一个设备请求队列，设备分配程序总是把设备分配给队首进程。

在 Windows 系统中，如果有多个文档申请打印，系统会将所有文档按照提出请求的顺序排列，放到打印队列中，然后依次进行打印输出。

（2）优先权算法。它是按照进程的优先权的高低进行设备分配，谁的优先权高就先把设备分给谁，对优先权相同的按照先请求先服务的算法排队。

3. 设备分配的安全性

设备分配的安全性是指在设备分配中应防止发生进程的死锁。设备分配的安全性采用的方法有静态分配策略和动态分配策略，它们可以防止进程死锁。

（1）静态分配策略。静态分配策略是在作业级进行的，用户作业开始执行前，由系统一次分配给该作业所要求的全部设备、控制器和通道，直到该作业撤消为止。由于静态分配破坏了产生死锁的“部分分配”条件，因而不会出现死锁，但其缺点是设备利用率低。

（2）动态分配策略。动态分配策略是在进程执行过程中，根据执行的需要所进行的设备分配。当进程需要设备时，通过系统调用命令向系统提出设备请求，由系统按照事先规定的算法给进程分配所需要的设备、控制器和通道，用完以后立即释放。动态分配提高了设备的利用率，但是如果分配不当，则会造成进程死锁。

采用动态分配策略时，又分两种情况：①每当进程发出输入输出请求后便立即进入阻塞状态，直到所提出的输入输出请求完成才被唤醒。这种情况，设备分配是安全的，但是，进程推进缓慢。②允许进程发出输入输出请求后仍继续执行，且在需要时又可以发出第二个输入输出请求，第三个输入输出请求，……，仅当进程所请求的设备已被另一个进程占用时才进入阻塞状态。这样一个进程可以同时操作多个设备，从而使进程推进迅速，但是，有可能产生死锁。

4. 设备的独立性

用户编程时，不用关心系统都配置了哪些设备，也不需要了解各种设备的特性，只要按照惯例为所用的设备起个逻辑名字，称为逻辑设备名。

系统为了能识别全部外设，给每台外设分配一个唯一不变的名字，称为物理设备名。

设备的独立性又称设备无关性，是指用户在编制程序时所使用的设备与实际使用的设备无关。用户进程以逻辑设备名来请求使用某类设备时，系统将在该类设备中根据设备的使用情况，将任一台合适的物理设备分配给该进程，而在进程实际执行时使用物理设备名，它们之间的关系类似存储管理中的逻辑地址和物理地址的关系。

4.3.3 对设备分配程序的改进

以上设备分配程序有两个特点：①进程是以物理设备名来提出输入输出请求的。②系统采用的是单通路的输入输出系统结构。这样的系统容易产生“瓶颈”现象。为此，对设备分配程序做以下改进：

（1）增加设备的独立性。进程应以逻辑设备名请求输入输出。系统首先根据系统设备表找到第一个该类设备的设备分配表，若该设备忙，则查找第二个该类设备的设备分配表，仅当所有该类设备都忙时，才把进程挂在该类设备的等待队列上。这样通过增加设备的独立性，提高了设备分配的安全性。

（2）考虑多通路情况。系统采用多通路的输入输出系统结构，如图 4-6 所示。即一个设备可以由多个控制器控制，一个控制器可以由多个通道控制（即增加图 4-6 中的虚线部分）。这样，可以防止系统出现“瓶颈”现象。也就是对控制器和通道的分配，同样经过几次反复，只要有一个控制器或通道可用，系统就可以把它分配给进程。这样，就增加了分配控制器和通道的可能性，提高了设备分配的效率。

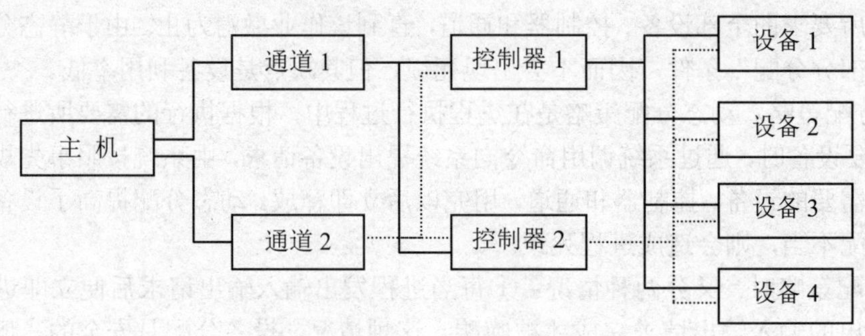

图 4-6　多通路输入输出系统

4.4　设备处理

设备处理的任务是把上层软件的抽象要求变为具体要求发送给设备控制器，启动设备；另外，将设备控制器发来的信号传送给上层软件。操作系统的设计者把与物理设备有关的软件部分独立出来，构成设备处理程序，也称为设备驱动程序。它是输入输出进程与设备控制器之间的通信程序，相当于硬件的接口，操作系统只有通过这个接口，才能控制硬件设备的工作，假如某设备的驱动程序未能正确安装，便不能正常工作。因此，设备驱动程序被誉为“硬件的灵魂”。本节主要介绍设备驱动程序的功能和特点，以及设备驱动程序的处理过程。

4.4.1　设备驱动程序的功能和特点

1．设备驱动程序的功能

设备驱动程序的主要功能有以下几个：一是把抽象要求转化为具体要求；二是检查用户输入输出请求的合法性，了解输入输出设备的状态，传递有关参数，设置设备的工作方式；三是发出输入输出命令，启动分配到的输入输出设备，完成指定的输入输出操作；四是及时响应由控制器或通道发来的中断请求，并根据其中断类型调用相应的中断处理程序进行处理；五是对设置有通道的计算机系统，驱动程序还应根据用户的输入输出请求，自动地构成通道程序。

2. 设备处理的方式

设备处理方式有三类：一是为每一类设备设置一个进程，专门执行这类设备的输入输出操作；二是在整个系统中设置一个输入输出进程，专门负责对系统中所有各类设备的输入输出操作；三是不设置专门的设备处理进程，只为各类设备设置相应的设备处理程序，供用户进程或系统进程调用。

3. 设备驱动程序的特点

（1）驱动程序主要是在请求输入输出的进程与设备控制器之间的一个通信程序。

（2）驱动程序与输入输出设备的特性密切相关。

（3）驱动程序与输入输出控制方式紧密相关。

（4）驱动程序与硬件紧密相关，其部分被固化在 ROM 中。

4.4.2 设备驱动程序的处理过程

设备驱动程序的主要任务是启动指定设备，其处理过程如下：

1. 将抽象要求转化为具体要求

用户及上层软件对设备控制器的具体情况毫无了解，只能向它们发出抽象的要求，借助设备驱动程序，转化为具体的要求传送给设备控制器，如将盘块号转换为磁盘的盘面、磁道号及扇区号。

2. 检查输入输出请求的合法性

任何输入设备都只能完成一组特定的功能，如该设备不支持这次输入输出请求，则认为这次输入输出请求非法，又如用户试图让打印机输入数据。

3. 读出和检查设备的状态

要启动某个设备进行输入输出操作，其前提条件是该设备正处于空闲状态。因此在启动设备之前，要从设备控制器的状态寄存器中读出设备的状态。

4. 传送必要的参数

有许多设备，特别是块设备，除必须向其控制器发出启动命令外，还需要传送必要的参数。例如，在启动磁盘进行读/写之前，应先将本次要传送的字节数、数据应到达的主存始址送入控制器的相应寄存器中。

5. 设置工作方式

有些设备有多种工作方式，在启动时应选定某种方式，给出必要的数据。在启动该接口之前，应先按通信规程设定下述参数：波特率、奇偶校验方式、停止位数目及数据字节长度等。

6. 启动输入输出设备

在完成上述五个工作后，驱动程序可以向控制器的命令寄存器传送相应的控制命令，启动输入输出设备。基本的输入输出操作是在控制器的控制下进行的。

4.5 设备管理采用的技术

设备管理采用的技术有缓冲技术、中断技术、假脱机技术（SPOOLing）。缓冲技术是为了提高输入输出设备的速度和利用率，中断技术是为了响应优先权高的设备处理请求，假脱机技术是为了把独享设备变为共享设备，提高设备的利用率。

4.5.1 缓冲技术

缓冲的字面意思是减缓冲击力。除了真正的冲击力外，缓冲还有抽象的意义。凡是使某种事物减慢或减弱的变化过程都可以叫缓冲。比如让化学反应不那么剧烈的物质就叫缓冲剂；一个水库，如果上游来的水太多，下游来不及排走，水库就可以暂时起到“缓冲”作用；又如，当你在网上看电影时，提前把下一时段内容准备好，目的是可以更流畅地播放，这也是缓冲。其实，在数据到达与离去速度不匹配的地方，就应该使用缓冲技术。缓冲技术是为了协调吞吐速度相差很大的设备之间的数据传送工作。如 CPU 与主存之间有高速缓存（Cache Memory），主存与显示器之间有显示缓存，主存与打印机之间有打印缓存等。

1. 缓冲的引入

在操作系统中，引入缓冲的主要原因可以归结为以下几点：

（1）缓和 CPU 与输入输出设备间速度不匹配的矛盾。一般情况下，CPU 的工作速度快，输入输出设备的工作速度慢，二者在进行数据传送时，很可能造成数据大量积压在输入输出设备处，从而影响 CPU 的工作。在二者之间设置缓冲区后，CPU 处理的数据可以传送到缓冲区（或从缓冲区读取数据），输入输出设备从缓冲区读取数据（或向缓冲区写入数据），从而使 CPU 与输入输出设备的工作速度得以提高。

（2）减少对 CPU 的中断频率，放宽对中断响应时间的限制。没有缓冲区时，每次 CPU 读取或写入数据都需要中断 CPU；若设置了缓冲区，CPU 可以从缓冲区读取数据或向缓冲区写入数据，只有缓冲区没有数据或缓冲区已满时才中断 CPU。

（3）提高 CPU 与输入输出设备间的并行性。CPU 与输入输出设备间引入缓冲区后，可以显著地提高 CPU 和输入输出设备的并行操作程度，提高系统的吞吐量和设备的利用率。例如，在 CPU 和打印机之间设置了缓冲区后，可以使 CPU 与打印机并行工作。

2. 缓冲的分类

对缓冲区，可以从以下几个方面理解：缓冲是提高 CPU 与外设并行程度的一种技术。凡是数据来到速度和离去速度不同的地方都可以使用缓冲区。缓冲的实现方式有两种：一是采用硬件缓冲器实现；二是采用软件缓冲实现，即在主存划出一块具有 n 个单元的区域，专门用来存放临时输入输出的数据，这个区域称为缓冲区。根据系统设置缓冲区的个数，可以将缓冲技术分为单缓冲、双缓冲、循环缓冲和缓冲池。

（1）单缓冲。

单缓冲是指在设备和处理器之间设置一个缓冲区，用于数据的传输。

单缓冲的工作原理如图4-7所示。在设备和处理器交换数据时，先把被交换的数据写入缓冲区，然后需要数据的设备或处理器再从缓冲区读取数据。当缓冲区中的数据没有处理完毕时，处理第二个数据的进程必须等待。

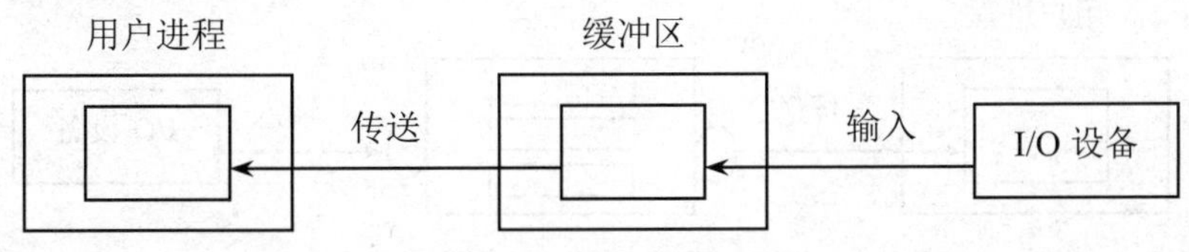

图4-7 单缓冲的工作原理

单缓冲技术的特点是：在主存中只有一个缓冲区。对于块设备，该缓冲区可以存放一块数据，对于字符设备，该缓冲区可以存放一行数据。设备和处理器对缓冲区的操作是串行的，传输速度慢。在任一时刻，只能进行单向的数据传输，并且传输数据量较少。

（2）双缓冲。

双缓冲是指在设备和处理器之间设置两个缓冲区。

双缓冲的工作原理如图4-8所示。在设备输入时，输入设备先将第一个缓冲区装满数据，在输入设备装填第二个缓冲区时，处理器可以从第一个缓冲区取出数据供用户进程处理；当第一个缓冲区中的数据取走后，若第二个缓冲区已填满，则处理器可以从第二个缓冲区取出数据进行处理，而此时输入设备又可以装填第一个缓冲区。如此循环进行，可以加快输入和输出速度，提高设备的利用率。

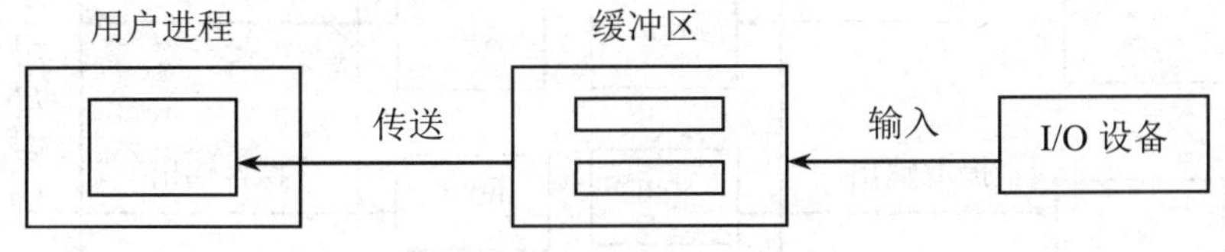

图4-8 双缓冲的工作原理

双缓冲技术的特点是：在主存中设置两个缓冲区，完成数据的传输。两个缓冲区可以交替使用，提高了处理器和输入设备的并行操作能力。在任一时刻，可以进行双向的数据传输。一个缓冲区用于输入，另一个用于输出。适用于输入/输出、生产者/消费者速度基本相匹配的情况。当传输数据量较大，或者两者的速度相差较远时，双缓冲区效率较低。

（3）循环缓冲。

在设备和处理器之间设置多个大小相等的缓冲区。每个缓冲区中有一个链接指针指向下一个缓冲区，最后一个缓冲区指针指向第一个缓冲区，这样构成一个环形缓冲区。环形缓冲区用于传输较多的数据，如输入进程和计算进程的数据传输。输入进程不断向空缓冲区输入数据，计算进程从缓冲区提取数据进行计算。

循环缓冲的工作原理如图 4-9 所示。环形缓冲区用于输入输出时，需要设两个指针：in 和 out。in 用于指向可以输入数据的第一个空缓冲区，out 用于指向可以提取数据的第一个满缓冲区。in 与 out 的初值均为 0。

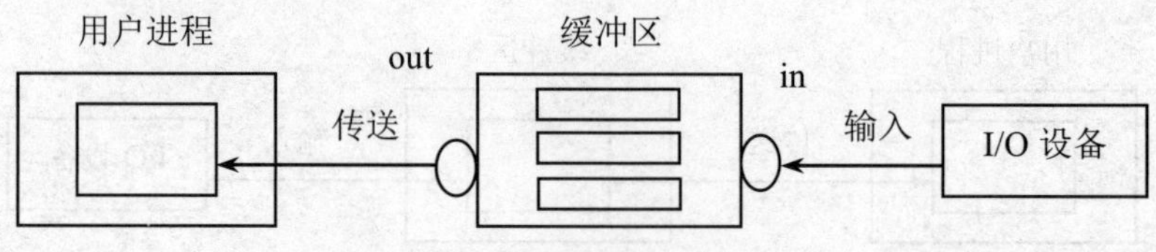

图 4-9　循环缓冲的工作原理

对于输入而言，首先从输入设备接收数据到缓冲区，存入 in 所指向的单元，in 后移；取数据时，从 out 指向的位置取数据，out 后移。

循环缓冲技术的特点是：在主存中设置多个缓冲区。读和写可以并行处理，适用于某种特定的输入输出进程和计算进程，如输入/输出、生产者/消费者速度不相匹配的情况。循环缓冲区属于专用缓冲区。当系统较大时，使用多个这样的缓冲区要消耗大量的主存空间，降低缓冲区的使用效率。

（4）缓冲池。

当系统较大时，可以利用供多个进程共享的缓冲池来提高缓冲区的利用率。缓冲池的工作原理如图 4-10 所示。

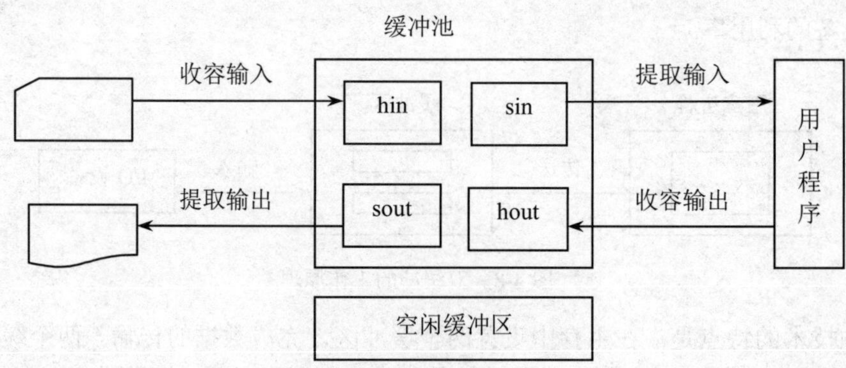

图 4-10　缓冲池的工作原理

缓冲池的组成包括空（闲）缓冲区、装满输入数据的缓冲区、装满输出数据的缓冲区，同类缓冲区以链的形式存在。另外，还应有四种工作缓冲区：用于收容输入数据的工作缓冲区、用于提取输入数据的工作缓冲区、用于收容输出数据的工作缓冲区、用于提取输出数据的工作缓冲区。

当输入进程需要输入数据时，便从空缓冲区队列的队首取出一个空缓冲区，把它作为收容工作缓冲区，然后把数据输入其中，装满后再把它挂到输入队列队尾。当计算进程需要输入数据时，便从输入队列取得一个缓冲区作为提取输入工作缓冲区，计算进程从中提取数据，数据用完后再将它挂到空缓冲区队尾。当计算进程需要输出数据时，便从空缓冲区队列的队首取出一个空缓冲区，作为收容输出工作缓冲区，当其中装满输出数据后，再将它挂到输出队列队尾。当要输出时，由输出进程从输出队列取得一个装满输出数据的缓冲区，作为提取输出工作缓冲区，当数据提取完后，再将它挂到空缓冲区队列的队尾。

缓冲池的特点是：缓冲池结构复杂，在主存中设置公用缓冲池，在池中设置多个可以供多个进程共享的缓冲区。缓冲区既可以用于输入，又可以用于输出（即共享）。缓冲池的设置，减少了主存空间的消耗，提高了主存的利用率，适用于现代操作系统。

针对缓冲区的工作原理，大家可以分析一下现实中使用这些缓冲区的例子。

4.5.2 中断技术

中断技术在操作系统中的各个方面起着不可替代的作用，它是事件驱动实现的基础，除了在设备管理中广泛使用外，还用于对系统中各种异常进行处理。

1. 中断的概念

中断是由于某些事件的出现，CPU 中止现行进程的执行，转去执行相应的事件处理程序，处理完毕后，再继续运行被中止进程的过程。引起中断发生的事件称为中断源。中断事件通常由硬件发现。对出现的事件进行处理的程序称为中断处理程序。中断处理程序是由操作系统处理的，属于操作系统的组成部分。

2. 中断类型

一般把中断分为硬件故障中断、程序中断、外部中断、输入输出中断和访管中断。

（1）硬件故障中断。由机器故障造成的中断，如电源故障、主存出错。

（2）程序中断。由程序执行到某条机器指令时可能出现的各种问题而引起的中断，如发现定点操作数溢出、除数为 0、地址越界等。

（3）外部中断。由各种外部事件引起的中断，如按了中断键、定时时钟时间到等。

（4）输入输出中断。由输入输出控制系统发现外围设备完成了输入输出操作或在执行输入输出时通道或外围设备产生错误而引起的中断。

（5）访管中断。正在运行的进程执行访管指令时引起的中断，如分配一台外设。

前四类中断不是运行进程所希望的，故称为强迫性中断，而第五种中断是进程所希望的，故称为自愿性中断。

3. 中断响应

在处理器执行完一条指令后，硬件的中断装置就立即检查有无中断事件发生。若无，继续执行下一条指令；若有则停止现行进程，由操作系统中的中断处理程序占用处理器，这一过程称为“中断响应”。

4. 中断处理

在介绍中断处理之前，首先介绍与中断处理有关的概念，即特权指令和程序状态字。

特权指令是不允许用户程序直接使用的指令。如输入输出指令，设置时钟、寄存器的指令。

程序状态字是用来控制指令执行顺序，并保留和指示与程序有关的系统状态。它一般由三部分组成。

（1）程序基本状态。

1）指令地址：指出下一条指令的存放地址。

2）条件码：指出指令执行结果的特征。如结果大于 0。

3）管态/目态：CPU 执行操作系统指令的状态称为管态。在管态时，可以使用特权指令；CPU 执行用户程序指令的状态称为目态。在目态时，不能使用特权指令。

4）计算/等待：计算时，处理器按指令地址顺序执行指令。等待时，处理器不执行任何指令。

（2）中断码。保存程序执行时当前发生的中断事件。

（3）中断屏蔽位。指出程序在执行时，发生中断事件，是否响应出现的中断事件。

程序状态字有三种：一是当前 PSW，当前正在占用处理器的进程的 PSW；二是新 PSW，中断处理程序的 PSW；三是旧 PSW，保存的被中断进程的 PSW。

中断处理过程如图 4-11 所示。

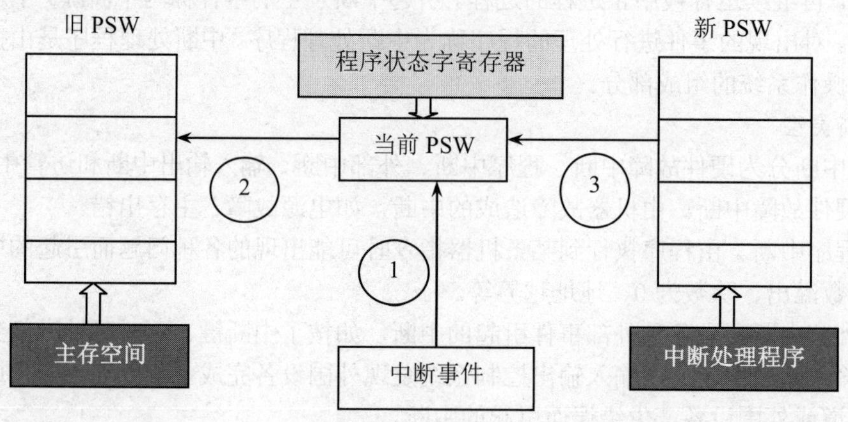

图 4-11 中断处理过程

①当中断装置发现中断事件后，先把中断事件存放到程序状态字寄存器的中断码位置。

②把程序状态字寄存器中的“当前 PSW”作为“旧 PSW”保存到预先约定的主存的固定单元中。

③根据中断码，把该类事件处理程序的“新 PSW”送入程序状态字寄存器。

④处理器按新 PSW 控制处理该事件的中断处理程序执行。

当中断程序处理完后，再恢复现场，继续执行原先被中断的进程。

4.5.3 假脱机技术

假脱机技术（SPOOLing）技术就是将一台独占设备改造成共享设备的一种行之有效的技术。当系统中出现了多道程序后，可以利用其中的一道程序，来模拟脱机输入时的外围控制机的功能，把低速输入输出设备上的数据传送到高速磁盘上；再用另一道程序来模拟脱机输出时外围控制机的功能，把数据从磁盘传送到低速输出设备上。这样，便可以在主机的直接控制下，实现脱机输入输出功能。

1. SPOOLing 的概念

SPOOLing（Simultaneous Peripheral Operation On-Line，外部设备联机并行操作）是指在联机情况下实现的同时外围操作，也称假脱机输入输出操作，是操作系统中的一项将独占设备改为共享设备的技术。

2. SPOOLing 系统的组成

SPOOLing 由输入井和输出井、输入缓冲区和输出缓冲区、输入进程和输出进程、请求打印队列组成。SPOOLing 系统的组成如图 4-12 所示。

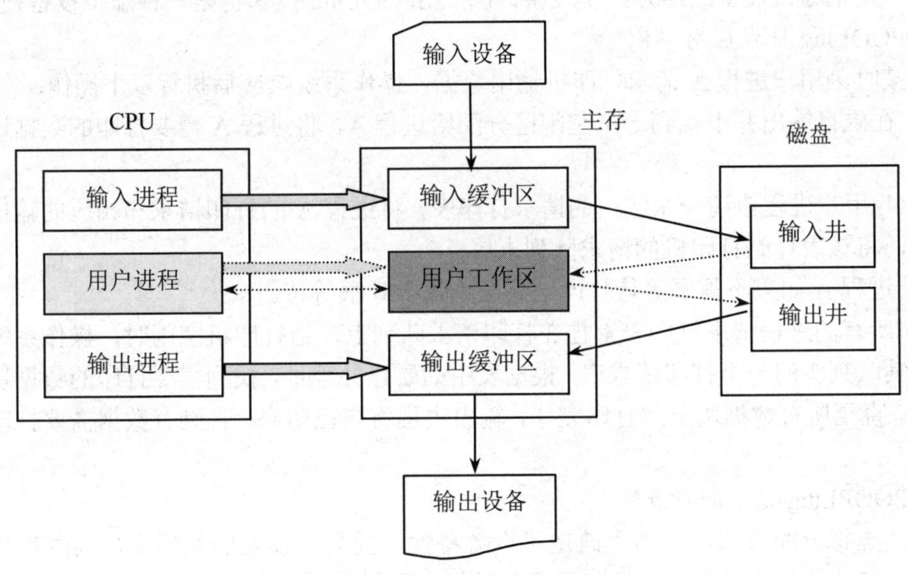

图 4-12 SPOOLing 系统的组成

注 虚线－用户进程的处理；实线－输入进程和输出进程的处理

（1）输入井和输出井。这是在磁盘上开辟的两个大的存储区。输入井是模拟脱机输入时的磁盘，用于收容输入设备输入的数据。输出井是模拟脱机输出时的磁盘，用于收容用户程序的输出数据。

（2）输入缓冲区和输出缓冲区。它们是在主存中开辟的两个缓冲区。输入缓冲区用于暂存由输入设备送来的数据，以后再传送到输入井，输出缓冲区用于暂存从输出井送来的数据，以后再传送给输出设备。

（3）输入进程和输出进程。输入进程模拟脱机输入时的外围控制机，将用户要求的数据从输入设备，通过输入缓冲区送到输入井。当 CPU 需要数据时，直接从输入井读入主存。输出进程模拟脱机输出时的外围控制机，把用户要求输出的数据先从主存送到输出井，待输出设备空闲时，再将输出井中的数据经过输出缓冲区送到输出设备上。

（4）请求打印队列。由若干张请求打印表所形成的队列，系统为每个请求打印的进程建立一张请求打印表。

对于 SPOOLing 系统的工作过程，以打印机为例进行说明。当有进程要求打印输出时，SPOOLing 系统并不是将这台打印机直接分配给进程，而是在输出井中为其分配一块存储空间，进程的输出数据以文件形式存在。各进程的数据输出文件形成了一个输出队列，由“输出管理模块”控制这台打印机进程，依次将队列中的输出文件实际打印输出。

从打印机的例子中可以看到，在 SPOOLing 技术的支持下，系统实际上并没有为任何进程分配设备，而只是在输入井和输出井中为每个进程分配了一块存储区并建立了一张 I/O 请求表。这样，便把独占设备改造为共享设备，因此 SPOOLing 技术也是一种虚拟设备技术。

3. SPOOLing 技术应用举例

假设某时刻用户进程 A 请求打印机输出数据，操作系统响应后执行以下操作：

（1）在磁盘输出井中找到一个空闲区分配给进程 A，将进程 A 需要打印的数据送到该输出井中。

（2）为用户进程申请一张空白的请求打印表，将进程 A 的打印请求和相应的输出井地址填入表中，将该表挂到打印机的请求队列末尾。

（3）进程 A 如果不需要等待打印结果则不需要睡眠等待。

（4）所有的进程请求打印表都挂在打印请求队列上，当打印机空闲时，操作系统的输出进程取出其队列头的一个打印请求表，根据表中的磁盘井地址，找到需要打印的数据块启动打印机输出。直至所有数据块全部打印完毕，输出进程将自己阻塞，直到有数据需要打印时才被唤醒。

4. SPOOPLing 技术的特点

显然，虚拟分配方式在逻辑上改造了设备特性，提高了设备的利用率，同时也提高了进程的执行效率，但是它必须有高速、大量且随机存取的外存空间作为支持，因此，SPOOLing 技术可以看成是操作系统以空间换取时间的一个典型范例。其特点总结如下：

（1）提高了输入输出速度。SPOOLing 技术引入了输入井和输出井，可以使输入进程、用户进程和输出进程同时工作，从而提高了输入输出速度。

（2）将独占设备改造为共享设备。由于 SPOOLing 技术把所有用户进程的输出都送入输出井，然后再由输出进程完成打印工作，而输出井在磁盘上，为共享设备。这样 SPOOLing 技术就把打印机等独占设备改造成了共享设备。

（3）实现了虚拟设备功能。由于 SPOOLing 技术实现了多个用户进程共同使用打印机这种独占设备的情况，从而实现了把一个设备当成多个设备来使用，即虚拟设备的功能。

本章小结

设备管理的主要任务是分配输入输出设备，主要目的是提高输入输出设备的使用效率。它的主要功能有缓冲管理、设备分配、设备处理和虚拟设备等。

通过本章的学习，读者应熟悉和掌握以下基本概念：

设备、输入输出系统、设备控制器、输入输出通道。

通过本章的学习，读者应熟悉和掌握以下基本知识：

（1）输入输出系统的控制方式有程序直接控制方式、中断控制方式、直接存储器存取控制方式和通道控制方式。程序直接控制方式也称为“忙－等待”方式，即在一个设备的操作没有完成时，控制程序一直检测设备的状态，直到该操作完成才进行下一个操作。中断控制方式是指计算机在执行期间，系统内发生任何非寻常的或非预期的急需处理事件，使得 CPU 暂时中断当前正在执行的程序而转去执行相应的事件处理程序，待处理完毕后又返回原来被中断处继续执行或调度新的进程执行的过程。直接存储器存取控制方式是在 DMA 控制器的作用下，设备和主存之间可以成批地进行数据交换，而不用 CPU 的干涉。通道控制方式以主存为中心，是设备与主存直接交换数据的控制方式。

（2）设备分配采用的数据结构有设备控制表、控制器控制表、通道控制表和系统设备表。系统在进行设备分配时应考虑设备的使用性质、设备的分配算法、设备分配的安全性和设备的独立性。设备分配一般分为三个步骤：分配设备、分配控制器、分配通道。对设备分配程序的改进方法有增加设备的独立性和考虑多通路情况两种。

（3）设备处理主要由设备处理程序完成，设备处理程序也称为设备驱动程序，它是输入输出进程与设备控制器之间的通信程序。

（4）设备管理采用的技术有缓冲技术、中断技术、假脱机技术。缓冲技术是为了提高输入输出的速度和利用率，中断技术是为了响应优先权高的设备处理请求，假脱机技术也称为“预输入，缓输出”技术，是为了把独享设备变为共享设备，提高设备的利用率，实现虚拟设备的功能。

习题 4

一、单项选择题

1．按（　）可以将设备分为块设备和字符设备。

A）从属关系　　B）操作特性　　C）共享关系　　D）信息交换单位

2．设备管理程序对设备的分配和控制是借助一些数据结构表格进行的，下列（　）不是设备管理程序中使用的表格。

A）作业控制表　　B）设备控制表

C）控制器控制表　　D）系统设备表

3．利用虚拟设备达到输入输出要求的技术是指（　）。

A）利用外存作缓冲，将作业与外存交换信息和外存与物理设备交换信息两者独立起来，并使它们并行工作的过程

B）把输入输出要求交给多个物理设备分散完成的过程

C）把输入输出信息先存放在外存上，然后由一台物理设备分批完成输入输出要求的过程

D）把共享设备改为某个作业的独享设备，集中完成输入输出要求的过程

4．将系统中的每一台设备按某种原则进行统一编号，这些编号作为区分硬件和识别设备的代号，该编号称为设备的（　）。

A）绝对号　　B）相对号　　C）类型号　　D）符号名

5．通道是一种（　）。

A）输入输出端口　　B）数据通道

C）输入输出专用处理器　　D）软件工具

6．在采用 SPOOLing 技术的系统中，用户的打印数据首先被送到（　）。

A）磁盘固定区域　　B）主存固定区域

C）终端　　D）打印机

7．操作系统中采用缓冲技术，能够减少对 CPU 的（　）次数，从而提高资源的利用率。

A）中断　　B）访问　　C）控制　　D）依赖

8．在采用 SPOOLing 技术的系统中，使得系统的资源利用率（　）。

A）提高了　　B）降低了

C）有时提高有时降低　　D）出错的机会增加了

9．缓冲技术中的缓冲池在（　）中。

A）主存　　B）外存　　C）ROM　　D）寄存器

10．引入缓冲的主要目的是（　）。

A）改善 CPU 和输入输出设备之间速度不匹配的情况

B）节省主存

C）提高 CPU 的利用率

D）提高输入输出设备的效率

11．CPU 输出数据的速度远远高于打印机的打印速度，为了解决这一矛盾，可以采用（　）技术。

A）并行　　B）通道　　C）缓冲　　D）虚存

12. 为了使多个进程能有效地同时处理输入和输出，最好使用（　）结构的缓冲技术。

A）缓冲池　　B）循环缓冲区

C）单缓冲区　　D）双缓冲区

13. 通过硬件和软件的功能扩充，把原来的独立设备改造成能为多个用户服务的共享设备，这种设备称为（　）。

A）存储设备　　B）系统设备

C）用户设备　　D）虚拟设备

14. 如果输入输出设备与存储设备进行数据交换不经过 CPU 来完成，这种数据交换方式是（　）。

A）程序查询　　B）中断方式

C）DMA 方式　　D）无条件存取方式

15. 大多数低速设备都属于（　）设备。

A）独享　　B）共享

C）虚拟　　D）SPOOLing

16. 设备分配问题中，算法实现时，同样要考虑安全性问题，防止在多个进程进行设备请求时，因互相等待对方释放所占设备所造成的（　）现象。

A）瓶颈　　B）死锁　　C）系统抖动　　D）碎片

17. 以下叙述中正确的是（　）。

A）在现代计算机中，只有输入输出设备才是有效的中断源

B）在中断处理过程中必须屏蔽中断

C）同一用户所使用的输入输出设备也可能并行工作

D）SPOOLing 是脱机输入输出系统

18.（　）是操作系统中以空间换取时间的技术。

A）SPOOLing 技术　　B）虚拟存储技术

C）覆盖与交换技术　　D）通道技术

19. 在操作系统中，（　）指的是一种硬件机制。

A）通道技术　　B）缓冲技术

C）SPOOLing 技术　　D）主存覆盖技术

20. 在操作系统中，用户在使用输入输出设备时，通常采用（　）。

A）物理设备名　　B）逻辑设备名

C）虚拟设备名　　D）设备牌号

二、填空题

1. 通道是一个独立于 CPU 的专门的输入输出处理器，它控制________与________之间的信息交换。

2．虚拟设备是通过________技术把________设备变成能为若干个用户________的设备。

3．常用的设备分配算法是________和________，设备分配应保证设备有________和避免________。

4．通道被启动后将按________的规定来控制外围设备工作。

5．设备管理中采用的数据结构有________、________、________和________四种。

6．SPOOLing 系统中，作业执行时从磁盘上的________中读取信息，并把作业的执行结果暂时存放在磁盘上的________中。

7．从资源管理的角度出发，输入输出设备可以分为________、________和________三种类型。

8．按所属关系可以把输入输出设备分为系统设备和________两类。

9．常用的输入输出控制方式有程序直接控制方式、中断方式、________和________。

10．________是控制设备动作的核心模块，如设备的打开、关闭、读、写等，用来控制设备上数据的传输。

三、判断题

（　）1．输入输出设备管理程序的主要功能是管理主存、控制器和通道。

（　）2．缓冲技术是借用外存的一部分区域作为缓冲池。

（　）3．虚拟设备技术是在一类物理设备上模拟另一类物理设备的技术，它可以将独占的设备改造为共享的设备。

（　）4．一个 DMA 控制器只能控制一台设备，一个通道可以控制多个设备。

（　）5．设备的独立性是指应用程序独立于物理设备，以使用户编制的程序与实际使用的物理设备无关。

（　）6．虚拟设备是指用户想象的一种设备。

（　）7．中断控制方式是指每输入输出一个数据都发生中断。

（　）8．设备的绝对号是指系统对每台设备的编号，设备的相对号是指用户对每类设备的编号。

（　）9．独享分配适用于大多数低速设备，共享分配适用于高速设备。

（　）10．驱动程序主要是在请求输入输出的进程与设备控制器之间的一个通信程序。

四、名词解释

1．设备的独立性

2．通道

3．虚拟设备

4．输入井

5．输出井

五、简答题

1．什么是虚拟设备？请说明 SPOOLing 系统如何实现虚拟设备？

2．设备分配时为什么要考虑安全性以及与设备的无关性？试给出一个系统安全性的算法。

3．关于设备管理，试给出两种输入输出调度算法，并说明为什么输入输出调度中不使用时间片轮转法？

4．什么是逻辑设备？什么是物理设备？如何实现从逻辑设备到物理设备的转换？

5．什么是缓冲？为什么引入缓冲？请找出现实生活中使用缓冲区的实例。

6．输入输出控制方式有几种？各有什么特点？

7．DMA 方式与中断方式有什么不同？

8．有两块经测试无问题的声卡，第一块插在计算机上系统能识别它，而第二块插在计算机上系统不能识别它，请问这两块声卡有何区别？要想系统能识别第二块声卡，应如何解决？

5 文件管理

本章主要内容

- 文件管理概述
- 文件结构
- 文件的存储设备
- 文件目录管理
- 文件共享与安全
- 文件使用

本章教学目标

- 熟悉文件的概念、分类以及文件的组织
- 掌握磁盘的调度算法
- 熟悉文件目录的管理、文件的保密与保护方法
- 熟悉文件的使用

5.1 文件管理概述

文件是指存储在外存上的信息集合。为了减轻用户的负担并保证系统的安全，在操作系统中设计了对文件和文件目录相关的子系统的管理功能，称为文件管理或文件系统。文件管理负责管理文件信息，并把对文件的存取、共享和保护等手段提供给操作系统和用户。文件管理的主要目标是提高外存空间的利用率，其主要任务是对用户文件、系统文件和目录进行管理，方便用户的使用，并保证文件的安全。

5.1.1 文件管理的主要功能

文件管理的主要功能包括文件存储空间管理、文件目录管理、逻辑文件与物理文件的转换、文件读写管理、文件共享和安全管理。

1．文件存储空间管理

通常文件都是存储在磁盘上的，所以磁盘空间的管理是文件管理需要考虑的一个主要问题。文件存储空间管理的任务是为每个文件分配必要的存储空间，提高存储空间的利用率，并能有助于提高文件系统的工作速度。

2．文件目录管理

文件目录管理的任务是为每个文件建立目录项，并对众多的目录加以组织，以实现文件的按名存取和共享，提供快速的目录查询手段，提高文件的检索速度。

3．逻辑文件与物理文件的转换

为了方便用户，规定用户直接使用的是逻辑文件，用户使用文件时只要给出文件的名字和一些适当的说明信息，文件系统就能按照用户的要求把逻辑文件组织成物理文件存放到存储介质上或者把存储介质上的物理文件转换成逻辑文件供用户使用。

4．文件读写管理

文件系统读写控制的主要任务：一是对拥有读写和执行权限的用户，允许他们对文件进行相应的操作；二是对没有相应权限的用户，禁止他们对文件进行相应的操作；三是防止一个用户冒充其他用户对文件进行读写操作；四是防止拥有存取权限的用户误用文件。

5．文件共享和安全管理

文件共享是指不同的用户共同使用同一个文件。在文件共享的系统中，只需要保存该共享文件的一个副本，就可以减少文件复制操作花费的时间，节省大量的存储空间。文件的安全管理是指文件的保护，主要是防止人为因素或系统因素对文件的破坏。

5.1.2 文件系统的基本概念

1．文件

文件是指存放在外存上的已命名的一组相关信息的集合。通常将程序和数据组织成文件，保存在外存上。文件中的基本访问单位是位、字节或记录。文件的属性包括文件类型、文件长度、文件的物理位置、文件的存取控制、文件的建立时间。

在有些操作系统中，从字符流文件的角度出发，设备也被看作是具有名称的特殊文件，这样可以简化设备管理程序和文件系统的接口设计。

2．记录

记录是一组相关数据项的集合，用于描述数据对象某方面的属性。它是文件中数据处理的基本单位，是组成文件的基本元素。

在一个由大量记录组成的文件中，为了能唯一地标识一条记录，可以在记录的各个数据项中，确定出一个或几个数据项，把它（或它们）称为关键字（Key），如在描述学生的数据项中学号可以作为关键字。

3．数据项

数据项是指描述一个对象的某种属性的字符集，它是数据处理的最小单位。它可以分为基本数据项和组合数据项。

基本数据项是用于描述一个对象的某种属性的字符集，是数据组织中可以命名的最小逻辑数据单位，即原子数据，又称为数据元素或字段。它的命名往往与其属性一致，如用于描述一个学生的基本数据项有学号、姓名、年龄、性别等。

组合数据项由若干个基本数据项组成，简称组项。例如，工资就是一个组项，它由基本工资、工龄工资和奖励工资等基本项组成。

数据项除了名称外，还应有数据类型。例如，描述学生的姓名，应使用字符串（含汉字）；描述性别时，可以用逻辑变量或字符。可见，由数据项的名字和类型两者，共同定义了一个数据项的“型”，而代表一个实体在数据项上的具体数据称为值，如学号/20130201、姓名/刘力、性别/男等。

4. 文件类型

为了便于管理和控制文件而将文件分为若干种类型。不同的系统对文件的分类方法也有很大差异。为了方便系统和用户了解文件的类型，在许多操作系统中都通过文件的扩展名来反映文件的类型。常用的几种文件的分类方法如下：

（1）按性质和用途分类。

1）系统文件。只允许用户通过系统调用来执行它们，不允许用户对其进行读写和修改操作。这类文件主要由操作系统的内核和各种系统应用程序和数据组成。

2）用户文件。由用户的源代码、可执行文件或数据等构成的文件，用户将这些文件委托给系统保管。这类文件只有文件的所有者或所有者授权的用户才能使用。

3）库文件。这是由标准子程序及常用的例程等构成的文件。这类文件允许用户调用和查看，但是，不允许修改，如C语言的函数库。

（2）按文件中的数据形式分类。

文件中的数据形式是指组成文件的数据格式，按文件中的数据形式可以把文件分为以下几种：

1）源文件。由源程序和数据构成的文件，通常由ASCII码或汉字组成。

2）目标文件。把源程序经过相应的计算机语言的编译程序编译，但是，尚未经过链接程序链接的目标代码所形成的文件。它属于二进制文件，通常使用的扩展名是.obj。

3）可执行文件。经编译后所产生的目标代码，再由链接程序链接后所形成的文件，通常使用的扩展名是.exe。

（3）按文件的存取控制属性分类。

文件的存取控制是指对文件的操作权限，有只读、读写等权限，按文件的存取控制属性可以把文件分为以下几种：

1）只执行文件。只允许被核准的用户调用执行，既不允许读更不允许写。

2）只读文件。只允许文件主及被核准的用户读取，但不允许写。

3）读写文件。允许文件主及被核准的用户读文件和写文件。

（4）按文件的逻辑结构分类。

文件的逻辑结构是指用户组织和使用文件时的结构，即用户所观察到的文件组织形式。按文件的逻辑结构可以把文件分为以下几种：

1）有结构文件。这类文件是由若干条记录构成的，又称为记录式文件。根据记录的长度是定长的还是可变的，又可以分为定长记录文件和变长记录文件。其基本信息单位是记录，主要用于信息管理。

2）无结构文件。这是直接由字符序列所构成的文件，故又称为流式文件。可以把流式文件看成是记录式文件的特例，即文件中每条记录只有一个字符。这种形式适用于存放源程序和目标代码等文件，UNIX 操作系统和 MS-DOS 均采用无结构文件形式。

（5）按文件的物理结构分类。

文件的物理结构是指文件在外存上存储时的组织结构，按文件的物理结构可以把文件分为以下几种：

1）顺序文件。也称为连续文件，即把逻辑文件中的记录顺序地存储到连续的物理块中。在顺序文件中记录的次序与它们的物理存放次序是一致的。

2）链接文件。文件中的记录可以存放在不相邻的各个物理块中，通过物理块中的链接指针，将它们链接成一个链表。

3）索引文件。文件中的记录可以存储在不相邻的物理块中，然后为每个文件建立一张索引表，存放记录和物理块之间的映射关系。在索引表中每条记录设置有一个表项，用以存放该记录的记录号及其所在的物理块号。

（6）按照文件的内容分类。

1）普通文件。存放要处理的数据文件，或处理数据的程序文件，统称为普通文件。这一类文件在信息处理中占据着主流，是进行处理的大部分文件。

2）目录文件。在管理文件时，要建立每一个文件的目录项。当文件很多时，操作系统经常把这些目录项聚集在一起，构成一个文件来进行管理，而这种包含文件目录项的文件就称为目录文件。

3）特殊文件。为了统一管理和方便使用，在操作系统中常以文件的观点来看待设备。如在 MS-DOS 中，文件 CON 就代表键盘或显示器设备，PRN 代表打印机。

5. 文件系统

文件系统是指含有大量文件及其属性说明、对文件进行操作和管理的，向用户提供使用接口的软件集合。图 5-1 表示了文件系统的组成。它分为三个层次，最低层是文件及其属性说明；中间层是对对象进行操作和管理的软件集合；最高层是文件系统提供给用户的接口。

（1）最低层：文件及其属性说明。

文件及其属性说明包括文件、文件目录和磁盘的存储空间。

1）文件。在文件系统中有不同类型的文件，它们是文件管理的直接对象。

2）文件目录。为了方便用户对文件的检索和存取而在文件系统中设置了文件目录。对文件目录的组织和管理是提高用户存取文件速度的关键。

3）磁盘的存储空间。文件和文件目录必定占据存储空间，对这部分空间进行管理，可以提高外存的利用率，加速对文件的处理。

文件的用户接口
文件操作和管理软件
文件及其属性说明

图 5-1　文件系统的组成

（2）中间层：文件操作和管理软件。

文件系统的大部分功能都是在这一层实现的。因此，这一层是文件系统的核心部分。其功能包括对文件存储空间的管理、对文件目录的管理、逻辑记录与物理记录的转换、文件的读写管理、文件的共享与保护等。具体包括输入输出控制层、基本文件系统、基本输入输出管理程序和逻辑文件系统。

1）输入输出控制层。它主要由磁盘驱动程序和磁带驱动程序组成，又称为设备驱动程序层，其主要职责是启动输入输出操作和对设备发来的输入输出信号进行处理。

2）基本文件系统。又称为物理输入输出层，该层主要用于处理主存与磁盘之间数据块的交换。实际处理时，基本文件系统只需要向相应的驱动程序发出一条通用命令，去读写若干个盘块。在命令中，应给出欲读写的盘块在磁盘上的位置，以及在主存中所使用的缓冲区等参数。基本文件系统无需了解所传送数据块的内容或文件的结构。

3）基本输入输出管理程序，又称文件组织模块。这一层负责完成与磁盘输入输出有关的大量事务，包括要选择文件所在的设备、进行文件逻辑块号到物理块号的转换、空闲盘块的管理、输入输出缓冲的指定。

4）逻辑文件系统。基本文件系统处理的是数据块的交换，而逻辑文件系统处理的则是文件和记录的相关操作。如允许用户按文件名访问文件，实现对文件的保护，在目录中建立新的目录或修改目录。

（3）最高层：文件的用户接口。

为了方便用户使用文件系统，通常要向用户提供两种类型的接口，即命令接口和程序接口。命令接口实现用户与文件系统之间的交互。如在 Windows 环境下，通过命令接口可以直接对文件进行建立、复制、移动、改名和删除等操作。程序接口是用户程序与文件系统的接口，用户可以通过系统调用取得文件系统的服务。如在 TC 环境下，通过程序接口，即系统调用函数 fopen()、fclose()、fwrite()、fread()等，完成文件的打开、关闭、写、读等操作。

5.2 文件结构

文件结构是指文件的构造方式，也称为文件组织。通常，文件是由一系列的记录组成的。文件系统设计的一个关键是如何将大量的记录构造成一个文件，以及如何将一个文件存储到外存上。对任何一个文件，都存在着两种形式的结构，即逻辑结构和物理结构。

5.2.1 文件的逻辑结构

1. 文件逻辑结构的概念

文件的逻辑结构是用户组织文件时可见的结构，即用户所观察到的文件组织形式。文件的逻辑结构是用户可以直接处理的数据及其结构，它独立于物理特性，又称为文件组织。

在文件系统设计时，选择何种逻辑结构才能更有利于用户对文件的操作呢？主要原则如下：

（1）提高检索效率。根据给定的逻辑结构，应使文件系统在尽可能短的时间内找到所需要的记录或基本信息单位。

（2）便于修改。便于在文件中增加、删除和修改一条或多条记录。

（3）降低文件存储费用，使文件占用最小的存储空间。

（4）便于用户操作。

2. 文件逻辑结构的形式

文件的逻辑结构从形式上分为两类：有结构的记录式文件和无结构的流式文件，如图 5-2 所示。

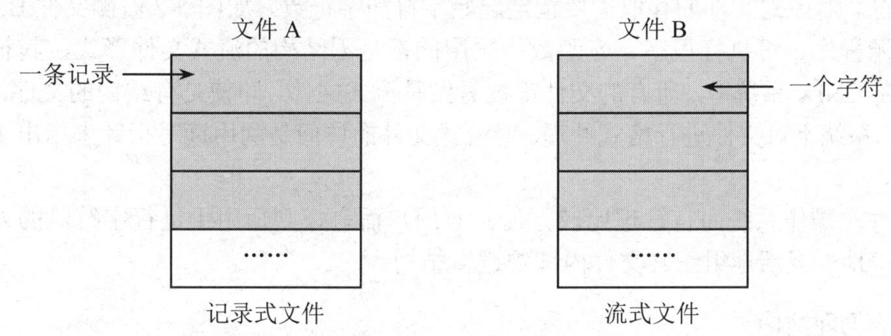

图 5-2　文件的两种逻辑结构

（1）有结构的记录式文件。它由若干条记录构成，记录可以按顺序编号，对文件的访问按记录号进行；也可以为每条记录指定一个或一组数据项作为关键字，然后按关键字进行访问。记录是用户程序与文件系统交换信息的基本单位。

在记录式文件中，所有的记录通常都是属于一个实体集的，有着相同或不同数目的数据项。按照记录长度是否相同，把记录分为定长和不定长两类。

1）定长记录。即文件中所有记录的长度都是相同的。所有记录中各数据项都处在记录中相同的位置，具有相同的顺序及相同的长度，文件的长度用记录的数目表示。定长记录的文件处理方便、开销小，被广泛地运用于数据处理中，是较常用的一种记录格式。它的不足是，当一条记录中的某些数据项没有值时，也必须占用一定的空间，这样就浪费了存储空间。

2）不定长记录。也称为变长记录，即文件中各记录的长度是不相同的，每条记录中包含的数据项目也可能不同，数据项本身的长度不定。其特点是记录组成灵活、存储空间浪费小。如存放学生数据的文件中，每条记录的简历数据项存放的数据长度不定。其缺点是记录处理不方便，大多数只能采取顺序处理方式，不能采取随机处理方式。

不论哪种记录形式，处理前每条记录的长度是可知的。根据用户和系统管理上的需要，可采用多种形式来组织记录。这些形式主要有：

1）顺序文件。即一系列记录按照某种顺序排列而成的文件，其中的记录通常是定长记录，具有较快的查找速度。

2）索引文件。它为每一个文件建立一个索引表，并在索引表中为每条记录建立一个表项。索引表通常是按关键字的大小顺序排序的，它本身是一个定长记录文件，可以实现直接存取。它通常用于不定长记录的文件，以加快文件的查找速度。

3）索引顺序文件。它是上述两种文件方式的组合。它要为文件建立一张索引表，在索引表中，为每一组记录中的首记录设置一表项，其中含有记录的键值和指向该记录的指针。索引顺序文件是一种最常见的逻辑文件形式，它有效地克服了变长记录不便于直接存取的缺点，而且所付出的代价也不大。

（2）无结构的流式文件。流式文件是由字符流构成的文件。它内部的数据不再组成记录，只是一串字符。对流式文件的存取需要指定起始字符和字符数。如图 5-2 右侧文件 B 所示。

大量的源程序、可执行程序、库函数等采用的都是无结构的流式文件形式，其长度以字节为单位。在 UNIX 系统中，所有的文件都被看做是流式文件，即使是有结构的文件，也被视为流式文件，系统不对文件进行格式处理。对流式文件的访问是利用读写指针来指出下一个要访问的字符。

流式文件对操作系统而言管理比较方便，对用户而言，则适用于进行字符流的处理，也可以不受约束地、灵活地组织其文件内部的逻辑结构。

5.2.2 文件的物理结构

文件系统的功能之一就是在文件的逻辑结构和相应的物理结构之间建立起一种映射关系，并实现两者之间的转换。文件系统要根据存储设备的特性、文件的存取方式来决定如何把用户文件存放在存储介质上。文件在存储介质上的构造方式对于用户来讲不必了解，但是对文件系统却至关重要，它直接影响到存储空间的使用和文件信息的检索速度。

1. 文件物理结构的概念

文件的物理结构，又称为文件的存储结构，它是指文件在外存上存储时的组织结构。文件的物理结构与存储介质的物理特性及用户对文件的访问方式有关。

文件的物理结构通常划分为大小相等的物理块。这些物理块也称为物理记录，它是文件分配及传输信息的基本单位。物理记录的大小与物理设备有关，与逻辑记录的大小无关。一条物理记录的大小与磁盘空间存储块的大小是相等的。因此，一条物理记录占用一个物理存储设备的存储块。为了有效地利用外存设备，便于系统管理，一般把文件信息划分成与物理块大小相等的逻辑块。

说明：这里可以用主存的页式存储管理来理解。把外存划分成大小相等的若干区域，每一个区域称为一个物理块（相当于对主存分块）；把一个文件分成与物理块大小相等的逻辑块（相当于对作业分页）。一个逻辑块存储到一个物理块上。每一个文件的逻辑块号都是从“0”开始编号，而物理块号是整个外存空间从“0”开始编号。与主存的页式存储管理不同的是，根据存储空间“块”（物理块）的大小来确定文件“页”（逻辑块）的大小。

2. 文件物理结构的形式

根据文件存储设备的特性以及用户对文件的访问方式，可以在文件存储器中使用以下三种文件物理结构组织文件：顺序结构、链接结构和索引结构。

（1）顺序结构。顺序结构是最简单的一种物理结构。顺序结构将一个在逻辑上连续的文件信息依次存放在外存连续的物理块中，即逻辑上连续、物理上也连续。如图 5-3 所示，一个逻辑块号为 0、1、2、3 的文件依次存放在物理块 10～13 中。

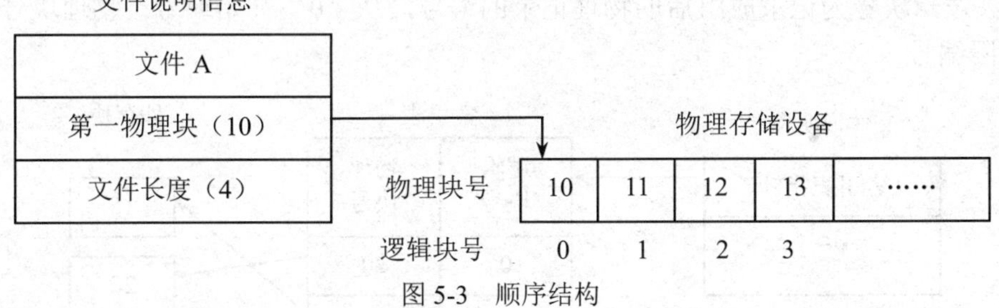

图 5-3 顺序结构

顺序结构的优点是管理简单，存取速度快，适合于顺序访问。只要知道文件在存储设备上的始址和文件长度，就能很快地存取。文件的逻辑块号到物理块号的变换也非常容易。顺序结构的缺点是在建立文件时必须在文件说明信息中确定文件的长度，以后不能动态增长，文件修改难度大。例如，在一个文件中想要增加一些信息，而该文件尾的相邻块已分给别的文件时，增加信息就难以实现了。当删除某一块时，有可能使该块成为类似主存中的碎片。所以，顺序结构不适合存放用户文件、数据库文件等经常被修改的文件。

解决以上问题的方法是定期对外存空间进行调整，即先把磁盘信息整盘转存到另一存储设备上，然后重新装入存储的信息，以便重新获得大片连续的空闲块区。

（2）链接结构。克服顺序文件缺点的办法之一是采用链接结构。链接结构将文件存放在外存的若干个物理块中，这些物理块不必连续，并且在每一个物理块中设一个指针，指向下一个物理块的位置，从而使得存放在同一个文件的物理块链接起来。图 5-4 所示为一个文件采用的链接结构，它分别存放在 4 个不连续的物理块中。

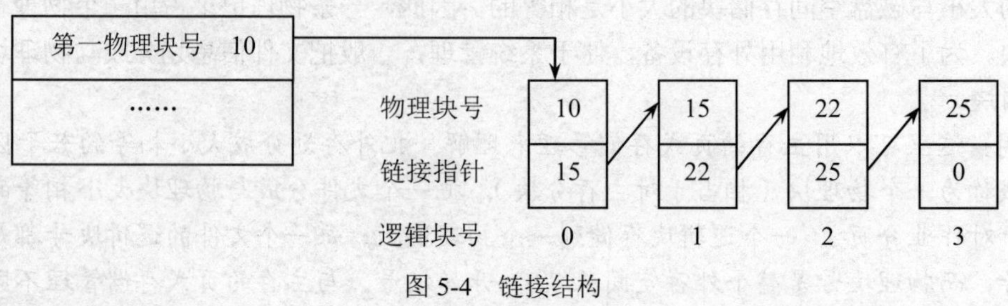

图 5-4　链接结构

显然，使用链接结构时，不必在文件说明信息中说明文件的长度，只要指明该文件存放的第一个物理块号即可。链接文件的优点是文件的长度可以动态增长，增加和删除记录比较容易，只需要调整链表中的指针即可，外存的利用率高。其缺点是随机访问效率低。因此，链接文件的访问方式应该是顺序访问。

（3）索引结构。索引文件克服了顺序文件和链接文件的缺点。索引结构将文件存放在外存的若干个物理块中，并为每一个文件建立一张索引表，索引表中的每个表目存放文件信息的逻辑块号和与之对应的物理块号。索引表的物理地址由文件说明信息给出。索引文件结构如图 5-5 所示。逻辑块号为记录成组后的物理记录的编号，从“0”开始编号；物理块号为磁盘存储块的实际编号。

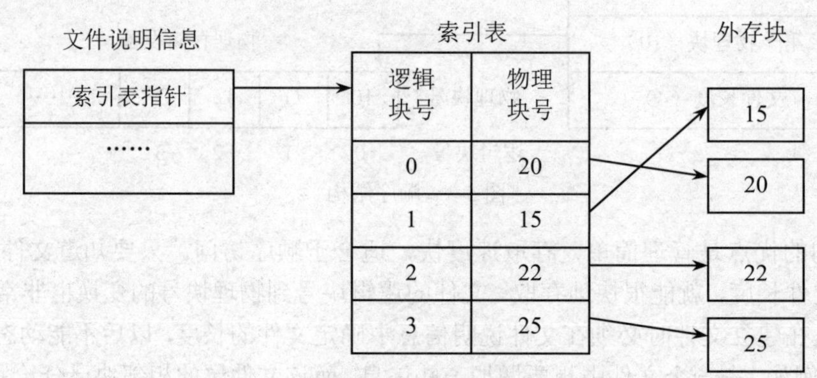

图 5-5　索引文件结构

索引文件结构既可以满足文件动态增长的需要，又可以较为方便地实现随机存取。因为有关逻辑块号和物理块号的信息全部放在一张索引表中，而不是像链接文件那样分散在各个物理块中。采用索引结构便于增加和删除文件记录。当给文件增加一条记录时，只要找出一个空闲的物理块，把记录存入该块，同时在索引表中登记该记录的存放地址即可。当删除一条记录时，只要把该记录在索引表中的登记项清成 0，且收回该记录原来占用的物理块，把它作为空闲块即可。

索引文件既适合顺序访问，又适合随机访问，应用范围广泛。但是，当文件的记录数很多时，索引表就会很庞大从而降低检索的速度。一个较好的解决办法是采用多级索引，如图5-6所示，为索引表再建立索引（二级索引结构）。

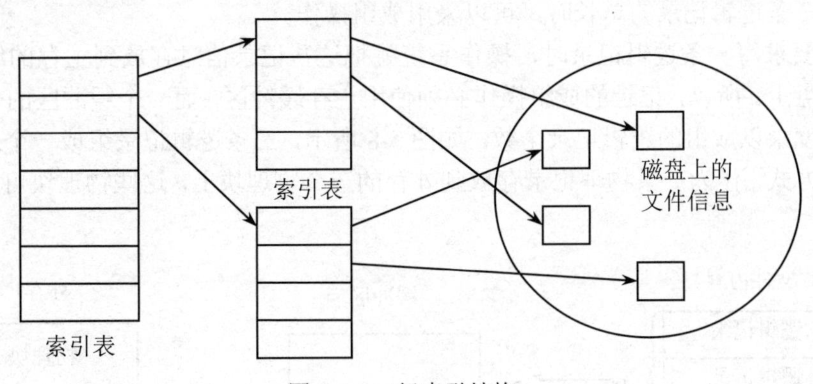

图5-6 二级索引结构

3. 文件的访问方式

根据用户对文件内数据的处理方法不同，文件的访问方式可以分为以下几种：

（1）顺序访问。它是指用户从文件初始数据开始依次访问文件中的信息。对记录式文件意味着按记录的编号从小到大进行存取，对流式文件则意味着对文件从头至尾进行存取。顺序访问的特点是访问速度快，不需要计算访问信息的位置，适合于数据的统计和汇总等。

（2）直接访问。也称为随机访问，是指用户随机地访问文件中的某段信息。用户在采用直接访问方式访问文件时，文件必须存放在可以支持快速定位的随机存储设备中。

5.2.3 记录的成组和分解

每个用户的文件是由用户按照自己的需要组织的，逻辑记录的大小是由文件的性质决定的。而存储介质上的分块是根据存储介质的特性划分的。所以，逻辑记录的大小往往与存储块的大小不一致。为了节省存储空间，提高主存的利用率，系统引入了记录的成组和分解，如图5-7所示。系统把若干条逻辑记录组成一条物理记录存储到物理设备上完成记录的成组操作，把一条物理记录分解成若干条逻辑记录完成记录的分解操作。

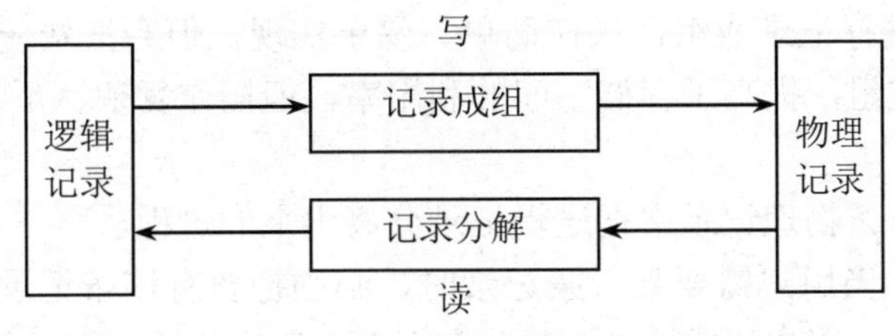

图5-7 记录的成组与分解

1. 记录成组

记录成组是指把若干条逻辑记录合并成一组存入一个物理块的过程。如用户要把某文件中的长度分别为 11、12、13 的三条逻辑记录 R1、R2 和 R3 依次写到磁盘上，当磁盘上的分块长度大于这三条逻辑记录的总长时，可以采用成组操作。

用户每要求写一条逻辑记录时，操作系统就把这些记录信息存放到主存的缓冲区内，然后再写到磁盘上。所以，记录的成组操作必须使用主存缓冲区，而一个缓冲区的长度等于最大逻辑记录长度乘以成组的逻辑记录个数。如图 5-8 所示，三条逻辑记录组成一个逻辑块，按照一定的存储方式，作为一条物理记录存放到外存的一个物理块上，这些物理块可能相邻，也可能不相邻。

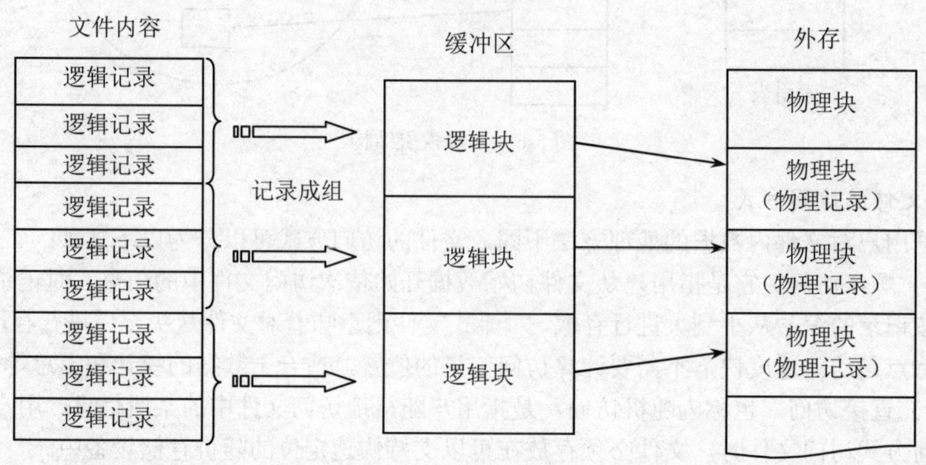

图 5-8　记录成组过程

根据是否允许将一条逻辑记录存储于两个物理块上，可以把记录成组分为跨块方式和不跨块方式。跨块方式允许一条逻辑记录存储于两个物理块上，而不跨块方式则不允许一条逻辑记录存储于两个物理块上。如一条物理记录大小为 4KB，一条逻辑记录大小为 1.2KB。若按不跨块方式，一条物理记录可以由 3 条逻辑记录组成，如图 5-8 所示；若按跨块方式，一条物理记录可以由 3 条多逻辑记录组成，也就是有一条逻辑记录，一部分在一条物理记录上，另一部分在下一条物理记录上。

采用不跨块方式进行记录成组，操作简单、易于实现，但会浪费一定的存储空间；而采用跨块方式进行记录成组，提高了存储空间的利用率，但操作复杂、不易实现。

2. 记录分解

记录分解是指从一条物理记录中把逻辑记录分离出来的过程。

记录成组存放后，当用户需要某一条记录时，必须把含有该条记录的整块信息读出，再从这一组逻辑记录中找出用户所需要的记录进行处理。记录分解也需要使用主存缓冲区，如图 5-9 所示。

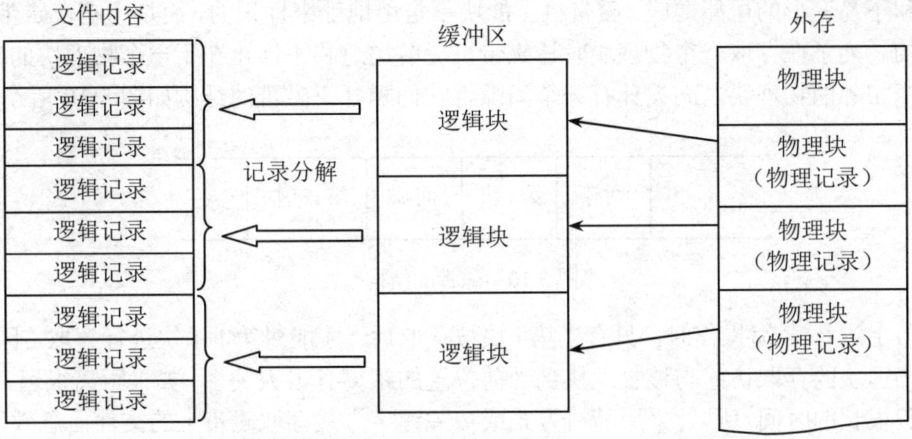

文件内容 缓冲区 外存

文件内容	缓冲区	外存
逻辑记录		物理块
逻辑记录	逻辑块	物理块（物理记录）
逻辑记录		
逻辑记录		物理块（物理记录）
逻辑记录	逻辑块	
逻辑记录		物理块（物理记录）
逻辑记录		
逻辑记录	逻辑块	
逻辑记录		

记录分解

图 5-9 记录的分解过程

采用记录成组与分解操作可以提高存储空间的利用率，有效地减少存储设备的启动次数。但是，记录的成组与分解操作需要设立主存缓冲区，增加了系统开销。

说明：记录的成组与分解就像工厂生产的产品经过装箱运输到商店，商店再拆箱取出商品进行销售的过程一样。产品装箱的过程好比记录的成组，拆箱的过程好比记录的分解。

5.3 文件的存储设备

文件的存储设备是实现文件管理的基础，本节主要介绍文件存储设备的类型、磁盘驱动调度算法、存储空间的分配与回收。

5.3.1 文件存储设备的类型

文件存储设备的主要类型有磁带、磁盘、光盘等。存储介质的物理单位称为卷，如一盘磁带、一张软盘、一个磁盘组等都可以称为一卷。存储介质上连续信息所组成的一个区域称为块，也称为物理记录。块是主存储器与物理设备进行信息交换的物理单位，每次总是交换一块或若干块信息。划分块的大小应根据存储设备的类型、信息传输效率等多种因素来考虑。下面主要介绍以磁带为代表的顺序存储设备和以磁盘为代表的直接存储设备。

1. 顺序存储设备

顺序存储设备是按信息的物理位置进行定位和读/写操作的存储设备。在顺序存储设备中，只有前面的物理块被存取之后，才能存取其后的物理块。例如，磁带就是一种典型的顺序存储设备，它总是从磁带的当前位置开始读/写。

磁带是一种用于记录声音、图像、数字或其他信号的载有磁层的带状材料，是产量最大和用途最广的一种磁记录材料。通常是在塑料薄膜带基上涂覆一层颗粒状磁性材料或蒸发沉积上一层磁性氧化物或合金薄膜而成。最早曾使用纸和赛璐珞等作带基，现在主要使用强度高、稳定性好和不易变形的聚酯薄膜。磁带机上的块不是用地址来标识的，而是用它在磁带上的位置来标识的。为了在存取一个物理块时让磁带机提前加速和不停止在下一个物理块的位置上，磁带的两个相邻的物理块之间设计有一个间隙将它们隔开。磁带的结构如图 5-10 所示。

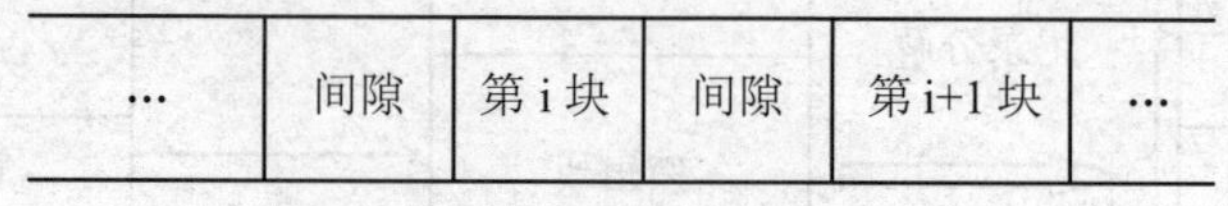

图 5-10　磁带的结构

在磁带上进行读/写操作时，只有当第 i 块被存取后，才能对第 i+1 块进行存取。因此，某条记录或物理块的存取访问与该物理块到当前位置的距离有很大关系。如果距离很远，移动磁头就要花费很长的时间。所以，采用随机方式或按关键字方式存取磁带上的文件信息效率不高。

磁带的存储特性如下：

（1）磁带是一种顺序存取的存储设备，总是从磁头的当前位置开始读写。

（2）磁带上的块不由地址来标识，而由其在磁带上的位置来识别。

（3）块与块之间有间隙，磁带上的物理块就是通过间隙来区分的。

（4）磁带的存取速度与信息密度、磁带带速和块间间隙有关。如果带速高，信息密度大，且所需块间隙小，则磁带存取速度快。

（5）磁带的容量大，采用顺序存取方式时存取速度快，采用随机存取方式效率较低。

下面通过一个实例来了解一下磁带的存储特点。

【例 5-1】假定磁带记录密度为每英寸 800 字符，每条逻辑记录为 160 字符，块间隙为 0.6 英寸。今有 1500 条逻辑记录需要存储，试计算磁带的利用率。若要使磁带空间利用率不少于 50%，至少应以多少条逻辑记录为一组？这说明了什么问题？

【解】因磁带记录密度为每英寸 800 字符，则一条逻辑记录占据的磁带长度为：160/800=0.2（英寸），1500 条逻辑记录要占据的磁带长度为（0.2+0.6）×1500=1200（英寸）。

磁带的利用率为：0.2 /（0.2+0.6）= 25%。

要使磁带的利用率不少于 50%，则一组逻辑记录所占的磁带长度应与间隙长度相等，所以一组中的逻辑记录数至少为：0.6/0.2=3（条）。

这说明记录的成组可以提高外存空间的利用率。

2. 直接存储设备

直接存储设备是允许文件系统直接存取对应存储介质上的任意物理块的存储设备。如磁盘就是典型的直接存储设备。磁盘设备允许文件系统直接存取磁盘上的任意物理块。磁盘机一般由若干张磁盘片组成，这些盘片可以同时沿着一个固定方向高速旋转。每个盘面对应一个磁头，所有的读写磁头被固定在唯一的磁臂上，这样磁头可以沿半径方向同时移动，读写磁盘不同位置上的信息。图 5-11 所示为硬盘的内部结构。

为了理解磁盘的存储特点，首先介绍几个与磁盘有关的概念。

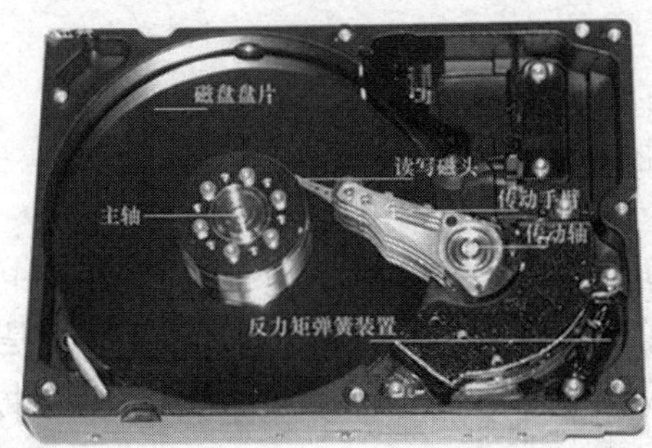

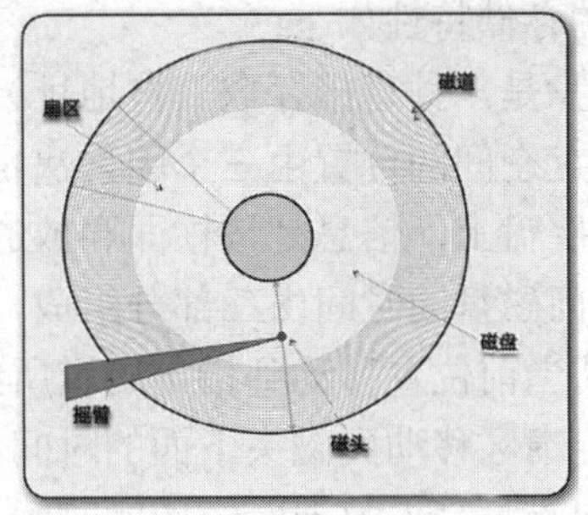

图 5-11 硬盘内部结构

（1）磁道。磁盘在格式化时被划分成许多同心圆，这些同心圆称为磁道；为了描述磁道，对磁道由外向内从 0 开始编号，称为磁道号。即系统通过磁道号完成对磁道的操作。一个标准的 3.5 英寸硬盘盘面通常有几百到几千条磁道。磁道是“看”不见的，只是盘面上以特殊形式磁化了的一些磁化区，在磁盘格式化时就已规划完毕。

（2）柱面。与盘片中心有相同距离的所有磁道组成一个柱面，每个柱面上的磁头由上而下从“0”开始编号。数据的读/写按柱面进行，即磁头读/写数据时首先在同一柱面内从“0”磁头开始进行，依次向下在同一柱面的不同盘面即磁头上操作，只在同一柱面所有的磁头全部读/写完毕后磁头才转移到下一柱面，因为选取磁头只需通过电子切换即可，而选取柱面则必须通过机械切换。电子切换相当快，比磁头向邻近磁道机械移动快得多。

（3）扇区。信息以脉冲串的形式记录在磁道上，磁道不是连续记录数据，而是被划分成一段段的圆弧，这些圆弧的角速度一样。由于径向长度不一样，所以，线速度也不一样，外圈的线速度较内圈的线速度大，即同样的转速下，外圈在同样时间段里，划过的圆弧长度要比内圈划过的圆弧长度大。每段圆弧叫做一个扇区，每个扇区可以存放相等字节数（一般为 512B）的信息，按照与磁盘旋转相反的方向依次给扇区编号，称为扇区号。扇区从“1”开始编号，每个扇区中的数据作为一个单元同时读出或写入。磁道沿径向又分成大小相等的若干个区域，每个区域称为一个扇区。

（4）磁头号。所有的读写磁头由上至下进行编号，称为磁头号。硬盘的盘片一般用铝合金材料做基片，高速硬盘也可能用玻璃做基片。硬盘的每一个盘片都有两个盘面（Side），即上、下盘面，一般每个盘面都可以存储数据，成为有效盘片，也有极个别的硬盘盘面数为单数。每一个这样的有效盘面都有一个盘面号，按顺序从上至下从“0”开始依次编号。在硬盘系统中，盘面号又叫磁头号，因为每一个有效盘面都有一个对应的读写磁头。硬盘的盘片组在 2～14 片不等，通常有 2～3 个盘片，故盘面号（磁头号）为 0～3 或 0～5。

磁盘上的每个物理块可以通过柱面号、磁头号和扇区号确定。在磁盘上存放信息时，为了减少移动磁头所花费的时间，不是按盘面上的磁道顺序存放满信息后再存放到下一个盘面上，而是按柱面存放。一个磁道写满数据后，就在同一柱面的下一个盘面来写；一个柱面写满后，才移到下一个柱面开始写数据。读数据也按照这种方式进行，这样就提高了硬盘的读/写效率。

磁盘的存储特性如下：

1）磁盘是一种直接存取（按地址）的存储设备。

2）磁盘空间的位置由三个因素决定：柱面号、磁头号、扇区号。

3）在磁盘上，信息是按柱面存放的，空间分配的基本单位是簇。

4）访问磁盘的时间由三部分组成，即寻道时间、延迟时间和传输时间。其中寻道时间是指将磁头从当前位置移动到指定磁道所经历的时间，也称为移臂时间；延迟时间是通过磁盘的旋转将指定扇区移动到磁头下面的时间，也称为旋转时间；传输时间是指将扇区上的数据从磁盘读出或向磁盘写入数据所经历的时间。

5）磁盘的容量大、访问速度快，可以快速定位物理扇区，直接访问，它是计算机系统的主要存储介质。

在使用外存储器前，应选择好物理块（物理记录）的划分长度，对其进行物理块划分。在外存储器中，文件的存储、读写操作均是以物理记录为单位进行的。

说明：*光盘也是一种常见的直接存储设备，它的特点是定位速度快，可以直接访问，但是，存放在光盘中的文件往往是一次性写入，不能删除和修改，通常用于文件的备份和恢复。*

由于磁带是一种顺序存储设备，用它存储文件时应采用顺序结构存放，顺序存取时效率较高。磁盘是直接存储设备，三种物理结构都可以使用，实际存储时可以根据文件的使用情况来确定。如果文件是顺序存取的，采用顺序结构和链式结构都可以；若采用直接存取方式且文件大小不固定，应采用索引方式；若文件大小固定，也可以采用顺序结构。

下面通过一个实例来体会磁盘的存储特点。

【例 5-2】某软盘有 40 个磁道，磁头从一个磁道移到另一个磁道需要 6ms。文件在磁盘上非连续存放，逻辑上相邻数据块的平均距离为 13 磁道，每块的旋转延迟时间及传输时间分别为 100ms、25ms，问读取一个 100 块的文件需要多少时间？如果系统对磁盘进行了整理，让同一个磁盘块尽可能靠拢，从而使逻辑上相邻的数据块的平均距离降为 2 磁道，这时读取一个 100 块的文件需要多少时间？

【解】磁盘访问时间=寻道时间+旋转延迟时间+传输时间。

（1）磁盘整理前，逻辑上相邻的数据块的平均距离为 13 磁道，读取一个数据块的时间为：13×6+100+25=203（ms）。

因此，读取 100 块的文件需要的时间为：203×100=20300（ms）。

（2）磁盘整理后，逻辑上相邻的数据块的平均距离为 2 磁道，读取一个数据块的时间为：2×6+100+25=137（ms）。

因此，读取 100 块的文件需要的时间为：137×100=13700（ms）。

5.3.2 磁盘的驱动调度算法

磁盘是一种共享设备，在多道程序设计系统中，可以允许多个进程访问磁盘，但是在某一时刻仍只允许一个进程访问它，其余进程必须等待。磁盘的驱动调度就是要决定等待者的访问次序，采用的调度策略称为驱动调度算法。驱动调度是先进行移臂调度，以尽可能减少寻道时间；再进行旋转调度，以减少延迟时间。

1. *移臂调度*

移臂调度采用的算法有先来先服务（FCFS）、最短寻道时间优先（SSTF）、扫描算法（SCAN）或电梯调度算法和循环扫描（CSCAN）调度算法。

（1）先来先服务调度算法。先来先服务调度算法是按请求访问者的先后次序启动磁盘驱动器，而不考虑它们要访问的物理位置。

采用这种调度算法，只需要对访问磁盘的作业排队。新来的访问者排在队尾，始终从队首取出访问者访问磁盘，直到该队列为空。

采用这种调度算法，实现起来比较简单，但是在某些情况下会增加磁臂的移动次数，甚至大幅度地移动。

（2）最短寻道时间优先调度算法。最短寻道时间优先调度算法总是让离当前磁道最近的请求访问者启动磁盘驱动器，即让查找时间最短的那个作业先执行，而不考虑请求访问者到来的先后次序，这样就克服了先来先服务调度算法中磁臂移动过大的问题。

采用这种调度算法，需要为请求访问磁盘的作业设置一个队列，随着当前磁道的改变，不断计算后续访问者与当前磁道的距离，让距离最短的访问者访问磁盘。当前磁道为最新访问的磁道。

采用这种调度算法，虽然减少了磁臂的移动距离，但是会经常改变磁臂的移动方向，花费时间多又影响机械部件，还会导致“饥饿”现象，即较远距离的孤立的访问者可能很长时间不能获得访问磁盘的机会。

（3）扫描算法或电梯调度算法。扫描调度算法总是从磁臂当前位置开始，沿磁臂的移动方向去选择离当前磁臂最近的那个柱面的访问者。如果沿磁臂的方向无请求访问时，就改变磁臂的移动方向。在这种调度方法下磁臂的移动类似于电梯的调度，所以也称它为电梯调度算法。

采用这种调度算法，需要为访问者设置两个队列，根据磁头的移动方向，能访问到的访问者由近及远排队，背离磁头移动方向的访问者也由近及远排为另一队。先按磁头移动方向队列调度访问者访问磁盘，当该方向没有访问者时，再改变方向，选择另一个访问者队列访问磁盘。

采用这种调度算法，较好地解决了寻道性能，又防止了“饥饿”现象。但是，会出现刚访问过的柱面再次提出请求时，要等待较长时间的现象。

（4）循环扫描调度算法。循环扫描调度算法是在扫描算法的基础上改进的。磁臂改为单向移动，由外向里。从当前位置开始沿磁臂的移动方向去选择离当前磁臂最近的那个柱面的访问者。如果沿磁臂的方向无请求访问时，再回到最外，访问柱面号最小的作业请求。

采用这种调度算法，需要为访问者设置一个队列，该队列按磁道序号的升序排列，磁头按磁道序号由小到大扫描一遍，被扫描到的访问者可以访问磁盘。被访问过的磁道从该队列中删除，在扫描过程中，又有新的访问者到来时，仍按访问磁道序号的升序排列。前一遍扫描结束后，再从磁道序号最小的开始扫描。

采用这种调度算法，较好地解决了寻道性能，又防止了“饥饿”现象。不会让刚访问过的磁道再次提请访问时等待较长的时间。但是，会出现磁臂的“黏着”现象，即在某一段时间内，始终访问相邻的几个磁道或某一个磁道时磁臂不移动的情况。

2. *旋转调度*

旋转调度采用的是延迟时间最短者优先算法。当磁臂定位后，等待访问该柱面的若干个访问者可能要求访问同一磁道上的不同扇区，也可能要求访问不同磁道上的扇区。旋转调度总是对先到达磁头位置上的扇区进行信息传送操作，若访问的扇区号相同，则应分多次进行旋转调度。

下面通过两个实例来理解磁盘调度算法。

【例 5-3】若磁头的当前位置在 100 磁道上，磁头正向磁道号增加的方向移动。现有一磁盘读写请求队列：23、376、205、132、19、61、190、398、29、4、18、40。若采用先来先服务、最短寻道时间优先和扫描（电梯）调度算法，寻道时每个柱面移动需要 6ms，试计算平均寻道长度和寻道时间各为多少？

【解】

（1）先来先服务算法。访问磁道的顺序和移动的磁道数如表 5-1 所示。

表 5-1　FCFS 算法求解

下一磁道	23	376	205	132	19	61
移动道数	77	353	171	73	113	42
下一磁道	190	398	29	4	18	40
移动道数	129	208	369	25	14	22

磁头移动磁道总数为：77+353+171+73+113+42+129+208+369+25+14+22=1596。

寻道时间：1596×6=9576（ms）。

平均移动道数为：1596/12=133。

（2）最短寻道时间优先算法。访问磁道的顺序和移动的磁道数如表 5-2 所示。

表 5-2　SSTF 算法求解

下一磁道	132	190	205	61	40	29
移动道数	32	58	15	144	21	11
下一磁道	23	19	18	4	376	398
移动道数	6	4	1	14	372	22

磁头移动磁道总数为：32+58+15+144+21+11+6+4+1+14+372+22=700。

寻道时间：700×6=4200（ms）。

平均移动道数为：700/12=58.3。

（3）扫描（电梯调度）算法。访问磁道的顺序和移动的磁道数如表 5-3 所示。

表 5-3　SCAN 算法求解

下一磁道	132	190	205	376	398	61
移动道数	32	58	15	171	22	337
下一磁道	40	29	23	19	18	4
移动道数	21	11	6	4	1	14

磁头移动磁道总数为：32+58+15+171+22+337+21+11+6+4+1+14=692。

寻道时间：692×6=4152（ms）

平均移动道数为：692/12=57.7。

5.3.3　存储空间的分配与回收

用户作业在执行期间，经常要求建立一个新文件或撤消一个旧文件，因此系统必须为它们分配空间和回收空间。在实际的使用中，文件存储空间的变化是频繁的，要提高系统效率，就必须考虑对外存空间的管理尽量在主存中进行，以减少访问外存的时间开销。但是，又不能过多地占用主存空间。这就要通过紧凑的数据结构和高效的分配与回收算法来实现。在文件系统中，存储管理的主要任务是对存储空间的分配与回收。存储空间的分配方法有连续分配、链接分配和索引分配。

1. 顺序结构与连续分配

（1）基本原理。

顺序结构将一个在逻辑上连续的文件信息依次存放在外存连续的物理块中。连续分配要求为每一个文件分配一组相邻接的盘块。一组盘块的地址定义了磁盘上的一段线性地址。因其采用空闲文件目录登记磁盘的空闲区，所以该分配方法也称为空闲文件目录法。

（2）采用的数据结构。

顺序结构采用的数据结构有文件目录、空闲文件目录。

1）文件目录。用于记录文件在外存空间的存储情况，包括文件名、始址、末址或长度，如图 5-12 所示。

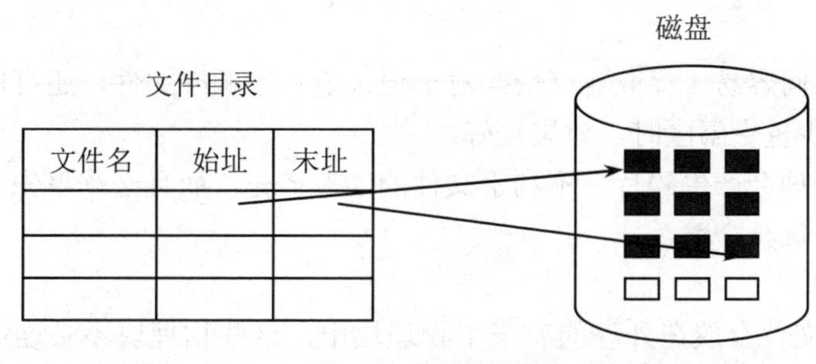

图 5-12　顺序结构

2）空闲文件目录。用于记录外存空闲块的基本情况。它将文件存储设备上的每个连续空闲区看作一个空闲文件（又称自由文件）。系统为所有空闲文件单独建立一个目录，每个空闲文件在这个目录中占一个表目。表目的内容包括起始空闲块号、连续空闲块个数和所包含的物理块号，如表 5-4 所示。

表 5-4　空闲文件目录

序号	起始空闲块号	连续空闲块个数	物理块号
1	2	5	2，3，4，5，6
2	16	6	16，17，18，…
3	50	18	50，51，…
4	80	6	80，81，…
…	…	…	…

（3）外存空间的分配与回收。

当请求分配外存空间时，系统依次扫描空闲文件目录的记录，直到找到一个合适的空闲文件为止，在文件目录中填入该文件的文件名和所分配的始址、末址，并修改空闲文件目录中相应的表目；否则，系统提示空间不足。

在表 5-4 中，假如有一个文件需要 8 个物理块的存储空间，查找空闲文件目录后，从第 3 个空闲区中分配出 8 个空闲块，然后把第 3 个空闲区的信息进行相应的修改，其中的起始空闲块号变为 58，连续空闲块数变为 10。

当用户撤消一个文件时，系统会根据文件目录，找到该文件在外存中的始址和末址，对空闲文件目录进行调整。调整有四种情况，与可变分区管理的空闲区整理相同。最后，删除该文件在文件目录中的记录。

说明：外存顺序结构的存储分配类似于主存的分区存储管理方式，也是分配到一个连续的存储空间。其中文件目录相当于已分配分区表，空闲文件目录相当于空闲分区表。

（4）特点。

采用这种连续分配法具有以下特点：

1）它要求文件存储在一个连续的磁盘空间中，这种以顺序结构存放的文件称为顺序文件或连续文件。

2）文件顺序访问容易，存取速度快；对于记录定长的顺序文件，还可以随机地访问；当文件存储空间只有少量空闲区时，效果较好。

3）这种存储管理会产生碎片，不利于文件的动态扩充，而且必须事先知道文件的长度。

2. 链接结构与链接分配

（1）基本原理。

链接结构是将文件存放在外存的若干个物理块中，这些物理块不必连续，并且在每一个物理块中设有一个指针，指向下一个物理块的位置，从而将存放同一个文件的物理块链接起来。

因为磁盘空闲块的管理是用空闲块链的方法，所以这种存储分配也称为空闲块链法，如图 5-13 所示。

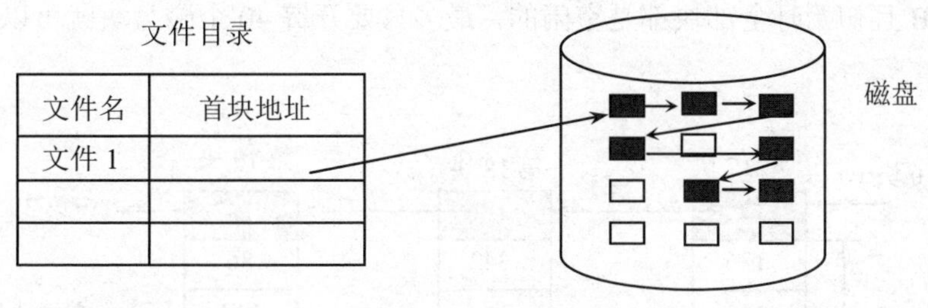

图 5-13 链接结构

（2）采用的数据结构。

链接结构采用的数据结构有文件目录、空闲块链和链接指针。

1）文件目录。它用来记录文件在外存空间的分配情况，包括文件名和首块地址。

2）空闲块链。在文件存储设备上的每个空闲块中设立一个链接指针，指向下一个空闲块，从而将所有的空闲块链接在一起，并设立一个头指针指向空闲块链的第一个物理块。

3）链接指针。在每一个物理块中设置一个指针，用于指向下一个物理块。

（3）外存空间的分配与回收。

当请求分配外存空间时，系统依次从空闲块链中取出几块分配给该文件，把最后一个物理块的指针设为空值，并调整空闲块链的头指针。在文件目录中增加一条记录，填入该文件的文件名和首块地址。若空间不足，则给出提示。

当撤消一个文件时，系统根据文件目录，收回其存储空间，并将收回的空闲块依次插入空闲块链首，同时删除该文件在文件目录中的记录。

（4）特点。

采用这种链接分配法具有以下特点：

1）文件可以存放在一个不连续的外存空间中，这种以链接结构存放的文件称为链接文件或串联文件。

2）这种空间分配方法较好地解决了外存“碎片”的问题，提高了外存的利用率；文件可以实现动态增长；链接结构适用于顺序存取的文件。

3）文件只能按照文件指针链顺序访问，查找效率低。

（5）空闲块链的链接方法。

空闲块链的链接方法因系统不同而不同，常用的链接方法有按空闲区大小顺序链接、按释放先后顺序链接、按成组链接。前两种方法比较直观，容易理解。这里主要介绍成组链接法。

成组链接法是将空闲块分成若干组，其中每组空闲块数可以相同也可以不同，再用指针将组与组链接起来，在这种链接法中，系统根据磁盘块数，开辟若干块来专门登记系统当前拥有的空闲块的块号。

如图 5-14 所示，假设磁盘块的大小为 1KB，磁盘块号用 16 位二进制数表示，即占用 2B 的空间。那么每一块中最多登记 511 个空闲块的块号，余下的 2B 存放下一块的块号。对于磁盘容量为 20MB 且初始时全部块都是空闲的，最多只要开辟 40 个磁盘块就可以登记所有的空闲块了。

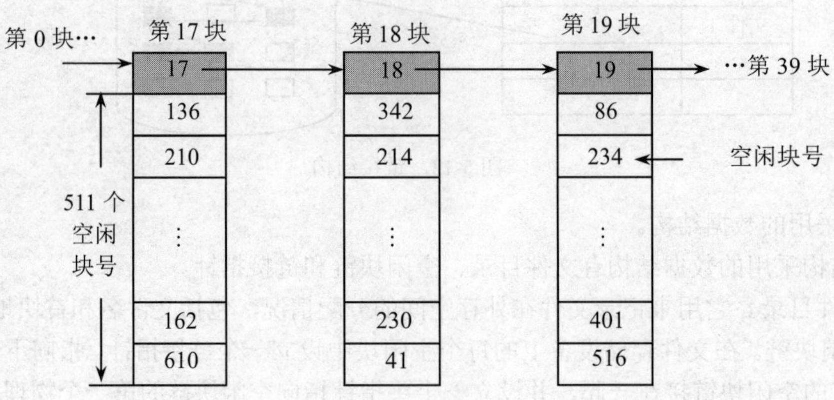

图 5-14　成组链接法

按空闲区大小顺序链接和按释放先后顺序链接的空闲块管理在增加或移动空闲块时需要对空闲块链做较大的调整，会耗去一定的系统开销。成组链接法在空闲块的分配和回收上要优于上述两种方法。

3. 索引结构与索引分配

（1）基本原理。

索引结构将文件存放在外存的若干个物理块中，并为每个文件建立一张索引表，索引表中的每条记录存放文件信息的逻辑块号和与之对应的物理块号。系统通过文件索引表来完成对文件的操作。在这种方法中，因为磁盘存储空间的管理采用的是位示图，所以，这种存储管理也称为位示图法，如图 5-15 所示。

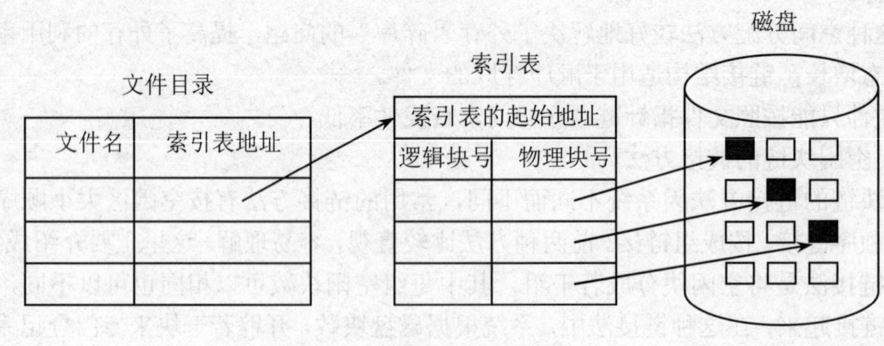

图 5-15　索引结构

（2）采用的数据结构。

为了记录外存空间的使用情况和文件信息的分配情况，整个系统设置了一个文件目录和一个位示图，并为每个文件建立了一张索引表。

1）文件目录。记录每个文件的文件名和索引表地址。

2）索引表。记录该文件中每个逻辑块号和与之存储对应的物理块号。文件的逻辑块与物理块的大小相同。

3）位示图。用位示图记录外存空间的使用情况和剩余的空闲块数，包括标志位和空闲块数两部分。标志位用一个二进制位表示其对应的一个物理块的状态，其值为“1”时表示块已分配，为“0”时表示块未分配。位示图的大小由磁盘块的总块数决定。

例如，一个磁盘共有 100 个柱面（编号为 0～99），每个柱面有 8 个磁道（编号为 0～7，也就是磁头编号），每个盘面分成 4 个扇区（编号为 1～4），一个扇区为一个磁盘块。则整个磁盘空间磁盘块的总数为 4×8×100＝3200（块），如果用字长为 32 位的字来构造位示图，共需 100 个字，即 400B，如图 5-16 所示。

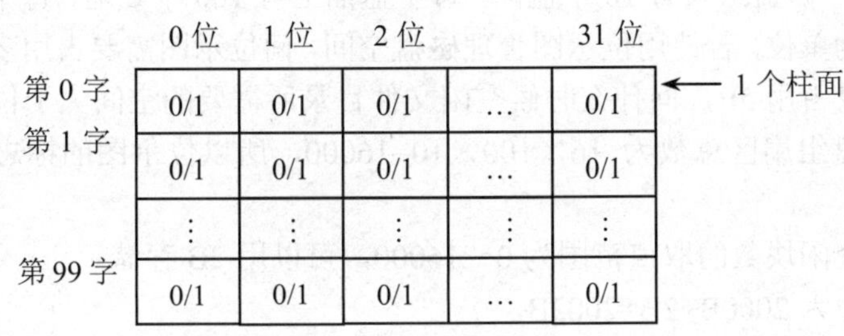

图 5-16　位示图

（3）外存空间的分配与回收。

当文件请求分配外存空间时，首先计算该文件所需要的物理块数（文件长度/块的大小），然后用该块数与位示图中的空闲块数比较。若文件块数大于空闲块数，则显示外存空间不足的信息，拒绝分配外存空间；否则，系统为该文件建立一张索引表，在文件目录中登记该文件的名字和索引表的起始地址，并顺序扫描位示图，找出一组值为“0”的二进制位。然后经过简单的换算就可以得到物理盘块号，填入该文件的索引表，并将位示图中的这些位改为“1”。最后，修改位示图中的空闲块数，即减去文件所需要的存储块数。

根据位示图换算物理盘块号的方法：

位示图中第 i 行第 j 列对应的物理块号为：块号=字长*i+j

当删除文件，也就是回收磁盘空间时，通过文件目录找到该文件的索引表，根据索引表找到该文件所有逻辑块占用的物理块号，计算出物理块在位示图中的行号和列号，将该位清“0”。最后，删除该文件的索引表，并删除文件目录中的相应记录。

由物理块号换算位示图的方法：行号=块号/字长，列号=块号 mod 字长。

说明：外存的索引结构分配类似于主存的页式存储管理，也是把文件分配到一个不连续的外存空间。其中文件目录相当于主存分配表，索引表相当于页表，位示图同主存的位示图。

（4）特点。

空闲文件目录法和空闲块链法在分配和回收空闲块时，都需要在文件存储设备上查找空闲文件目录或链接块号，这必须经过设备管理程序启动外设才能完成。用位示图的方法对空闲块进行管理可以提高空闲块的分配与回收速度。它具有以下特点：

1）文件可以通过索引表存放在一个不连续的外存空间，这种以索引结构存放的文件称为索引文件。

2）较好地解决了磁盘“碎片”的问题，提高了外存的利用率，文件可以实现动态地增长，适宜文件记录的增加和删除操作，索引结构可用于顺序存取和随机存取的文件。

3）索引表的引用增加了系统开销。对于小文件，其索引表的利用率较少。

5.3.4 外存空间分配举例

【例 5-4】有一磁盘组共有 10 个盘面，每个盘面上有 100 个磁道，每个磁道有 16 个扇区。假定分配以扇区为单位，若使用位示图管理磁盘空间，问位示图需要占用多少空间？若空闲文件目录的每条记录占用 5B，问什么时候空闲文件目录所需要的空间大于位示图？

【解】因磁盘组扇区总数为 16×100×10=16000，所以位示图的标志位需要 16000 位=2000B。

位示图中的空闲块数的取值范围为 0～16000，可以用 2B 存储。

位示图的大小为 2000B+2B=2002B。

而空闲文件目录的每条记录占 5B，2002B 可以存放的表目数为 2002/5≈400，所以，当空闲文件目录数大于 400 时，空闲文件目录所需要的空间大于位示图。

5.4 文件目录管理

文件管理的主要目标是实现文件的按名存取。为此，系统必须为每个文件建立一个由文件名到物理地址的映射，这种映射信息及其他管理信息组成了该文件的文件说明。系统把若干个文件说明放在一张表格中，该表格就是文件目录。本节主要介绍文件目录的基本概念，采用一级目录、二级目录、多级目录管理的基本原理和特点。

5.4.1 文件目录的基本概念

1. 文件的组成

从文件的管理角度看，一个文件包括两部分，即文件体和文件控制块。文件体即文件本身，如前面介绍过的记录式文件或流式文件。文件控制块（File Control Block，FCB）也称为文件说明，它是为文件设置的用于描述和控制文件的数据结构，其中包括文件名、文件类型、文件结构、文件的存储位置、文件长度、文件的访问权限、文件的建立日期和时间等属性。文件管理程序借助于文件控制块中的信息，实现对文件的各种操作。文件与文件控制块一一对应。

在不同的文件系统中，文件控制块的内容和格式也不完全相同。通常，在文件控制块中包括以下三类信息：基本信息、存取控制信息和使用信息。图5-17给出了MS-DOS的文件控制块内容。

文件名	扩展名	属性	备用	时间	日期	第一块号	盘块数

图5-17　MS-DOS的文件控制块

（1）基本信息。文件的基本信息包括文件名、用户名、物理位置、逻辑结构和物理结构。

1）文件名。供用户使用的标识文件的符号。在每个文件系统中，文件必须具有唯一的名字，用户可以利用该名字进行存取。它包括主文件名和扩展名。

2）用户名。标识文件的产生者。

3）文件的物理位置。具体说明文件在外存的物理位置和范围，包括存放文件的设备名、文件在外存上的盘块号、指示文件所占用的磁盘块数或字节数的文件长度。对于不同的物理结构，应给出不同的说明。对于顺序结构，应说明用户文件第一个逻辑记录的物理地址及整个文件的长度。对于链式结构，应说明文件首、末记录的物理地址。对于索引结构，则应说明索引表中每条逻辑记录的物理地址及记录长度。对于多级索引，文件控制块中还应包含最高级的索引表。

4）文件的逻辑结构。指示文件是流式文件还是记录式文件，对于记录式文件，则应说明是定长记录还是不定长记录。

5）文件的物理结构。指示该文件属于顺序结构、链式结构或是索引结构。

（2）存取控制信息。存取控制信息包括文件主的存取权限、核准用户的存取权限和一般用户的存取权限。

（3）使用信息。使用信息包括文件的建立日期和时间、文件上一次修改的日期和时间。

2. 文件目录

文件目录是指存放文件有关信息的一种数据结构。它包含多条记录，每条记录为一个文件的文件控制块（FCB）的有关信息。最简单的记录包含文件名和文件的起始地址，用以建立文件名和存储地址的对应关系。较复杂的记录包含文件控制块的全部内容，此时，文件目录就是文件控制块的集合。

文件目录是文件实现按名存取的重要手段。通常，一个文件目录也被看成一个文件，称为目录文件，它一般建立在辅存上。文件目录的管理形式可以分为一级目录、二级目录、多级目录三种。

对文件目录的管理有以下要求：

（1）实现“按名存取”。即用户只需要提供文件名，就可以对文件进行存取。这是目录管理中最基本的功能，也是文件系统向用户提供的最基本的服务。

（2）提高对目录的检索速度。合理地组织目录结构，可以加快对目录的检索速度，从而加快对文件的存取速度。这是在设计一个大、中型文件系统时所追求的主要目标。

（3）文件共享。在多用户系统中，应允许多个用户共享一个文件，这样，只需在外存中保留一份该文件的副本，就可以供不同的用户使用。这样，可以节省大量的外存空间。

（4）允许文件重名。系统应允许不同用户对不同文件取相同的名字，以便于用户按照自己的习惯命名和使用文件。

说明：文件目录管理类似于学校的学生档案管理或旅店的客户管理。

5.4.2　一级目录

1. 基本原理

一级目录也称为单级目录，是一种最简单、最原始的目录结构。它采用的方法是为外存的全部文件建立一张如图 5-18 所示的目录表。表中包括全部文件的文件名、索引表的始址以及文件的其他属性，如文件长度、文件类型等。每个文件占据表中的一条记录。该目录表存放在外存的某个固定区域，需要时系统将其全部或部分调入主存。

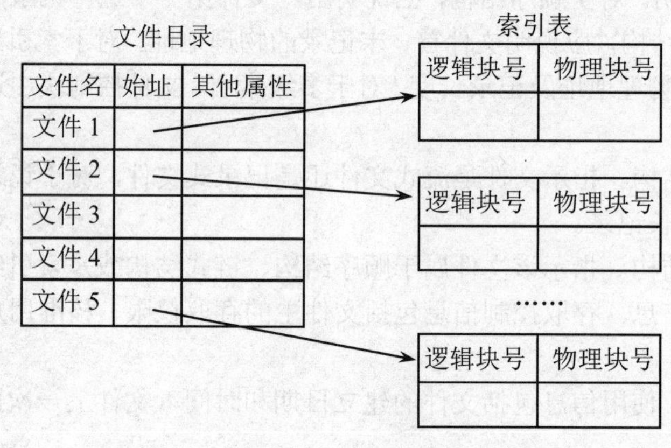

图 5-18　一级目录

2. 特点

采用一级目录管理文件，具有以下特点：

（1）目录结构易于实现，管理简单，只需要建立一个文件目录，对文件的所有操作都是通过该文件目录实现的。

（2）易发生重名问题。由于在一级目录中，各文件控制块都处于平等地位，只能按照顺序或连续结构存放。因此，文件名与文件必须一一对应，即便是不同的用户，也不能给他们的文件起相同的名称，否则就有可能找不到指定的文件，或覆盖已有的文件。

（3）当文件较多时，查找时间较长。如果系统中的文件很多，文件目录自然就会很大，按文件名去查找一个文件，平均需要搜索半个目录文件，时间效率较低。

（4）不便于实现文件共享，适用于 PC 的单用户系统。通常每个用户都具有自己的名字空间或命名习惯，所以，应当允许不同用户使用不同的文件名来访问同一个文件。单级目录不允许文件重名，因而，它只用于单用户环境。

5.4.3 二级目录

1. 基本原理

为了克服单级目录结构所存在的缺点，可以把单级目录扩充为二级目录。在二级目录中，每个文件的说明信息被组织成目录文件，然后以用户为单位把各自的文件说明划分成组。用户文件的文件说明组成的目录文件称为用户文件目录，不同的用户拥有不同的用户文件目录，这些文件目录具有相似的结构，由用户所有文件的文件控制块组成。在主文件目录中，每个用户文件目录都占有一个目录项，其中包括用户名和指向该用户目录文件的指针。二级文件目录结构如图 5-19 所示。

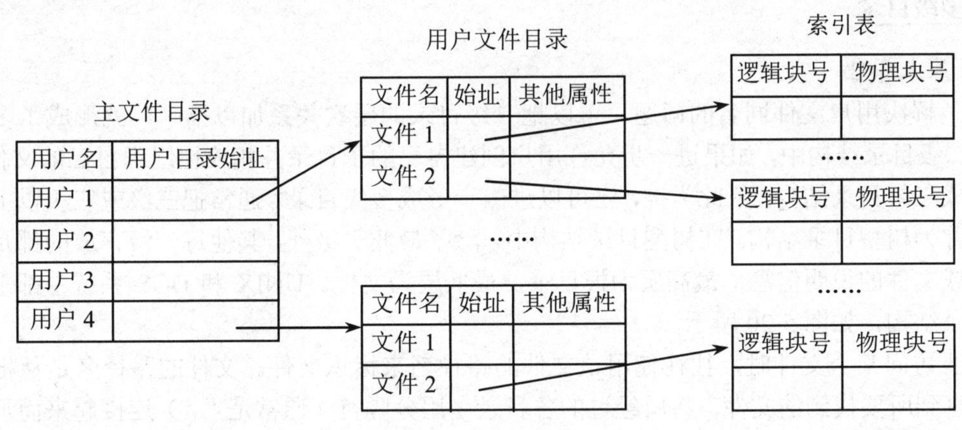

图 5-19 二级目录

在二级目录结构中，如果用户希望建立自己的用户文件目录，可以请求系统为其建立；如果用户不再需要用户文件目录，也可以请求系统管理员将它撤消。在建立了用户文件目录后，用户即可以根据自己的需要建立新文件。当用户需要创建一个文件时，操作系统只需要检查该用户的用户文件目录，查看其中是否存在同名的文件，如果已经存在，用户必须重新为新文件命名；如果不存在，就在用户文件目录中建立一新目录项，将新文件名及有关属性填入目录项中。当用户需要删除一个文件时，操作系统只需查找该用户的用户文件目录，从中找出该文件的目录项，回收被该文件占用的空间后，最后在主文件目录中将该文件目录项清除。

2. 特点

采用二级目录管理具有以下特点：

（1）提高了检索目录的速度。如果在主目录中有 n 个用户文件目录，每个用户文件目录最多有 m 个目录项，在二级目录结构中，要找到一个指定文件的目录项，最多只需检索 m+n 项；但是，如果采用一级目录结构，最多需要检查 m×n 项。显然，采用二级目录结构有效地提高了检索目录的速度。

（2）可以解决用户文件重名问题。在二级目录结构中，有效地将多个用户隔离开。在不同的用户目录中，可以使用相同的文件名，只要在该用户自己的用户文件目录（UFD）中不重名即可。

（3）可以使不同用户共享同一个文件。只要在用户目录表中指向同一个文件的物理地址，就可以使不同的用户共享一个文件。

（4）可以实现对文件的保护和保密。在二级目录结构中，可以在用户文件目录中设置口令，进而保护该目录下的用户文件。

（5）二级文件目录虽然解决了不同用户之间文件同名的问题，但是，同一用户的文件不能同名。当一个用户的文件很多时，这个矛盾就比较突出了。

5.4.4 多级目录

1. 基本原理

为了解决用户文件同名的问题，可以把二级目录的层次关系加以推广，就形成了多级目录。在二级目录结构中，如果进一步允许用户创建自己的子目录并相应地组织自己的文件，即可以形成三级目录结构，依此类推，还可以进一步形成多级目录。通常把三级或三级以上的目录结构称为树型目录结构。在树型目录结构中，除了最低一级外，其他每一级存放的都是下一级目录或文件的说明信息，最高层为根目录，最低层为文件。UNIX 和 DOS 系统中都采用了树型目录结构，如图 5-20 所示。

当要访问某个文件时，往往使用该文件的路径名来标识文件。文件的路径名是从根目录出发，直到所要找到的文件，将所经过的各目录名用分隔符（通常是“\”）连接起来而形成的字符串。从根目录出发的路径称为绝对路径。当目录的层次较多时，从根目录出发查找文件很费时间。为此引入了当前目录，即由用户在一定时间内指定某个目录为当前目录，当用户要访问某个文件时，只需要给出从当前目录出发到要查找的文件之间的路径。从当前目录出发的路径称为相对路径。用相对路径可以缩短搜索路径，提高搜索速度。

2. 特点

采用多级目录管理具有以下特点：

（1）层次清楚。采用树型结构，系统或用户可以把不同类型的文件登录在不同级别目录下。即不同性质、不同用户的文件构成不同的目录树，便于查找和管理；而且不同层次和不同用户的文件可以被赋予不同的存取权限，有利于文件的保护。

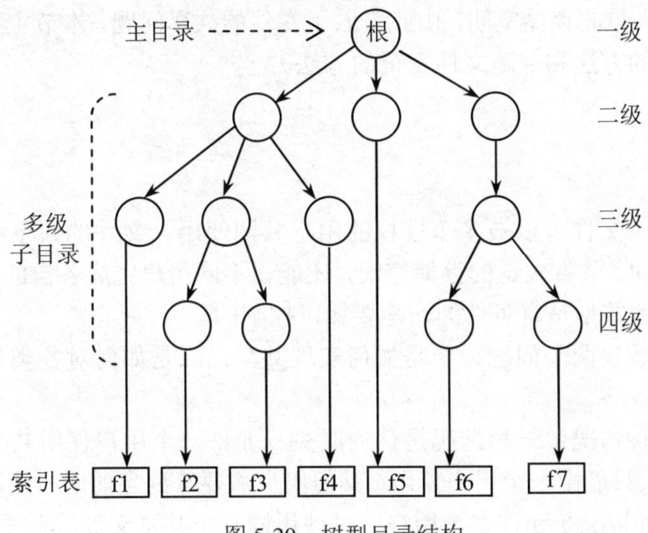

图 5-20 树型目录结构

（2）解决了用户文件重名问题。在树型目录结构中，不仅允许不同的用户使用相同的名字去命名文件，而且允许同一个用户在自己的不同目录中使用相同的名字。文件在系统中的搜索路径决定了只要在同一目录中的文件名不重复，就可以实现按名存取。

（3）搜索速度快。因为文件的查找时间分为目录比较时间和文件比较时间。目录比较是按层次进行的，比较次数少。文件比较时间是与存放文件的目录中的文件名比较，这样提高了搜索速度。

5.4.5 目录管理举例

【例 5-5】假定磁盘块的大小为 1KB，对于 540MB 的硬盘，其文件分配表 FAT 需要占用多少存储空间？当硬盘容量为 1.2GB 时 FAT 需要占用多少空间？

【解】因硬盘的大小为 540MB，磁盘块的大小为 1KB，所以该硬盘的总盘块数为：

540MB/1KB=540K（个）

又因 512K<540K<1024K，故 540K 个盘块需要用 20 位二进制表示，即文件分配表的每个表目为 2.5B。FAT 需要占用的存储空间总数为 2.5B×540K=1350KB。

当硬盘大小为 1.2GB 时，硬盘共有盘块数 1.2GB/1KB=1.2M 个。需要用 21 位二进制表示。为了方便对文件分配表的存取，每个表目用 24 位二进制表示，即文件分配表的每个表目大小为 3B。所以，FAT 需要占用的存储空间总数为 3B×1.2M=3.6MB。

5.5 文件共享与安全

如果一个文件只能被一个用户使用，那么多个用户要使用同一个文件，就必须制作多个副本，这样就浪费了大量的存储空间，由此引入了文件的共享问题。本节主要介绍文件共享的概念、实现文件共享的方法和保障文件安全的方法。

5.5.1 文件共享

1. 基本概念

文件共享是指一个文件可以被多个授权的用户共同使用。文件的共享不仅可以减少文件复制操作所花费的时间，节省大量的存储空间，还能让不同用户完成各自的任务，实现用户间的合作。但是，文件的共享是有条件的，是要加以控制的。

文件的共享必须解决两个问题：一是如何实现共享；二是如何对各类共享文件的用户进行存取控制。

文件的共享分两种情况：一种情况是任何时刻只允许一个用户使用共享文件，即允许多用户使用，但是，一次只能由一个用户使用，其他用户需要等到当前用户使用完毕将该文件关闭后才能使用；另一种情况是允许多个用户同时使用同一个共享文件。此时，只允许多个用户同时打开共享文件进行读操作，不允许多个用户同时打开文件后进行写操作，也不允许多个用户同时打开文件后同时进行读、写操作，这样做可以防止文件受到不必要的破坏，以保护文件中信息的完整性。

随着计算机技术的发展，文件共享的范围也在不断扩大，从单机系统中的共享扩展到多机系统中的共享，进而又扩展到计算机网络中的共享。

2. 实现文件共享的方法

实现文件共享的方法有多种，下面介绍三种常用的方法。

（1）绕弯路法。绕弯路法是在早期的操作系统中所采用的一种共享文件的方法。在该方法中，允许每个用户获得一个“当前目录”，用户访问的所有文件都是相对于当前目录的；当所访问的文件不在当前目录下时，可以通过“向上走”的方式去访问其上级目录。

这种文件共享方式是低效的，因为为了访问一个不在当前目录下的共享文件时，通常需要花费很多时间去访问多级目录，也就是说要绕很大的弯路。

（2）基本目录法。早期实现文件共享的另一种有效方法，就是在文件系统中设置一个基本目录，每个文件在该目录中均占有一个目录项，用于给出对应于该文件名的唯一标识符，以及该文件的有关说明信息，如文件的物理地址、存取控制和管理等信息。此外，每个用户都有一个符号文件目录，其中每一个目录项中都含有该文件的符号名及其唯一的标识符。

（3）连访法。为了提高对共享文件的访问速度，可以在相应的目录项之间进行链接。具体方法是使一个目录中的目录项直接指向另一个目录中的目录项，在采用连访方法实现文件共享时，应在文件说明中增加一连访属性，以指示文件说明中的物理地址是一个指向文件或共享文件的目录项的指针，同时也应包括可以共享该文件的“用户计数”，用来表示共有多少用户需要使用此文件。当没有任何用户需要此文件时，可以将此共享文件撤消。

5.5.2 文件安全

文件安全是指避免合法用户有意或无意的错误操作破坏文件，或非法用户访问文件。在现代计算机系统中，存放了越来越多的宝贵信息供用户使用，给人们带来了极大的好处和方便，但是，同时也潜伏着不安全性。影响文件安全性的主要因素有以下几个：

（1）人为因素。由于人们有意或无意的行为，而使文件系统中的数据遭到破坏或丢失。

（2）系统因素。由于系统的某部分出现异常情况，而造成对数据的破坏或丢失，特别是作为数据存储介质的磁盘，在出现故障或损坏时，会对文件系统的安全性造成影响。

（3）自然因素。存放在磁盘上的数据，随着时间的推移而发生溢出或逐渐消失。

为了确保文件系统的安全性，可以采取以下措施：

（1）通过存取控制机制来防止由人为因素引起的文件不安全性。

（2）通过系统容错技术来防止系统部分的故障所造成的文件不安全性。

（3）通过“后备系统”来防止由自然因素所造成的不安全性。

文件系统实现共享时，必须考虑文件的安全性，文件的安全性体现在文件的保护与文件的保密两个方面。

1. 文件保护

文件保护是指避免文件因有意或无意的错误操作使文件受到破坏。文件保护可以采用的措施有以下两个：

（1）防止系统故障造成的破坏。为了防止系统故障造成的破坏，文件系统可以采用建立副本和定时转储的方法来保护文件。建立副本是指把同一个文件存放到不同的存储介质上，当某一个存储介质上的文件被破坏时，可以用另一个存储介质上的文件副本来替换。定时转储是指定时地把文件转储到其他的存储介质上。当文件发生故障时，就用转储的文件来恢复。

建立副本的方法简单，但是，系统开销大，且文件更新时所有副本都必须更新。这种方法适用容量较小且极为重要的文件。定时转储的方法简单，但是，较为费时，在转储过程中一般要停止文件系统的使用。这种方法适用于容量较大的文件。

（2）防止用户共享文件造成的破坏。为了防止用户共享文件造成的破坏，文件系统可以采用对每个文件规定使用权限的方法来保护文件。文件的使用权限可以设为只能读、可读可写、只能执行、不能删除等。对多用户共享的文件采用树型目录结构，凡得到某级目录权限的用户就可以得到该目录所属的全部目录和文件。

2. 文件保密

文件保密是指文件本身不得被未授权的用户访问，即防止他人窃取文件。实现文件保密的方法有以下几种：

（1）设置口令。用户为每一个文件设置一个口令存放在文件目录的相应表目中，当用户请求访问某个文件时，首先要提供该文件的口令，经证实后才可以进行相应的访问。

采用这种方法实现简单、保护信息少、节省存储空间。但是，可靠性差，不能控制存取权限，口令容易泄露或被破解，适用于一般文件的保密。

（2）加密。加密是指用户把文件信息翻译成密码形式保存，使用时再把它解密，还原文件信息。采用这种方法保密性强，节省磁盘空间。但是，在加密和解密时，增加了系统开销。

（3）设置权限。设置权限是将每个用户的所有文件集中存放在一个用户权限表中，其中每个表目指明对应文件的存取权限，把所有用户权限表集中存放在一个特定的存储区中，当用户对一个文件提出存取要求时，系统通过查找相应的权限表，判断其存取要求是否合法。采用这种方法文件的安全性较高。

在实际系统中，往往是把这三种方法结合起来使用，充分发挥各自的优势，实现文件的安全性。

文件保护与保密涉及用户对文件的访问权限，即文件的存取控制。

5.6 文件使用

文件系统把用户组织的逻辑文件按一定的方式转换成存储结构存放到存储介质上，文件在存储介质上的组织方式不仅与存储设备的物理特性有关，还与用户如何使用文件有关。因此，在文件系统的管理和支持下，用户也应遵照系统提供的规定和手段来使用文件。本节主要介绍文件的存取方法及对文件的操作。

5.6.1 文件的存取方法

文件的存取方法不仅与文件的性质有关，还与用户如何使用文件有关。根据对文件中记录的存取次序，存取方法可以分为顺序存取和随机存取两类。

（1）顺序存取是指按文件中的记录顺序依次进行读操作或写操作的存取方法。

（2）随机存取是指以任意的次序随机读文件中的记录或写文件中的记录。

为了方便管理，提高检索效率，文件系统通常把对顺序存取的文件组织成顺序文件或链接文件；把随机存取的文件组织成索引文件。一般情况下，文件系统在组织索引文件时，在索引表中总是把记录按顺序排列，这样索引文件既可以适应顺序存取，也可以适应随机存取。

用户要求系统把文件保存到存储介质上时，必须把自己使用文件的存取方法告诉系统，而存取方法是由文件的性质决定的。如源程序文件，这类文件不分逻辑记录，可以采用顺序存取。再如存放学生成绩记录的文件，要方便查找其中任何一个学生的相关信息，可以采用随机存取方法。

前面介绍过，从用户的观点出发，文件可以分为流式文件和记录式文件。不论哪种文件都可以使用顺序存取或随机存取的方法。文件系统可以根据用户的存取方法要求和存放的存储介质类型决定文件的存储结构。存取方法、存储介质类型与文件的存储结构之间的关系如表5-5所示。

表 5-5　存取方法与存储结构的关系

存取方法 / 存储结构 / 存储介质	顺序存取	随机存取
磁盘	顺序文件、链接文件、索引文件	索引文件
磁带	顺序文件	

5.6.2　文件操作

为了正确地实现文件的存储和检索，用户必须按照系统规定的操作来表示对文件的使用要求。下面介绍文件系统提供的几种主要的文件操作。

1.“建立”操作

用户要求把一个新文件存放到存储介质上时，首先要向系统提出“建立”请求，此时，用户需要向系统提供的相关参数有用户名、文件名、存取方式、存储设备类型等。系统在接到用户的“建立”请求后，就在文件目录中寻找空目录项进行登记。

2.“打开”操作

用户要使用一个已经存放在存储介质上的文件时，必须先提出“打开”请求。此时，用户也需要向系统提供相关参数，即用户名、文件名、存取方式、存储设备类型等。系统在接收到用户的“打开”请求后，找出该用户的文件目录，当文件目录不在主存时还需要把它读到主存中；然后，检索文件目录，找到与用户要求相应的目录项，取出文件存放的物理地址。如果是索引文件，还需要把该文件的索引表存放到主存中，以便加快后面的读操作。

3.“读/写”操作

用户要读/写文件记录时，必须先提出“读/写”请求。系统允许用户对已经执行过“打开”或“建立”操作的文件进行“读/写”操作。对于采用顺序存取方式的文件，用户只需要给出“读/写”的文件名即可；对于采用随机存取方式的文件，用户除了要给出“读/写”的文件名，还要给出“读/写”记录的编号。系统执行“读”操作时，按指定的记录号查找索引表，得到记录存放的物理地址后，按地址将记录读出；执行“写”操作时，在索引表中找一个空登记项并找一个空闲的存储块，把记录存放到该空闲块中，同时在索引表中登记。

4.“关闭”操作

对于“建立”或“打开”的文件，在进行“读/写”操作之后，需要执行“关闭”操作。执行此操作时，要检查读到主存中的文件目录或索引表是否被修改过。如果修改过，应把修改过的文件目录或索引表重新保存好。一个关闭后的文件不能再使用，需要再使用时，则必须再次执行“打开”操作。用户提出“关闭”请求时，必须说明关闭哪个文件。

5.“删除”操作

用户在删除文件时提出“删除”操作的请求，系统执行时把指定文件的名字从目录和索引表中除去，并收回它所占用的存储空间。

本章小结

文件管理的主要任务是分配外存空间，对用户文件和系统文件进行管理，方便用户使用，并保证文件的安全。其主要目的是提高外存的使用效率和方便用户对文件的使用。其主要功能是文件存储空间管理、文件目录管理、文件读写管理、文件共享和安全管理。

通过本章的学习，读者应熟悉和掌握以下基本概念：

文件、记录、数据项、文件系统、记录的成组、记录的分解、文件目录、文件共享、文件安全。

通过本章的学习，读者应熟悉和掌握以下基本知识：

（1）文件的类型。按性质和用途分为系统文件、用户文件和库文件；按文件中的数据形式分为源文件、目标文件和可执行文件；按文件的存取控制属性分为只执行文件、只读文件和读写文件；按文件的逻辑结构分为有结构文件、无结构文件；按文件的物理结构分为顺序文件、链接文件和索引文件；按文件的内容分为普通文件、目录文件和特殊文件。

（2）文件的组织。即文件的构造方式或文件的结构，包括文件的逻辑结构和物理结构。文件的逻辑结构是指用户可以直接处理的数据及其结构，从形式上分为有结构的记录式文件和无结构的流式文件；文件的物理结构又称为文件的存储结构，它是指文件在外存上的存储组织结构，包括顺序结构、链接结构和索引结构。

（3）文件的存储设备。以磁带为代表的顺序存储设备，以磁盘为代表的直接存储设备。磁带上的信息按块处理，块的大小可以不同，块间有间隙。磁盘上的信息也是按块处理，块的大小是相同的，每个盘块有编号。

（4）磁盘调度。其包括移臂调度、旋转调度。移臂调度可以采用先来先服务调度算法、最短寻道时间优先调度算法、扫描调度算法、循环扫描调度算法。旋转调度采用的是延迟时间最短者优先算法。

（5）磁盘空间的分配与回收。采用的有顺序结构与连续分配、链接结构与链接分配、索引结构与索引分配。

（6）文件目录。它是为了实现文件的按名存取、文件的共享和安全，以及提高对目录的检索速度等目标设置的，它的管理形式可以分为一级目录、二级目录、多级目录三种。

习题 5

一、单项选择题

1．操作系统对数据进行管理的部分称为（   ）。

A）数据库系统　　B）文件系统
C）检索系统　　D）数据存储系统

2．文件系统是指（　）。
A）文件的集合　　B）文件的目录
C）实现文件管理的一组软件　　D）实现对文件的按名存取

3．从用户角度看，引入文件系统的主要目的是（　）。
A）实现虚拟存储　　B）保存系统文档
C）保存用户和系统文档　　D）实现对文件的按名存取

4．文件的逻辑组织将文件分为记录式文件和（　）文件。
A）索引　B）流式　C）字符　D）读写

5．文件系统中用（　）管理文件。
A）作业控制块　B）外页表　C）目录　D）软硬件结合的方法

6．为了对文件系统中的文件进行管理，任何一个用户在进入系统时都必须进行注册，这一级安全管理是（　）安全管理。
A）系统级　B）目录级　C）用户级　D）文件级

7．为了解决不同用户文件的“命名冲突”问题，通常在文件系统中采用（　）。
A）约定的方法　B）多级目录　C）路径　D）索引

8．一个文件的绝对路径是从（　）开始的。
A）当前目录　B）根目录　C）多级目录　D）二级目录

9．对一个文件的访问，常由（　）共同限制。
A）用户访问权限和文件属性　　B）用户访问权限和用户优先级
C）优先级和文件属性　　D）文件属性和口令

10．磁盘上的文件以（　）为单位读写。
A）块　B）记录　C）柱面　D）磁道

11．磁带上的文件一般只能（　）。
A）顺序存取　　B）随机存取
C）以字节为单位存取　　D）直接存取

12．使用文件前，必须先（　）文件。
A）命名　B）建立　C）打开　D）备份

13．位示图可以用于（　）。
A）文件目录的查找　　B）磁盘空间的管理
C）主存空间的共享　　D）实现文件的保护和保密

14．一般说来，文件名及属性可以放在（　）中以便查找。
A）目录　B）索引　C）字典　D）作业控制块

15．最常用的流式文件是字符流文件，它可以看成是（　）集合。

A）字符序列　　B）数据项　　C）记录　　D）页面

16. 在文件系统中，文件的物理结构不同其功能也不同。在下列文件的物理结构中，（　　）不具有直接读写文件任意一条记录的能力。

A）顺序结构　　B）链接结构
C）索引结构　　D）Hash 结构

17. 在下列文件的物理结构中，（　　）不利于文件长度的动态增长。

A）顺序结构　　B）链接结构
C）索引结构　　D）Hash 结构

18. 如果文件采用直接存取方式且文件大小不固定，则宜采用（　　）文件结构。

A）顺序　　B）直接　　C）索引　　D）随机

19. 文件系统采用二级目录结构，这样可以（　　）。

A）缩短访问文件的时间　　B）实现文件的共享
C）节省主存空间　　D）解决不同用户之间文件名的冲突问题

20. 常用文件的存取方法有两种：顺序存取和（　　）存取。

A）流式　　B）串联　　C）顺序　　D）随机

二、填空题

1. 索引文件大体上由________区和________区构成。其中________区一般按关键字的顺序存放。

2. 磁盘文件目录表的内容至少应包含________和________。

3. 操作系统实现按名存取进行检索的关键在于解决文件名与________的转换。

4. 文件的物理组织有顺序、________和索引。

5. 磁盘与主机之间传递数据是以________为单位进行的。

6. 在文件系统中，要求物理块必须连续的物理文件是________。

7. 文件系统为每个文件建立一张指示逻辑记录和物理块之间的对应关系的表，由此表和文件本身构成的文件是________。

8. 在二级文件目录结构中，一级目录是________，二级目录是________。

9. ________算法选择与当前磁头所在磁道距离最近的请求作为下一次服务的对象。

10. 磁盘的驱动调度先进行________调度，再进行________调度。

三、判断题

（　　）1. 移臂调度的目标是使磁盘旋转周数最少。

（　　）2. 能顺序存取的文件不一定能随机存取，但是，能随机存取的文件都能顺序存取。

（　　）3. 文件的物理结构密切依赖于文件存储器的特性和存取方法。

（　　）4. 数据项是指描述一个对象的某种属性的字符集，是数据处理的基本单位。

（　）5．文件系统通常只向用户提供一种类型的接口，即命令接口。
（　）6．文件的逻辑结构是从用户观点出发所看到的文件的组织形式。
（　）7．文件的物理结构与存储设备的特性有很大关系。
（　）8．记录的分解是指从一个数据块中把一条条逻辑记录分离出来的工作。
（　）9．移臂调度应尽可能地减少寻道时间；旋转调度应尽可能地减少延迟时间。
（　）10．从文件管理的角度看，文件由文件体和文件控制块两部分组成。

四、名词解释题

1．文件系统
2．记录
3．物理记录
4．文件目录
5．文件控制块

五、简答题

1．什么是记录的成组和分解？
2．在文件系统中，采用多级树型文件目录结构有何特点？
3．为保证文件的安全性，可以采取哪些措施？
4．试论述磁盘调度的电梯算法的基本思想和算法。
5．请列举日常生活中类似下列概念的现象：
记录的成组、记录的分解、文件目录、文件保护

六、应用题

1．假定磁带记录的密度为每英寸 900 个字符，每一条逻辑记录为 180 个字符，块间隙为 0.6 英寸。今有 1600 条逻辑记录需要存储，试计算磁带的利用率。若要使磁带的利用率不少于 60%，至少应以多少条逻辑记录为一组？

2．某软盘有 40 个磁道，磁头从一个磁道移到另一个磁道需要 5ms。文件在磁盘上非连续存放，逻辑上相邻数据块的平均距离为 8 磁道，每块的旋转延迟时间及传输时间分别为 110ms、30ms，问读取一个 150 块的文件需要多少时间？如果系统对磁盘进行了整理，让同一个磁盘块尽可能靠拢，从而使逻辑上相邻的数据块的平均距离降为 3 磁道，这时读取一个 150 块的文件需要多少时间？

3．文件系统采用多重索引结构搜索文件内容。设块长为 512B，每个块号长 3B，如果不考虑逻辑块号在物理块中所占的位置，分别求二级索引和三级索引时可寻址的文件最大长度。

4．假设有 4 条记录 A、B、C、D 存放在磁盘的某个磁道上，该磁道划分为 4 块，每块存放一条记录，安排如表 5-6 所示。

表 5-6 记录的安排

块号	1	2	3	4
记录号	A	B	C	D

现在顺序处理这些记录，如果磁盘旋转速度为 20ms 转一周，处理程序每读出一条记录后花 5ms 的时间进行处理。试问处理完这 4 条记录的总时间是多少？为了缩短处理时间应进行优化分布，试问应如何安排这些记录？并计算处理时间。

5．若一个 400MB 的磁盘，其盘块大小为 4KB，每一条逻辑记录的大小为 1.2KB，记录成组采用不跨块方式，问一个有 100 条逻辑记录的文件，存储时浪费多少存储空间？每一个盘块空间的利用率是多少？

6．设磁盘共有 500 块，块号为 0～499，若用位示图管理这 500 块的磁盘空间，当字长为 32 位时：

（1）位示图需要多少个字节？

（2）第 i 字第 j 位对应的块号是多少？

7．有一磁盘组共有 10 个盘面，每个盘面上有 120 个磁道，每个磁道有 20 个扇区。假定分配以 2KB 为单位，若使用位示图管理磁盘空间，问位示图需要占用多少空间？若空闲文件目录的每条记录占用 6B，问什么时候空闲文件目录所需要的空间大于位示图？

8．设某文件为链接文件，由 6 条逻辑记录组成，每条逻辑记录的大小与磁盘块大小相等，均为 1024B，并依次存放在 45、157、175、340、418、446 号盘块上。若要存取文件的第 4769 逻辑地址处的信息，要访问哪一个磁盘块？

9．设某磁盘有 300 个柱面，编号为 0～299，磁头刚从 120 道移到 123 道完成了读写操作。若某一时刻有 10 个磁盘请求分别对以下各道进行读写：86、127、191、277、136、142、94、150、102、175。试分别求出 FCFS、SSTF、SCAN 磁盘调度算法下请求的磁道次序及磁头的平均移动道数。

10．有以下磁盘请求服务队列，要访问的柱面分别是 98、183、37、122、14、124、65、67。现在磁头在 53 柱面上，正向柱面号大的方向移动。试按先来先服务调度算法、最短寻道时间优先调度算法和电梯调度算法，分别确定磁头的移动顺序和总的寻道次数。若磁头在相邻两个柱面的移动时间是 4ms，这三种调度算法下的平均寻道时间是多少？

11．假定磁盘块的大小为 4KB，对于 20GB 的硬盘，其文件分配表 FAT 需要占用多少存储空间？当硬盘容量为 80GB 时，FAT 需要占用多少空间？

6

操作系统应用

本章主要内容

- Windows 操作系统的基本管理
- Windows 操作系统的高级管理
- Windows 操作系统的安全管理
- Windows 操作系统的实例应用

本章教学目标

- 了解 Windows 操作系统管理的概念
- 掌握 Windows 操作系统管理的机制
- 熟悉 Windows 操作系统管理的命令

作为主要的和不可缺少的系统软件，操作系统在计算机中的作用越来越重要，对计算机性能的影响也越来越大。了解和熟悉目前流行的操作系统，对充分发挥计算机的性能、维护计算机的安全和掌握操作系统的功能具有重要意义。

6.1 Windows 操作系统基本管理

在现代操作系统中，Windows 操作系统应用最广泛，其功能和性能得到了广大用户的认可，其上的应用程序也最多。那么 Windows 是如何构造和管理的呢？本节主要介绍 Windows 操作系统的体系结构、用户接口、进程管理、存储管理、设备管理和文件管理。

6.1.1 Windows 操作系统的体系结构

Windows 2000/XP 通过微处理器提供的硬件机制实现了核心模式和用户模式。在核心模式下，CPU 处于特权模式，可以执行任何指令，并可以改变模式，操作系统的内核程序运行在核心模式。在用户模式下，CPU 处于非特权模式，只能执行非特权指令，用户程序一般都运行在用户模式。

当启动用户模式的应用程序时，Windows 会为该应用程序创建“进程”。进程为应用程序提供专用的“虚拟地址空间”和专用的“句柄表格”。由于应用程序的虚拟地址空间为专用空间，一个应用程序无法更改属于其他应用程序的数据。每个应用程序都孤立运行，如果一个应用程序损坏，则损坏会限制到该应用程序，而其他应用程序和操作系统则不会受该损坏的影响。

1. 用户模式

在 Windows 2000/XP 中，系统分为用户模式和核心模式，如图 6-1 所示。

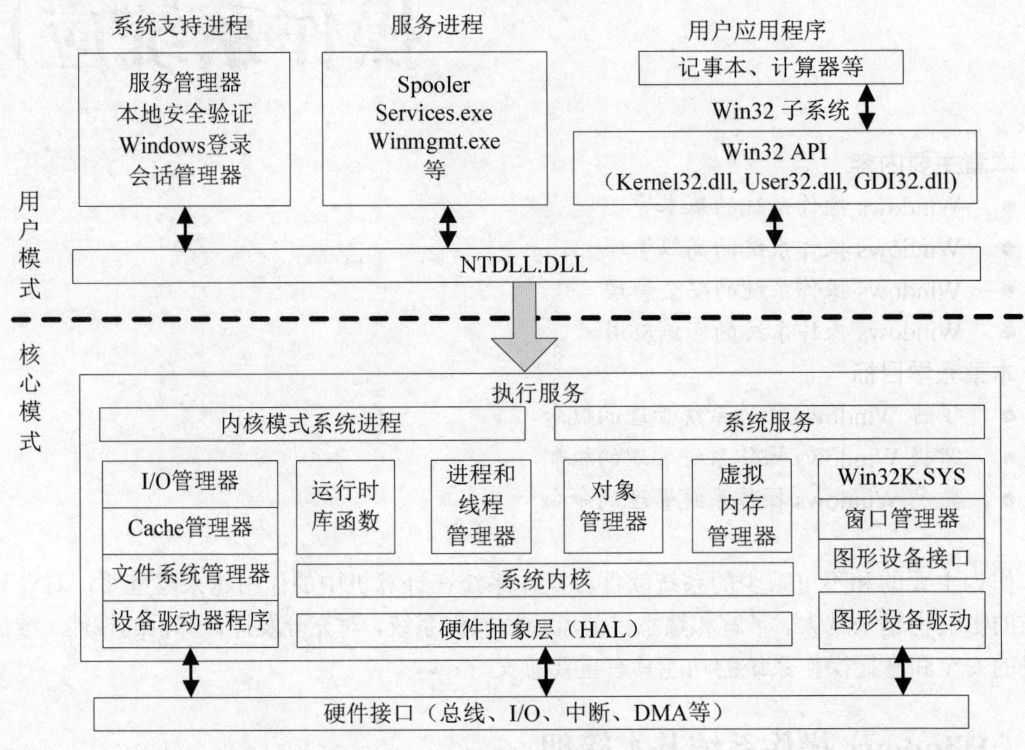

图 6-1 Windows 操作系统体系结构

图 6-1 中粗虚线上方为用户模式，下方为核心模式。用户模式包括系统支持进程、服务进程、用户应用程序、NTDLL.DLL 等，核心模式包括内核模式系统进程、系统服务、运行时库函数、进程和线程管理器、对象管理器、虚拟内存管理器、系统内核、硬件抽象层以及其他一些管理器。

（1）系统支持进程。

系统支持的进程如表 6-1 所示。

表 6-1　系统支持的进程

进程名称	进程功能
空闲进程	用来统计 CPU 的空闲时间，其进程 ID 总是 0（System Idle Process）
系统进程	它是一种特殊类型的、只运行在核心态的管理系统内核的核心级进程（System）
会话管理器	它是第一个在系统中创建的用户进程。除了执行一些关键的系统初始化步骤外，它还作为应用程序和调试器之间的开关和监视器（smss.exe）
客户/服务运行子系统	用户模式 Win32 子系统的一部分。CSRSS 负责控制 Windows，创建或删除进程、线程和 16 位的虚拟 MS-DOS 环境（csrss.exe）
登录进程	处理用户登录和注销的内部活动（WINLOGON.EXE）
本地安全身份验证服务器	接收来自 WINLOGON 的身份验证请求，并调用适当的身份验证包，执行实际的验证（LSASS.EXE）
服务控制器	在 Windows 2000/XP 中有很多服务进程，可以通过服务控制器来启动、停止和控制这些服务（SERVICES.EXE）

（2）服务进程。

服务进程是 Windows 2000/XP 提供的服务，如事件消息服务、警报服务、打印缓冲区服务等。可以通过“控制面板”→“管理工具”→“服务”菜单命令，启动 Windows 2000/XP 的服务管理工具，来管理操作系统提供的服务。Windows XP 的服务管理工具如图 6-2 所示。

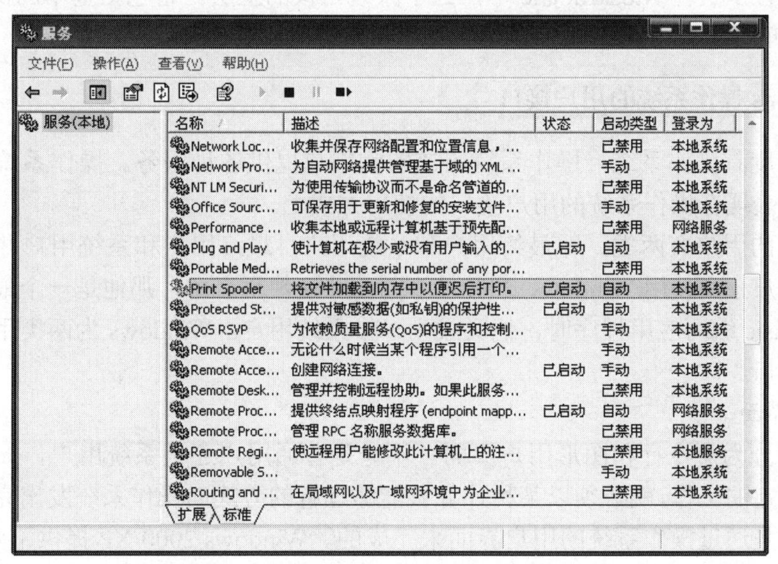

图 6-2　Windows XP 的服务管理工具

（3）应用程序。

通过调用 Win32 子系统提供的子系统动态链接库来使用操作系统提供的功能，如 Win32

应用程序要通过 Win32 API 来访问操作系统。

（4）NTDLL.DLL。

NTDLL.DLL 是一个特殊的系统支持库。从图 6-1 中可以看出，所有用户进程都要通过它来调用操作系统的服务功能。它将文档化函数（公开的调用接口）转化为适当的 Windows 2000/XP 内部系统调用。

2. 核心模式

核心模式的组件运行在统一的内核地址空间中，大致可以分为三个层次：系统内核、硬件抽象层、执行体等。

（1）系统内核。

系统内核位于文件 Ntoskrnl.exe 中，包括了最低级的操作系统功能。主要包含：线程安排与调度、陷阱处理和异常调度、中断处理和调度、多处理器同步、提供并管理基本内核对象的功能。

（2）硬件抽象层。

硬件抽象层（HAL）是一个可加载的核心态模块 hal.dll，处于系统内核的下层。它为 Windows 2000/XP 上的硬件平台提供低级接口，隐藏各种与硬件有关的细节，将内核、设备驱动程序、执行体同硬件分离，使得 Windows 2000/XP 具有在多种硬件平台上的可移植性。

（3）执行体。

执行体也位于文件 Ntoskrnl.exe 中，处于系统内核的上层。它包括基本的操作系统服务，如 I/O 设备管理、虚拟主存管理、进程和线程管理、对象管理等。

6.1.2 Windows 操作系统的用户接口

从用户角度看操作系统，操作系统应该能为用户提供各种服务。操作系统向用户提供服务的方式通常表现在操作系统的用户接口的使用方式上。

操作系统的用户有两类，即最终用户和系统用户，最终用户和系统用户并不是一直不变的。如一个用户正在使用 Windows 2000 上的 Word 软件写文章，那他是一个最终用户；而当他用 Visual Basic 编写应用程序时，他又成为一个系统用户。Windows 为两类用户分别提供了不同的用户接口。

1. 用户界面

用户界面分为命令行和图形用户界面。不论是普通用户还是系统用户，如果想要让计算机完成某项特定的工作，就必须以某种计算机能够理解的方式向操作系统发出完成某项特定工作的指令，这是通过操作系统的用户界面来完成的。Windows 2000/XP 提供了两种用户界面，即命令行界面和图形用户界面。

（1）命令行界面。

命令行界面是在图形用户界面得到普及之前使用最为广泛的用户界面，它通常不支持鼠标。用户通过键盘输入指令，计算机接收到指令后，予以执行。通常认为，命令行界面没有图形用户界面那么方便用户操作。因为，命令行界面的软件通常需要用户记忆操作的命令，但是，由于其本身的特点，命令行界面要较图形用户界面节约计算机系统的资源。在熟记命令的前提下，使用命令行界面往往要较使用图形用户界面的操作速度快。所以，不同版本的 Windows 仍然都保留着类似 MS-DOS 的命令行界面，而且很多的 Windows 的高级功能只有在命令行界面下才能完成。

（2）图形用户界面。

随着大屏幕高分辨率图形显示设备和多种交互式输入输出设备（如鼠标、光笔、触摸屏等）的出现，用户界面图形化于 20 世纪 80 年代后期广泛推出。图形化用户界面（GUI）把抽象的、难以理解的命令行式操作命令转换为易学、易懂的形象化图标，用户通过鼠标单击相应的形象化图标就可以完成相关的操作。按照国际上制定的 GUI 标准，GUI 应由窗口、菜单、对话框、列表框、按钮、滚动条等组成。Windows 操作系统是目前最为流行的支持 GUI 的窗口系统，它的 GUI 界面已经成为了其他系统软件竞相模仿的对象。

2. 低级编程接口——Windows API

对于系统用户来说，可能要通过操作系统对整个计算机系统加以控制，或要设计编写各类应用程序以实现预定的目标。为此，Windows 提供了一套函数，称为 Windows API（Application Program Interface），程序员通过 API 获得操作系统的服务。Windows API 函数的数量有数千个，其中许多都涉及操作系统的功能调用，还有很多函数管理着视窗，包括窗口、文本、字体、滚动条、对话框、菜单及其他功能，它们不仅为应用程序所调用，同时也是 Windows 的一部分，Windows 自身的运行也调用这些 API 函数。

3. 高级编程接口

采用 Windows API 编程是非常复杂的工作，需要熟悉 Windows 操作系统内核，又要记住一大堆常用的 API 函数。然而随着软件技术的不断发展，在 Windows 平台上出现了很多优秀的高级编程接口，如 Visual Basic、Delphi、PowerBuilder、脚本等，它们提供了大量的类库、各种控件和组件，替代了 API 的神秘功能。

在这些编程接口中，脚本由脚本宿主程序解释并执行以实现用户对宿主程序的访问和控制。Windows 操作系统作为一个特殊的系统程序也实现了对脚本的支持，它通过 Windows 脚本宿主执行脚本程序，为 Windows 平台提供了简单、功能强大而又灵活的脚本编写功能。Windows 脚本宿主非常适合于非交互式脚本编写的需要，实现手动任务的自动化，如操纵 Windows 环境、访问注册表、管理快捷方式、访问网络、运行其他程序、使登录过程自动化、向应用程序发送按键等。

6.1.3 Windows 操作系统的进程管理

Windows 2000/XP 采用了抢占式多任务的进程调度管理模式，它的进程和线程的特点是：多任务（多进程）、多线程、支持对称多处理器；进程、线程被作为对象实现，并通过对象服务访问；调度的基本单位是线程，按优先级进行调度并允许抢占，内核代码不可以被抢占；提供进程间对象共享和主存共享等功能。

1. 进程

进程（Process）就是一个正在运行的 Windows 应用程序的实例。在 Windows 2000/XP 中，进程是系统资源分配的基本单位。这些资源包括：一个加载到主存的可执行程序；一个由该进程专用的虚拟地址空间；文件、信号量、通信端口、存储器等系统资源，它们由程序申请，由操作系统分配；一个或多个线程；一个唯一的进程标识号码。

2. 线程

在 Windows 2000/XP 中，一个线程是包含在进程中，并由操作系统分配给处理器时间的一个对象，每一个进程至少有一个线程。因此，线程是处理器的调度对象。

每一个线程包括的内容有：CPU 寄存器的当前内容；一个运行在核心模式下使用的核心栈和一个运行在用户模式下使用的用户栈；分别供子系统、运行库和 DLL 使用的专用存储区域；一个唯一的线程标识号码。

寄存器的内容、栈的内容以及专用存储区域的内容统称为线程的上下文。

3. 优先级

Windows 2000/XP 实现的是一个基于优先级的抢占式多处理器调度系统。调度系统总是运行优先级最高的就绪线程。Windows 2000/XP 通过进程基本优先级和线程相对优先级两级共同控制线程的优先级，其优先级公式为：

线程优先级 = 进程基本优先级 + 线程相对优先级

Windows 2000/XP 的进程基本优先级类型分为六级，分别为空闲、低于标准、标准、高于标准、高级、实时，通常默认类型为标准优先级。当进程在前台运行时，系统会适当调高其线程优先级，这使得前台进程更容易响应用户操作。高优先级只在需要时使用，如任务管理器就是以高优先级运行的。

Windows 2000/XP 的线程相对优先级分为七级，分别为高、高于标准、标准、低于标准、低、实时、空闲。所有线程初始的优先级为标准。

4. 进程同步与互斥

在 Windows 2000/XP 中提供了互斥对象、信号量对象、事件对象三种同步对象和相应的系统调用，用于进程和线程的同步。此外，Windows 2000/XP 还提供了一些与进程同步相关的机制，如临界区对象和互锁变量访问等。

5. 进程通信

Windows 2000/XP 提供了信号、共享存储区、管道、邮件槽、套接字等多种进程间通信的方式。Windows 2000/XP 提供的邮件槽是一种不定长、不可靠的单向消息通信机制。套接字是一种网络通信机制，它通过网络在不同或相同的计算机上的进程间进行双向通信。

6. Windows 2000/XP 进程管理实现

在 Windows 2000/XP 中，可以通过任务管理器来查看和管理进程。打开任务管理器的方法有两种：

（1）右击任务栏空白处，在打开的快捷菜单中选择“任务管理器”。

（2）同时按下 Ctrl+Alt+Del 组合键。

Windows XP 下的“Windows 任务管理器”如图 6-3 所示。

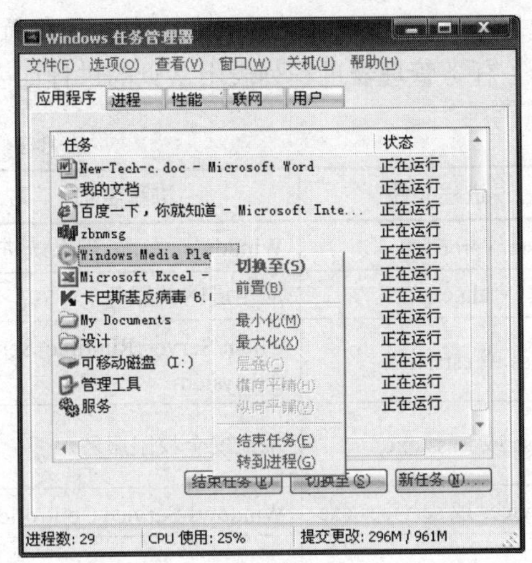

图 6-3　Windows XP 的任务管理器

下面以 Windows XP 为例来说明任务管理器的使用。在图 6-3 中，“应用程序”选项卡的列表框列出了所有正在运行的应用程序。用户可以选择某一个应用程序，通过“结束任务”按钮结束该应用程序；通过“切换至”按钮转换到该应用程序；通过“新任务”按钮可以让用户选择一个应用程序运行。右击某个应用程序时，会弹出如图 6-3 所示的快捷菜单，通过“转到进程”命令，可以切换到“进程”选项卡中该应用程序对应的进程。

单击任务管理器的“进程”选项卡，如图 6-4 所示，可以对正在运行的进程进行监视和运行控制。

用户可以查看每一个进程的进程 ID（PID）、CPU、主存使用等信息，还可以通过“查看”菜单中的“选择列”命令添加进程的优先级、页面错误、线程数、句柄计数等参数信息，如图 6-5 所示。选定某个进程后，可以通过“结束进程”按钮结束选定的进程；右击某个进程会弹出快捷菜单，通过“设置优先级”命令可以调节进程的优先级。

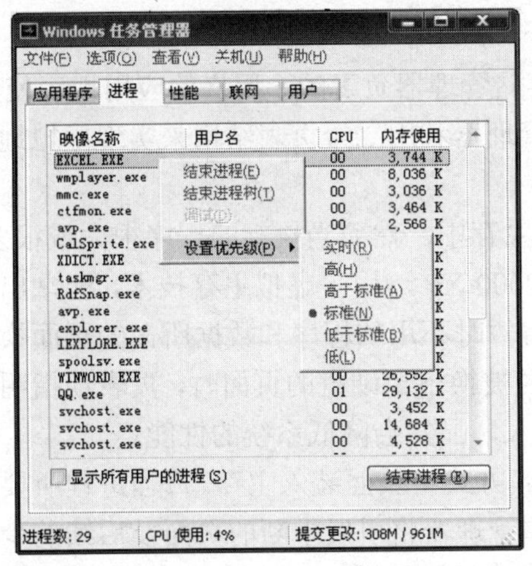

图 6-4　“Windows 任务管理器”的“进程”选项卡

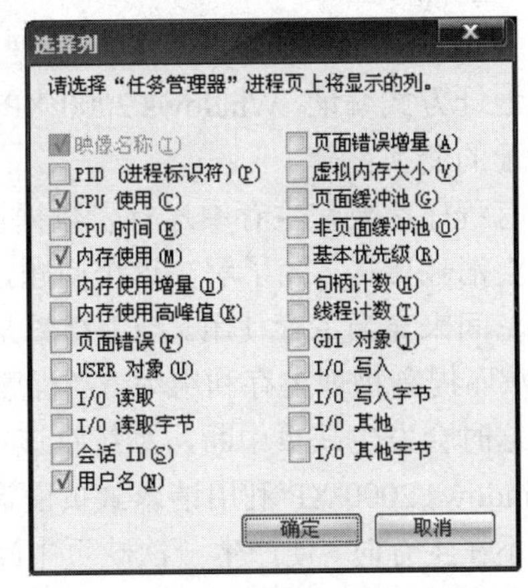

图 6-5　任务管理器中“查看”菜单中的“选择列”对话框

7. 任务管理器进程列表中常见进程简介

任务管理器进程列表中常见的进程如表 6-2 所示。

表 6-2 常见进程的描述

进程文件	进程名称	描述	系统进程
system process	Windows 主存处理系统进程	页面主存管理进程，拥有 0 级优先	是
alg 或 alg.exe	应用层网关服务	这是一个应用层网关服务用于网络共享	是
csrss 或 csrss.exe	Client/Server Runtime Server Subsystem	客户端服务子系统，用以控制 Windows 图形相关子系统	是
lsass 或 lsass.exe	本地安全权限服务	这个本地安全权限服务控制 Windows 安全机制	是
services 或 services.exe	Windows Service Controller	管理 Windows 服务	是
smss 或 smss.exe	Session Manager Subsystem	该进程为会话管理子系统用以初始化系统变量	是
svchost 或 svchost.exe	Service Host Process	是一个标准的动态连接库主机处理服务	是
system	Windows System Process	Microsoft Windows 系统进程	是
winlogon 或 winlogon.exe	Windows Logon Process	Windows NT 用户登录程序	是

6.1.4 Windows 操作系统的存储管理

Windows 2000/XP 的存储管理采用页式虚拟存储管理方式，32 位的 Windows 2000/XP 上的虚拟地址空间最多可达 4GB。

1. 主存管理

在 Windows 2000/XP 中，存储管理是由虚拟存储管理器负责的。用户的应用程序使用 32 位虚拟地址方式编址，Windows 2000/XP 虚拟存储管理器利用二级页表结构来实现虚拟地址向物理地址的变换。

所有程序都要在主存中运行，数据也要保存在主存中。然而当执行的程序很大或很多时，主存就会消耗殆尽。为了解决这个问题，Windows 2000/XP 运用了虚拟主存技术，即拿出一部分硬盘空间来充当主存使用。当主存紧张时，系统将暂时不用的程序和数据所在的页面换出至硬盘，从而提高物理主存利用率。当程序访问到已经被换出至硬盘的页面时，页表项指明该页无效，这时会发生缺页中断，系统将该页从外存调入，显然会降低系统的性能。

Windows 2000/XP 利用请求式页面调度算法及簇方式将页面装入主存。每当进程所要访问的页面不在主存时，便产生一次缺页中断，虚拟存储管理器将引发中断的页面及后续的少量页面装入主存。因为局部性原理，程序（尤其是大型程序）往往在一段时间内，仅在连续的一块地址空间上运行，装入后续少量页面可减少缺页中断的次数。

当产生缺页中断时，虚拟存储管理器还必须确定将调入的虚拟页面放在物理主存中的位置。确定最佳位置的算法称为“置换算法”。如果发生缺页中断时物理主存已满，置换算法还要决定将哪个虚拟页面从物理主存中换出，为新的页面腾出空间。在单处理器系统中，Windows 2000/XP 采用类似于最近最少使用置换算法（LRU）。

2. 主存查看和虚拟主存设置

在 Windows 2000/XP 中，可以通过任务管理器查看系统主存的使用情况。启动任务管理器，选择“性能”选项卡，如图 6-6 所示。

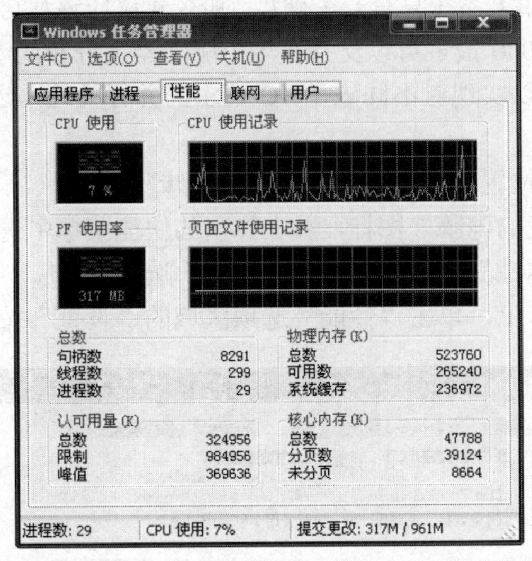

图 6-6　Windows XP 的任务管理器的“性能”选项卡

“性能”选项卡显示了 CPU 和主存的使用情况，主要内容如表 6-3 所示。

表 6-3　“性能”选项卡的项目及含义

项目	含义
CPU 使用	表明处理器工作时间百分比的图表。该计数器是处理器活动的主要指示器，查看该图表可以知道当前使用的处理时间是多少
CPU 使用记录	显示处理器的使用程序随时间变化情况的图表
PF 使用率	显示正被系统使用的页面文件的量
页面文件使用记录	显示页面文件的量随时间的变化情况的图表
总数	显示计算机上正在运行的句柄、线程、进程的总数
物理内存	计算机上安装的物理主存，也称 RAM，“总数”为总的物理主存量，“可用”表示目前可供使用的主存容量，“系统缓存”显示当前用于映射打开文件的页面的物理主存
认可用量	分配给程序和操作系统的主存，“峰值”为出现过的最大值
内核主存	操作系统内核和设备驱动程序所使用的主存

在 Windows 2000/XP 的安装过程中，将使用连续的磁盘空间自动创建分页文件（pagefile.sys）。用户可以事先监视变化的主存需求并正确配置分页文件，使得当系统必须借助于分页时的性能达到最高。Windows 2000 使用主存数量的 1.5 倍作为分页文件的最小容量，这个最小容量的两倍作为最大容量。它减少了系统因为错误配置的分页文件而崩溃的可能性。系统在崩溃之后能够将主存转储写入磁盘，所以系统分区必须有一个至少等于物理主存数量加上 1 的分页文件。

虽然分页文件一般都放在系统分区的根目录下面，但这并不总是该文件的最佳位置。要想从分页获得最佳性能，如果系统只有一个硬盘，那么建议应该尽可能为系统配置额外的驱动器。这是因为 Windows 2000 最多可以支持在多个驱动器上分布的 16 个独立的分页文件。为系统配置多个分页文件可以实现对不同磁盘 I/O 请求的并行处理，这将大大提高 I/O 请求的分页文件性能。

要想更改分页文件的位置或大小配置参数，操作步骤如下：

1）右击桌面上的“我的电脑”图标，并在弹出的快捷菜单中选定“属性”命令。

2）在弹出的“系统属性”对话框中选择“高级”选项卡。

3）在“高级”选项卡上，单击“性能”选项区域的“设置”按钮，如图 6-7 所示。

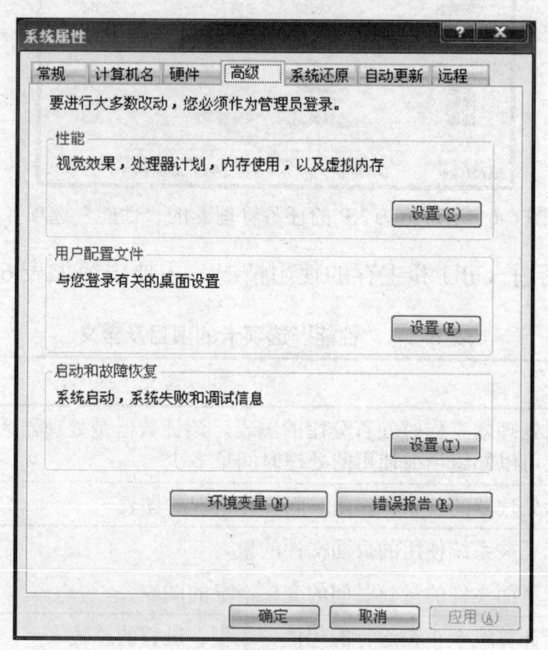

图 6-7 “系统属性”对话框

4）单击“性能选项”对话框中的“高级”选项卡。单击“更改”按扭，如图 6-8 所示。在打开的“虚拟内存”对话框中，输入页面文件的初始大小和最大值，单击“设置”按钮，如图 6-9 所示，回到“性能选项”对话框。

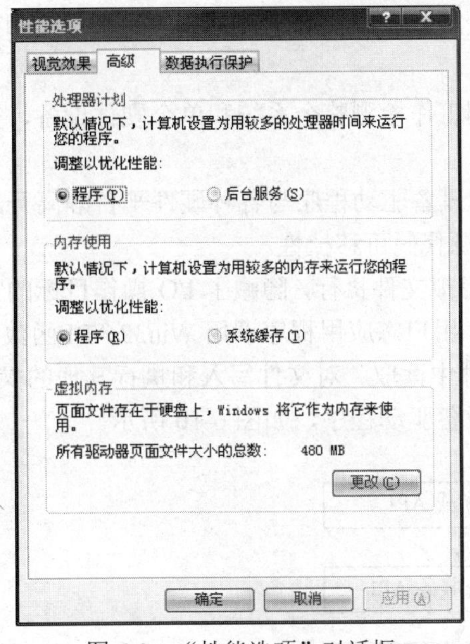

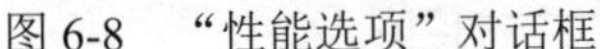

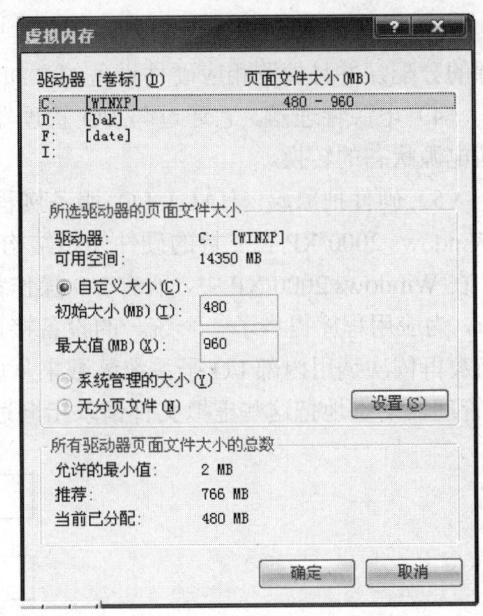

图 6-8 “性能选项”对话框　　　　图 6-9 “虚拟内存”对话框

5）要想将另一个分页文件添加到现有配置，在“虚拟内存”对话框中选定一个还没有分页文件的驱动器，然后指定分页文件的初始值和最大值（以 MB 表示），单击“设置”按钮，然后单击“确定”按钮。

6）要想更改现有分页文件的最大值和最小值，可选定分页文件所在的驱动器。然后指定分页文件的初始值和最大值，单击“设置”按钮，然后单击“确定”按钮。

7）在“性能选项”对话框中，单击“确定”按钮。

8）单击“确定”按钮，关闭“系统属性”对话框。

6.1.5 Windows 操作系统的设备管理

设备管理就是提供控制设备完成输入/输出操作接口，Windows 2000/XP 的设备管理主要是由 I/O 系统来完成的，用户可以通过设备管理器来对设备进行添加、删除、设置等操作。

1. I/O 系统

Windows 2000/XP 的 I/O 系统是由处于核心模式的 I/O 管理器负责的。它接受 I/O 请求，并且以不同的形式把它们传送到 I/O 设备。Windows 2000/XP 的 I/O 系统由下列部分组成:

（1）I/O 管理器。它把应用程序和系统组件连接到各种虚拟的、逻辑的和物理的设备上，并且定义了一个支持设备驱动程序的基本结构。

（2）设备驱动程序，它为某种类型的设备提供一个 I/O 接口。设备驱动程序从 I/O 管理器接受处理命令，当处理完毕后通知 I/O 管理器。设备驱动程序之间的协同工作也通过 I/O 管理器进行。

（3）即插即用（PnP）管理器。它通过与 I/O 管理器和总线驱动程序的协同工作检测硬件资源的分配，并且检测相应硬件设备的添加和删除。

（4）电源管理器。它通过与 I/O 管理器的协同工作检测整个系统和单个硬件设备，完成不同电源状态的转换。

（5）硬件抽象层（HAL）I/O 服务例程。它把设备驱动程序与各种硬件平台隔离开来，使 Windows 2000/XP 在支持的硬件体系结构中具有源代码可移植性。

在 Windows 2000/XP 中，所有 I/O 操作都通过虚拟文件执行，隐藏了 I/O 操作目标的实现细节，为应用程序提供了一个统一的设备接口界面。用户态应用程序调用 Win32 API 函数，这些函数再依次调用内部 I/O 子系统函数来从虚拟文件中读取、对文件写入和执行其他的操作。I/O 管理器动态地把这些虚拟文件请求指向适当的设备驱动程序，如图 6-10 所示。

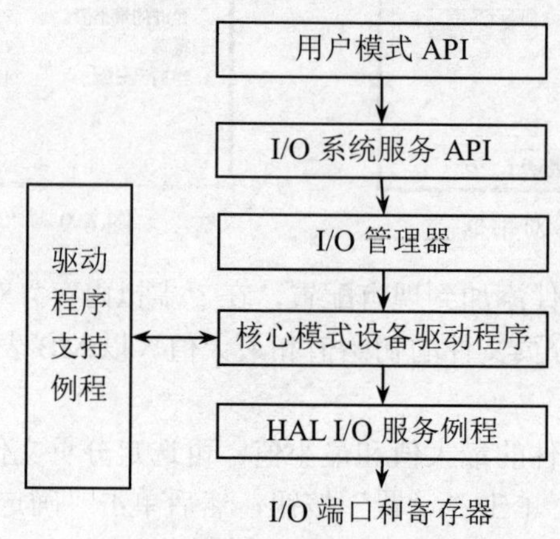

图 6-10　一个典型的 I/O 请求流程

2. 设备管理器

在 Windows 2000/XP 中，可以通过设备管理器来检查计算机上的硬件设备，更新设备驱动程序，设置设备参数。在 Windows XP 中，可以通过“控制面板”→“管理工具”→“计算机管理”→“设备管理器”启动设备管理器，如图 6-11 所示。也可通过右击“我的电脑”→“属性”→“硬件”→“设备管理器”，打开设备管理器窗口。

设备管理器窗口显示了所有设备的列表，其中带有黄色“？”或者“!”的设备没有正常安装，带有红色“X”的设备是被停用了的。

在选中的某一设备上单击鼠标右键，在弹出的快捷菜单中可根据用户的需要对设备进行“停用”、“卸载”等操作。在弹出的快捷菜单中单击“属性”命令后会弹出该设备的属性对话框，对话框一般会有“常规”、“驱动程序”和“资源”选项卡，有时还会有与具体设备相关的其他选项卡，图 6-12 显示了网卡的属性对话框，其中“常规”选项卡显示了该设备的“设备类型”、“制造商”、“位置”及“设备状态”等信息；“驱动程序”选项卡可以对该设备的驱动程序进行更新和卸载操作；“资源”选项卡显示了该设备占用的 I/O、主存、中断资源，并且可以修改。

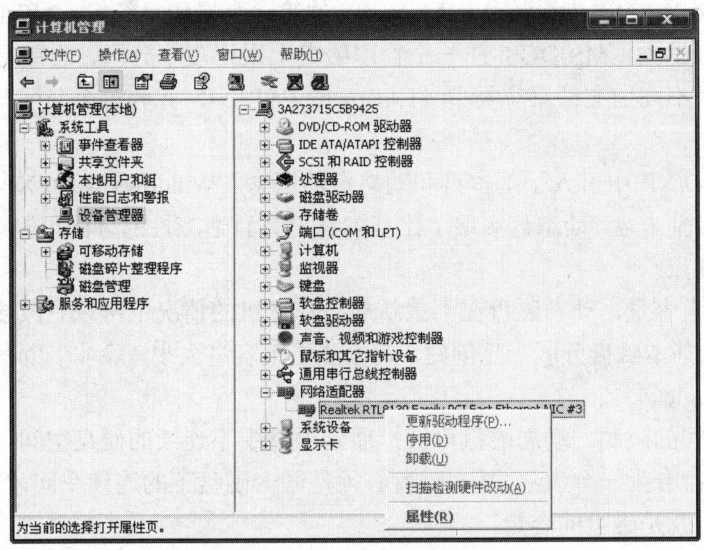

图 6-11 Windows XP 设备管理器

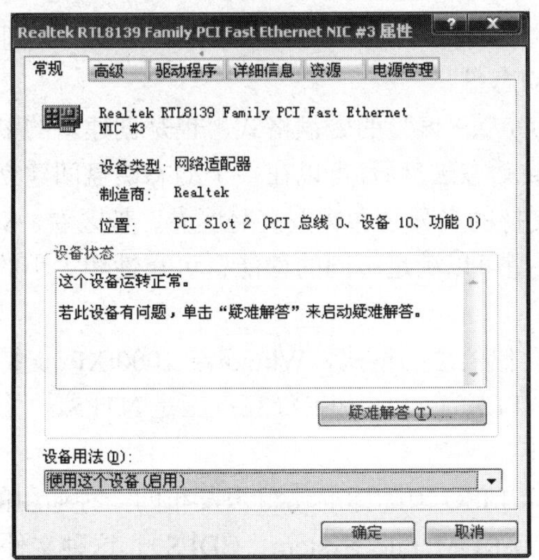

图 6-12 设备管理器的网卡属性对话框

6.1.6 Windows 操作系统的文件管理

文件管理主要涉及磁盘的管理方法和文件在磁盘上存储的方式，即文件系统。Windows 2000/XP 的磁盘管理采用了基本盘和动态盘两种方法，支持 ISO-9660、UDF、FAT12、FAT16、

FAT32、NTFS 等多种文件系统。Windows 2000/XP 还提供了多种管理磁盘和文件系统的工具。

1. 磁盘管理

Windows 2000/XP 的磁盘系统是从 Microsoft 的第一个操作系统——MS-DOS 演变而来的。由于磁盘容量越来越大，MS-DOS 在一个物理磁盘上采用多个分区，也就是逻辑盘。可以把每个分区格式化为不同的文件系统类型（FAT16 或 FAT32），并为每个分区分配一个不同的驱动器名。

Windows 2000/XP 中引入了基本盘和动态盘的概念。Windows 2000/XP 把基于 MS-DOS 分区方式的盘称为基本盘。动态盘实现了比基本盘更具有适应性的分区机制。基本盘和动态盘的区别在于以下几点：

（1）更改磁盘容量。动态磁盘在不重新启动计算机的情况下可以更改磁盘容量大小，而且不会丢失数据。基本磁盘分区一旦创建，就无法更改容量大小，除非借助其他第三方磁盘工具软件，如 PQMagic。

（2）磁盘空间的限制。动态磁盘可被扩展到磁盘中不连续的磁盘空间，还可以创建跨磁盘的卷，将多个磁盘合为一个大卷。基本磁盘必须是同一磁盘上的连续空间才可分为一个分区，分区最大的容量也就是磁盘的容量。

（3）卷和分区的个数。动态磁盘在一个磁盘上可以创建的卷的个数没有限制，基本磁盘一个磁盘最多只能分四个区，包括主分区和扩展分区。

默认 Windows 2000/XP 把所有磁盘都当作基本盘来管理，除非手动创建了一个动态盘，或者把一个基本盘升级为动态盘。

动态盘是 Windows 2000/XP 偏爱的磁盘格式，也是创建新的多分区卷所必需的。在将磁盘创建成动态磁盘或升级成动态磁盘后，可以在多个动态磁盘间建立跨越多个物理磁盘的多分区卷。Windows 2000/XP 支持的多分区卷类型有跨区卷、带区卷，Server 版操作系统还支持镜像卷、RAID-5 卷。不同类型可以满足不同的性能、可靠性和大小的要求。

2. 文件管理

文件系统是指硬件上存储信息的格式，Windows 2000/XP 支持以下三种文件系统：一是 ISO-9660 和 UDF；二是 FAT12、FAT16 和 FAT32；三是 NTFS。

（1）ISO-9660 和 UDF。

ISO-9660 是于 1985 年由 ISO 国际标准化组织发布的一种通用的光盘文件系统标准，所以也常称为 CD 文件系统（CD-ROM File System，CDFS）。这种文件系统有 Level 1 和 Level 2 两个标准，前者可兼容 DOS 操作系统，即支持传统的 8.3 文件名格式；后者则允许使用长文件名，但不支持 DOS 操作系统。该标准的应用范围最为广泛。

通用磁盘格式（Universal Disk Format，UDF）是由 ISO 组织下属的光学存储技术协会于 1996 年制定的通用光盘文件系统，采用包刻录方式，允许在 CD-R/RW 光盘上任意追加数据，为刻录机提供了类似于硬盘的随机读写特性。DVD 也采用了该文件系统标准。

（2）FAT12、FAT16 和 FAT32。

文件分配表（File Allocation Table，FAT）是一个简单的文件系统，适用于小容量的磁盘，具有简单的目录结构。Windows 2000/XP 仍然提供对 FAT 的支持。

FAT 文件系统是根据其组织形式（文件分配表）而命名的。文件分配表位于卷的开头，为了防止文件系统遭到破坏，FAT 文件系统保存了两个文件分配表。文件分配表和根目录必须存放在磁盘上一个固定的位置，保证了启动系统可以正确找到所需要的文件。图 6-13 说明 FAT 文件系统中卷的组织结构。

引导扇区	FAT1	FAT2	根目录	其他目录和文件

图 6-13　FAT 文件系统中卷的结构

FAT 文件系统格式的卷以簇为单位进行分配，簇的大小一般为扇区大小的 2 的幂次倍，如 512、1K、2K、4K、8K、16K、32K 等，默认簇大小由分区时卷的大小决定。FAT 文件系统有三个不同的版本，每一版本的 FAT 文件系统中标识磁盘簇号的簇标识符的位数不同。

引导扇区（Boot Sector）包含用于描述卷的各种信息，包括每扇区的字节数、每簇中扇区的个数、文件分配表数目、每个文件分配表的扇区数、磁盘的格式（FAT12、FAT16、FAT32）。

文件分配表中包含了卷上每个簇的信息，每个簇的信息均以数字标识。如在 FAT16 的文件分配表中，“未使用”用 0x0000 标识，“坏簇”用 0xFFF7 标识，文件中最后一簇用 0xFFFF 标识，文件中的其他簇用该文件的下一簇号标识。

在 FAT 文件目录结构中，每个文件都给出了它在卷上的起始簇号。通过起始簇号在文件分配表中可以找到该簇号对应的信息，这个信息中的数字可能是该文件的下一簇的簇号或是文件结束指示符。

FAT12、FAT16 和 FAT32 文件系统都不支持高级容错特性，且不具有内部安全特性，因而无法达到高性能文件系统的要求。

（3）NTFS。

伴随 Windows NT 的推出，微软需要一种新的文件系统来支持 NT 的安全性和可靠性，而 FAT 显然在此方面存在先天缺陷。经慎重考虑，NT 设计小组决定创建一种具有较好的容错性和安全性的全新文件系统——NTFS（New Technology File System）。

为了减少因突然断电或系统崩溃所造成的数据丢失，NTFS 提供了基于原子事务概念的文件系统可恢复性，确保了文件系统原数据的完整性。

为了保护敏感数据免受非法访问，NTFS 把文件和目录看成具有安全描述符的对象和对象的集合，并将安全描述符作为文件一部分存储在磁盘上。进程打开任何对象（如文件对象）的句柄前，Windows 2000/XP 安全系统验证该进程的权限。安全描述符和用户登录系统时的密码结合起来共同确定了该进程的权限，从而保证了非法用户无法访问文件。此外，NTFS 支持加密文件系统（Encrpyted File System，EFS），可以阻止非授权用户访问加密文件。

为了保护用户数据，NTFS 采用分层驱动器模型实现了数据冗余存储，提供了数据的容错支持，从而可以替代较为昂贵的基于硬件的数据冗余方案。

在系统的安全性方面，NTFS 文件系统具有很多 FAT32 文件系统所不具备的特点，而在与 Windows 9X 的兼容性方面，FAT32 优于 NTFS。所以，在决定 Windows 2000/XP 中采用什么样的文件系统时应从以下几点出发：

1）计算机是单一的 Windows 2000/XP 系统，还是采用多启动的 Windows 2000/XP 系统。

2）本地安装磁盘的个数和容量。

3）是否有安全性方面的考虑等。

3. 磁盘/文件管理工具

磁盘/文件管理工具主要包括磁盘管理器、磁盘配额管理、文件夹压缩、加密和索引设置、文件权限设置等。

（1）磁盘管理器。

Windows 2000/XP 中，可以通过磁盘管理器对磁盘进行管理，包括磁盘分区、格式化、分配驱动器号等。在 Windows XP 中，可以通过“控制面板”→“管理工具”→“计算机管理”→“磁盘管理”启动磁盘管理器窗口，如图 6-14 所示。

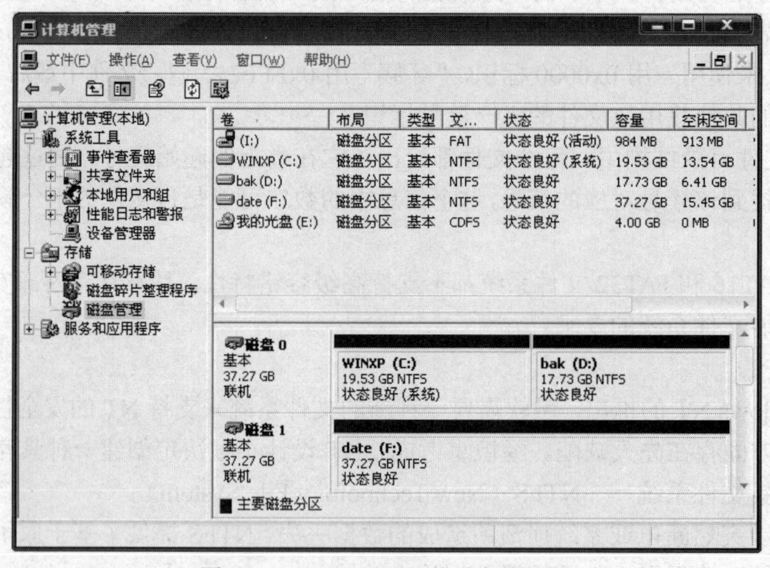

图 6-14 Windows XP 的磁盘管理器

图 6-14 中右半部分上方显示的是系统中所有的分区卷列表，包括驱动器的名称、类型、采用的文件系统格式和状态，在该列表中右击某一个分区，在弹出的快捷菜单中可以选择对该分区格式化、删除该分区、把该分区设为活动分区、更改该分区驱动器名和路径等操作，如图 6-15 所示。

图 6-14 中右半部分下方是所有物理磁盘列表，包括磁盘的基本信息、磁盘的分区情况，

以图表显示。右击某一个磁盘，在弹出的快捷菜单中选择“转换到动态磁盘”命令，可以把该磁盘升级为动态磁盘，如图 6-16 所示。

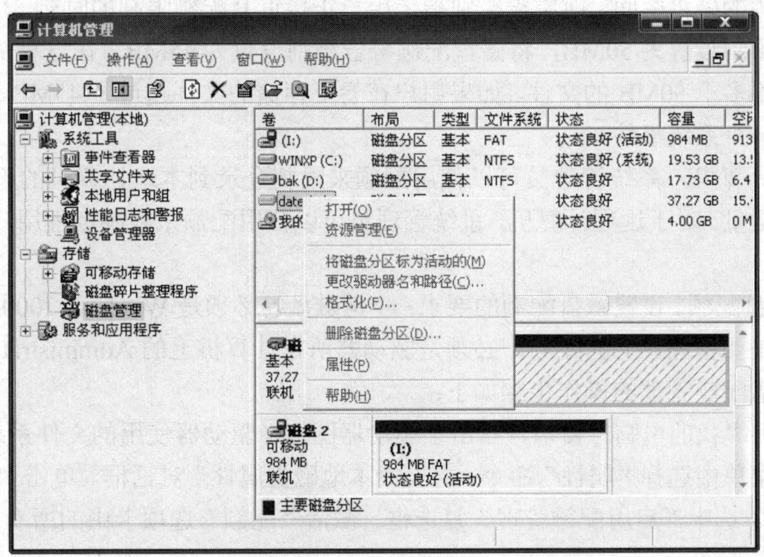

图 6-15　磁盘管理器对分区的操作

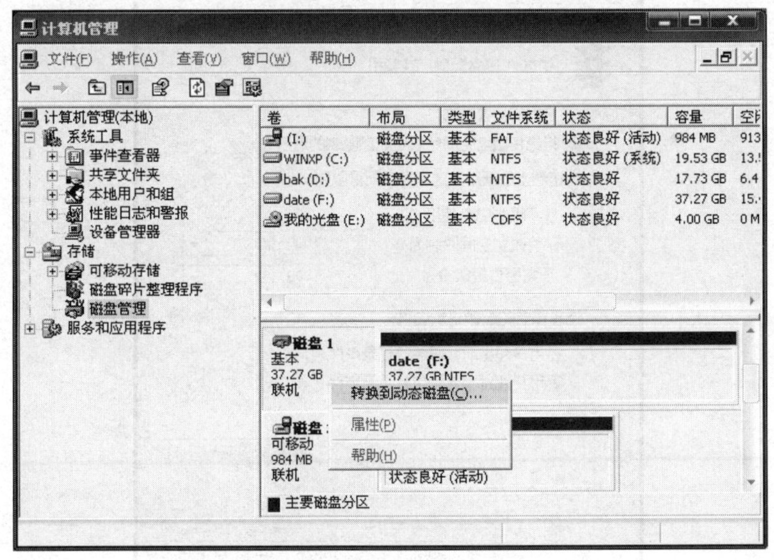

图 6-16　转换到动态磁盘

（2）磁盘配额管理。

1）磁盘配额的基础知识。Windows 2000/XP 包括一些用于存储管理的新技术，这些技术使管理员及最终用户可以获得更好的整体数据存储体验。通过使用一些预防性磁盘管理原则，可以合理安排网络卷上存储的数据量。

在启用磁盘配额时，可以设置两个值：磁盘配额限制和磁盘配额警告级别。配额限制指定允许用户使用的磁盘空间，而警告级别指定用户正接近其配额限制的时刻。例如，可以将用户的磁盘配额限制设置为50MB，将磁盘配额警告级别设置为45MB。在这种情况下，用户可以在卷上存储不多于50MB的文件。如果用户在卷上存储的文件超过了45MB，则可以让磁盘配额系统记录一个系统事件。

对于本地计算机，系统管理员可以使用配额来限制登录到本地计算机的不同用户可使用的卷空间资源数量。对于远程计算机，系统管理员可以使用配额来限制远程用户可使用的卷空间资源数量。

2）配置磁盘配额。设置磁盘配额的要求：一是磁盘卷必须是Windows 2000/XP中的NTFS格式化的；二是要管理卷上的配额，必须是驱动器所在计算机上的Administrators组的成员。

默认的磁盘配额管理的操作步骤如下：

①双击打开“我的电脑”窗口，右击某驱动器图标（驱动器使用的文件系统应为NTFS），在弹出的快捷菜单中选择“属性”命令，打开“本地磁盘属性”对话框。单击“配额”选项卡，如图6-17所示。选中“启用配额管理”复选框，激活“配额”选项卡中的所有配额设置选项。

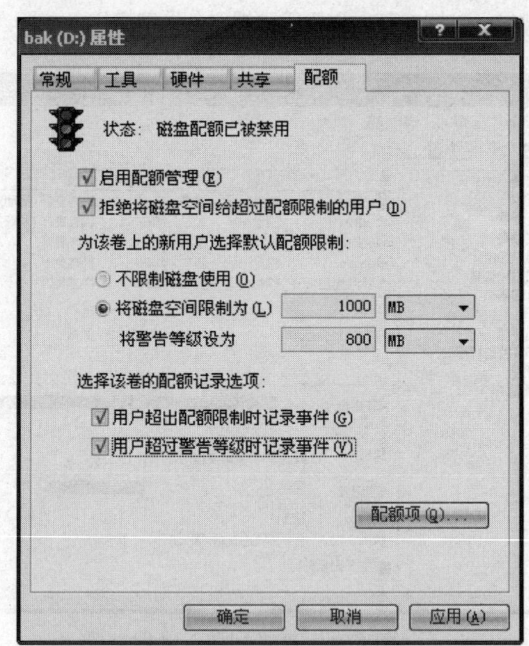

图6-17　设置磁盘配额

②如果某个用户过量地占用磁盘空间和资源，管理员可选中“拒绝将磁盘空间给超过配额限制的用户”复选框，来限制这些用户对磁盘空间的占用。

③如果管理员希望不限制用户使用磁盘空间大小的话，可选中“不限制磁盘使用”单选按钮，以使所有用户随意使用服务器的磁盘空间。

④通常管理员需要限制用户使用的磁盘空间数量，以便保证所有用户都可顺利地使用资源。这时，管理员可选中“将磁盘空间限制为”单选按钮，同时在后面的磁盘容量单位下拉列表框中选择需要的磁盘容量单位，默认情况下系统设定为“KB”，之后即可在“容量大小”文本框中输入合适的数值，以便将用户使用服务器的磁盘空间限制在该数值内。

⑤如果管理员希望在用户使用磁盘空间过程中超过了为其分配的磁盘配额时，系统能及时地发出警告，可在“将警告等级设为”文本框中输入合适的磁盘容量数值，并在后面的下拉列表框中选择一种磁盘容量单位。这样一来，当用户超过了设定的磁盘配额限制时，系统将自动给出警告。

3）单个用户的磁盘配额管理。系统管理员也可以为各个用户分别设置磁盘配额，这样可以让经常更新应用程序的用户有一定的磁盘空间，而限制其他非经常登录的用户的磁盘空间，也可以对经常超支磁盘空间的用户设置较低的警告等级。这样更有利于管理员提高磁盘空间的利用率。具体操作步骤如下：

①在图6-17所示的“配额”选项卡中，单击“配额项”按钮，打开磁盘的配额项目窗口，如图6-18所示。系统管理员即可通过“配额项目”列表框来修改各个用户的磁盘配额设置。

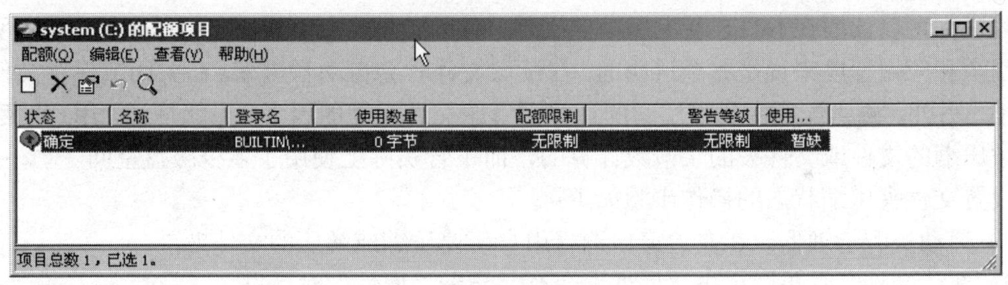

图6-18 “添加新配额项”窗口

②如果系统管理员要修改单个用户的磁盘配额，可以在“配额项目”列表中先选定一个用户，右击选定的用户，在弹出的快捷菜单中选择“属性”命令，即可打开该用户的“配额设置”对话框。在该对话框中，可以具体指定是否限制用户的磁盘配额空间、极限值和警告等级。

③如果系统管理员需要为新添加的用户设置磁盘配额，可以在磁盘的配额项目窗口中打开“配额”菜单选择“新建配额项”命令，即可打开“选择用户”对话框，如图6-19所示。

④管理员可以选定想要创建配额项的用户。单击“添加”按钮后，系统将自动把选定的用户添加到下方列表框。单击“确定”按钮，打开“添加新配额项”对话框，如图6-20所示。

⑤在“添加新配额项”对话框中，可以对选定用户的配额限制进行设置。同上面“配额”选项卡中的设置一样。单击“确定”按钮，完成新建配额项的所有操作，并返回到本地磁盘的

配额项目窗口。关闭该窗口，完成磁盘配额设置，并返回到“配额”选项卡。单击“确定”按钮完成设置。

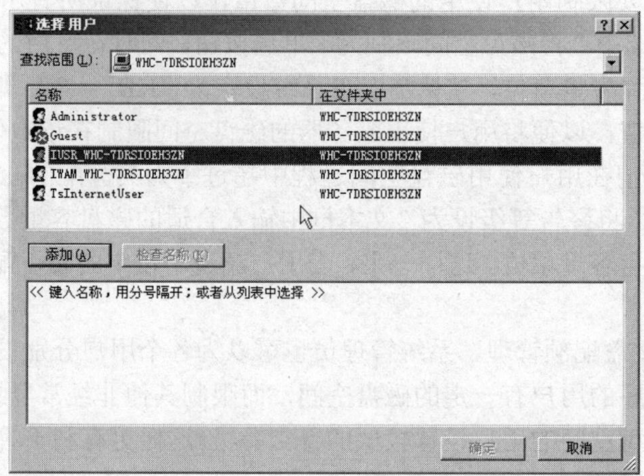

图 6-19 “选择用户”对话框

（3）文件夹压缩、加密和索引设置。

Windows 2000/XP 支持在 NTFS 卷上压缩文件和文件夹，以充分利用磁盘空间。因为任何应用程序都可以读写在 NTFS 卷上压缩的文件，而不需要首先由其他应用程序解压缩，所以压缩对用户和应用程序来说是完全透明的。在读取文件时会自动解压缩，在关闭或保存文件时再次压缩。另外，磁盘配额中磁盘空间的计算不考虑文件压缩的因素，也就是说，用户的配额是按未被压缩的文件或文件夹的字节数计算的，而不管实际上使用了多少磁盘空间。

设置文件夹压缩状态的操作步骤如下：

1）启动资源管理器。在左边窗口选择用户想要压缩或解压的文件夹。

2）在“文件”菜单中单击“属性”命令，显示“属性”对话框。

3）在“常规”选项卡单击“高级”按钮。

4）在弹出的“高级属性”对话框中，选中“压缩内容以便节省磁盘空间”复选框，如图 6-21 所示，然后单击“确定”按钮。

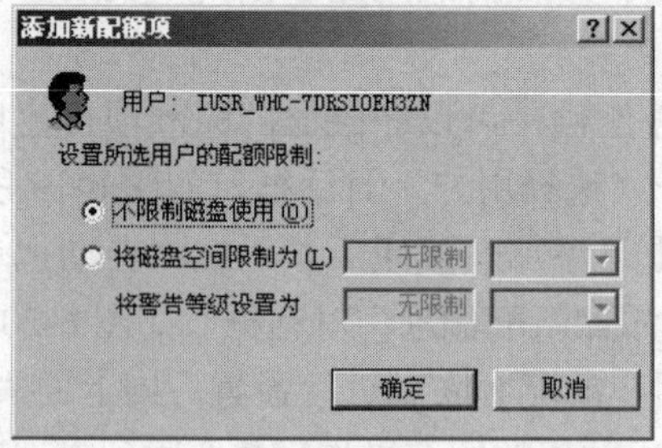

图 6-20 “添加新配额项”对话框

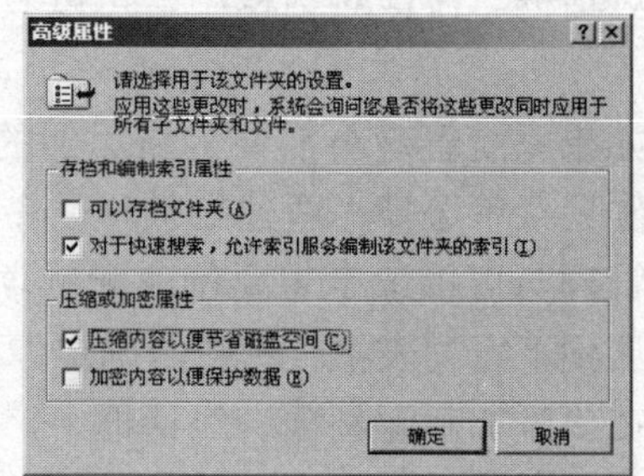

图 6-21 设置文件夹压缩状态

5）在“属性”对话框中单击“确定”按钮。显示“确认属性更改”对话框，如图6-22所示。此对话框给出用户只压缩文件夹，或是压缩文件夹及其子文件夹和文件的选择项。为使得NTFS文件夹中的现有文件和子文件夹保持当前的压缩状态，选中“仅将更改应用于该文件夹”单选按钮，然后单击“确定”按钮。

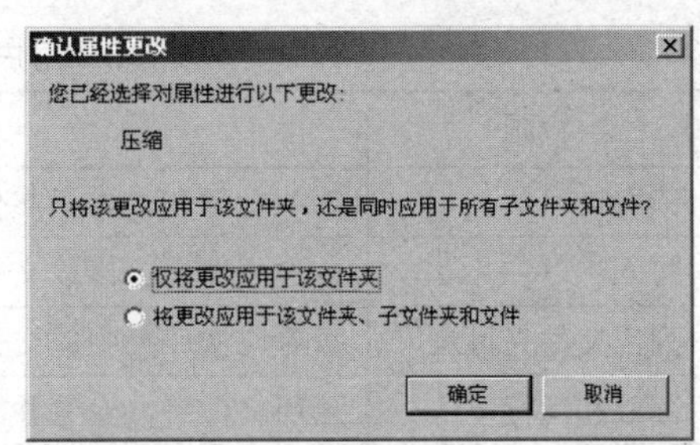

图6-22 “确认属性更改”对话框

压缩或解压单个文件的过程和设置文件夹压缩状态类似。

对NTFS磁盘分区的文件来说，当其被复制或移动时，其压缩属性的变化依下列情况而不同：

1）文件由一个文件夹复制到另一个文件夹时，由于文件的复制要产生新文件，因此，新文件的压缩属性继承目标文件夹的压缩属性。

2）文件由一个文件夹移动到另一个文件夹时，分两种情况：

①如果移动是在同一个磁盘分区中进行的，则文件的压缩属性不变。因为在Windows 2000中，同一磁盘中文件的移动只是指针的改变，并没有真正移动。

②如果移动到另一个磁盘分区的某个文件夹中，则该文件将继承目标文件夹的压缩属性。因为移动到另一个磁盘分区，实际上是在那个分区上产生一个新文件。

文件夹的移动或复制的原理与文件是相同的。另外，如果将文件从NTFS磁盘分区移动或复制到FAT或FAT32磁盘分区内或者是软盘上，则该文件会被解压缩。

（4）文件权限设置。

在Windows 2000/XP的NTFS文件系统分区中，每一个文件及文件夹都存储一个访问控制列表（Access Control List，ACL），ACL中包含所有被许可的用户、组和计算机及其访问控制权限的“访问控制项”。当某个用户访问文件或文件夹时，如果经过验证在文件或文件夹的访问控制列表中没有相应的访问控制项，则对文件或文件夹的访问会被拒绝。

在Windows 2000/XP中，可以赋予用户、组和计算机的文件访问权限，如表6-4所示。

表6-4 用户、组和计算机的文件访问权限

权限	解释
读取	可以读取文件，查看文件的属性、所有者及权限
写入	可以写入数据、覆盖文件、修改文件属性，以及查看文件权限和所有权
读取及运行	可以读取文件，查看文件的属性、所有者、权限，还可以运行应用程序
修改	可以读取并写入/修改文件，查看所有者和文件权限，还可以运行应用程序及删除文件
完全控制	对文件的最高权力，除拥有上述其他权限所有的权限以外，还可以修改文件权限以及替换文件所有者

可以赋予用户、组和计算机的文件夹访问权限，如表6-5所示。

表 6-5 用户、组和计算机的文件夹访问权限

权限	解释
读取	读取文件和查看子文件夹，查看文件夹属性、所有者和权限
写入	创建文件夹、修改文件夹属性、查看文件夹权限和所有者
列出文件夹目录	查看此文件夹中的文件和子文件夹
读取和运行	遍历文件夹，查看并读取文件和查看子文件夹，查看文件夹属性、所有者和权限
修改	除了查看并读取文件和查看子文件夹、创建文件和子文件夹、查看所有者和文件夹权限以外，还可以删除文件夹
完全控制	文件夹的最高权限，除拥有上述所有文件夹权限以外，还可以修改文件夹权限、替换所有者及删除子文件夹

（5）扫描与修复文件系统。

停电、病毒、误操作、非正常关机等原因都会引发诸如丢失簇、交叉链接文件、错误的目录结构等磁盘故障，而这些故障积累到一定程度就会出现系统性能下降、频繁死机、用户数据丢失等情况。因此，应该经常对磁盘进行扫描，排除各种软硬件故障，确保系统的安全和稳定。

具体方法如下：

1）打开“我的电脑”窗口，选定需要进行磁盘检查的驱动器盘符图标。

2）单击鼠标右键，打开其快捷菜单。

3）在快捷菜单中选择“属性”命令，打开“属性”对话框。

4）单击“工具”选项卡，如图 6-23 所示。

5）在“查错”选项区域中单击“开始检查”按钮，打开“磁盘检查”对话框，如图 6-24 所示。

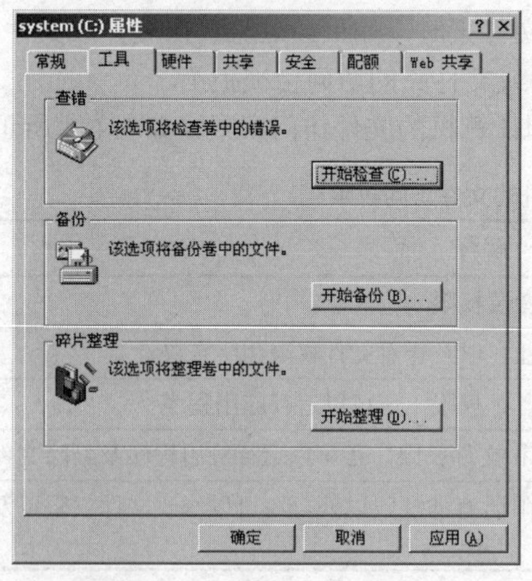

图 6-23 磁盘工具选项卡

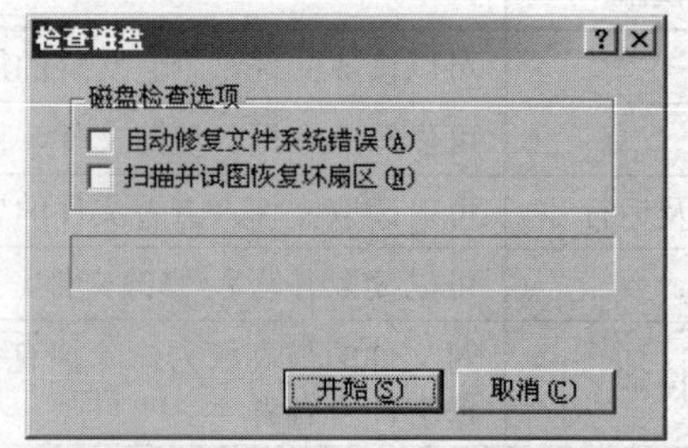

图 6-24 “检查磁盘”对话框

6）在“磁盘检查选项”选项区域中包含两个复选框：“自动修复文件系统错误”和“扫描并试图恢复坏扇区”。

如果用户需要修复选定磁盘中的文件系统错误，可选中第一个复选框。如果用户希望扫描磁盘并修复磁盘上的坏扇区，可选中第二个复选框。如果用户选中了第二个复选框，可以不再选中第一个复选框，因为该选项具有自动修复功能。

7）关闭已打开的文件或程序后，单击“开始”按钮，系统将自动进行磁盘检查。

8）系统完成磁盘检查工作后，单击“确定”按钮，完成磁盘检查操作。

（6）磁盘文件的备份与还原。

由于磁盘驱动器损坏、病毒感染、供电中断、网络故障及其他一些原因，可能引起磁盘中数据的丢失和损坏。因此，对于系统管理员来说，定期备份服务器硬盘上的数据是非常必要的。数据备份后，在需要时可以还原。即使数据出现错误或丢失的情况，也不会造成大的损失。

从菜单“开始”→“附件”→“系统工具”中，选择“备份”，可运行“备份”实用程序，如图 6-25 所示。

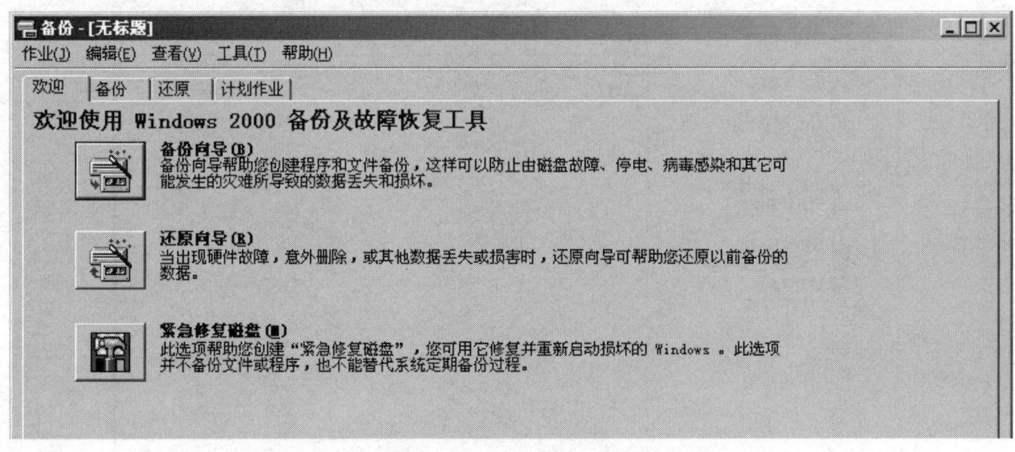

图 6-25　“备份”程序

在“备份”程序中，包括了“备份向导”和“还原向导”。这些向导简化了备份和恢复 Windows 2000 服务器上存储的重要数据的任务。用户也可以利用“计划作业”实现计划备份作业，以便在无人干预的情况下完成备份任务。

6.2　Windows 操作系统高级管理

Windows 2000/XP 是一个单用户、多任务并具有较高的可靠性和安全性的网络操作系统，它除了具有操作系统的五项基本管理功能外，还提供了一些高级管理功能。本节主要介绍

Windows 的用户管理、网络管理、注册表管理三项高级管理功能。

6.2.1 Windows 操作系统的用户管理

用户管理是计算机安全管理的一项重要内容。计算机通过设置用户账户与密码，严格限制登录到计算机上的用户，对计算机的安全使用起到保护作用。另外，操作系统还根据用户的权限限制用户的某些操作，如访问文件和网络资源、操作注册表等。

在 Windows 2000/XP 中有两个内置用户账户，即管理员账户和来宾账户。管理员账户：默认用户名是 Administrator，它是系统创建的第一个账户，它的权限最高，而且永远也不能被删除、禁用。来宾账户：默认用户名是 Guest，是供在这台计算机上没有实际账户的用户使用的，不需要密码，它的权限较低，为了安全，该账户一般是禁用的。

对本地用户和组的管理，可以通过依次单击“控制面板”→“管理工具”→“计算机管理”，选择本地用户和组，显示用户和组管理窗口，如图 6-26 所示。

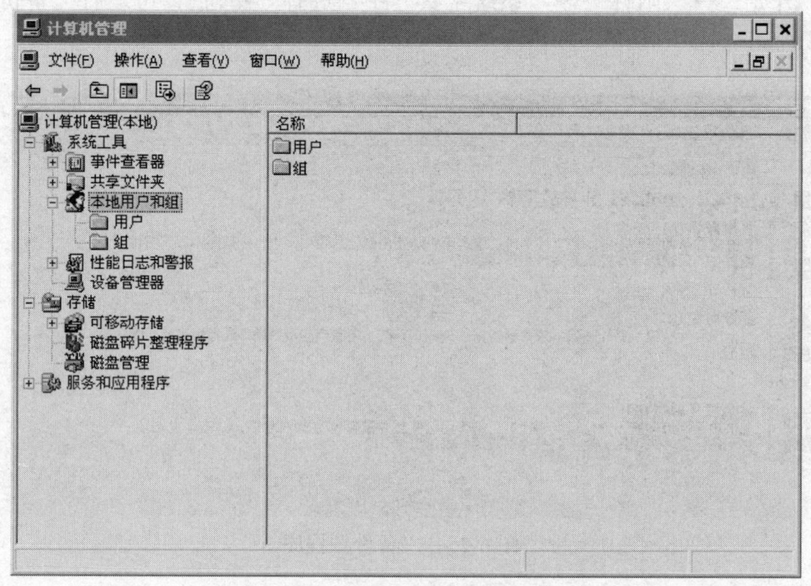

图 6-26 本地用户和组管理窗口

单击左侧的“用户”选项，在右框中列出了所有本地账户的基本信息。右击某一用户账户，在弹出的快捷菜单中选择“属性”命令，在“属性”对话框中选择“配置文件”选项卡，如图 6-27 所示。

在此，可以配置该用户的配置文件位置、登录脚本和主文件夹位置。右击用户，在弹出的快捷菜单中选择“新用户”命令，打开创建新用户对话框，输入用户名、密码等信息，单击“创建”按钮，就创建了一个本地账户。选择“本地用户和组”中的组，在列出的组中选择一个双击，打开该组的属性对话框，如图 6-28 所示，可以实现对组成员的添加和删除。

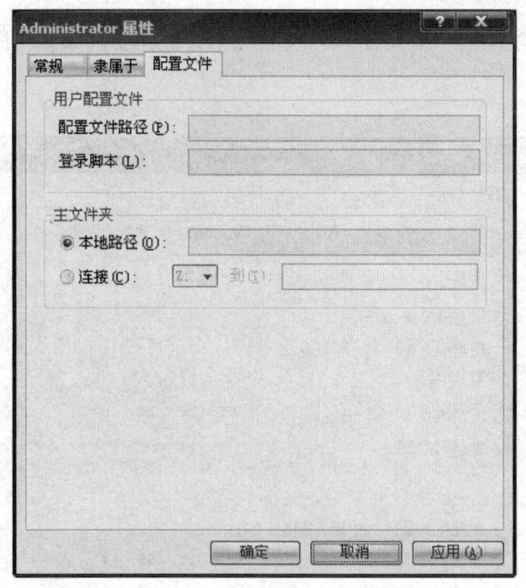

图 6-27　用户属性对话框

图 6-28　组属性对话框

6.2.2　Windows 操作系统的网络管理

Windows 2000/XP 是一个网络操作系统，它提供了强大的网络管理功能。通过 Windows 操作系统的网络管理功能，用户可以进行网络通信、网络资源共享、提供网络服务（Web、FTP、DNS 等）、访问 Internet 等。

1. 网络配置

要使用网络功能，必须先对系统的网络进行配置。在 Windows 2000/XP 中，单击“控制面板”→“网络连接”，在网络连接窗口中，显示了所有的网络连接，如本地连接、拨号连接等。右击要设置的网络连接，在弹出的快捷菜单中选择“属性”命令，会弹出属性设置对话框，如图 6-29 所示。

在图 6-29 所示的本地连接对话框中，显示了本地连接使用的网络适配器（网卡）和该连接上安装的网络组件。其中“Microsoft 网络客户端”组件允许计算机作为一个客户端访问其他计算机上的共享资源；“Microsoft 网络的文件和打印机共享”组件允许计算机将本地的文件夹和打印机共享给网络上的其他用户；“Internet 协议（TCP/IP）”组件是一套因特网上正在使用的标准协议组件，它能使用户访问 Internet。除了这几个组件外，用户还可以通过单击“添加”按钮添加其他的网络组件，如“NetBEUI 协议”等。Windows 2000/XP 默认会自动安装上面三个组件，这对于普通用户来说就已经足够了。

除了上面的三个组件外，要想成功访问网络，还要对“Internet 协议（TCP/IP）”组件进行配置。选中“Internet 协议（TCP/IP）”组件，单击“属性”按钮，弹出“TCP/IP 协议（TCP/IP）属性”对话框，如图 6-30 所示。在这个对话框中显示了包括 IP 地址、DNS 服务器地址两大部分的配置。如果网络中存在动态地址配置（DHCP）服务器，用户可以选择自动获得 IP 地址和自动获得 DNS 服务器地址。如果没有这样的服务器，就要手动配置这些内容了，具体配置要根据网络的具体情况和具体需求而定。

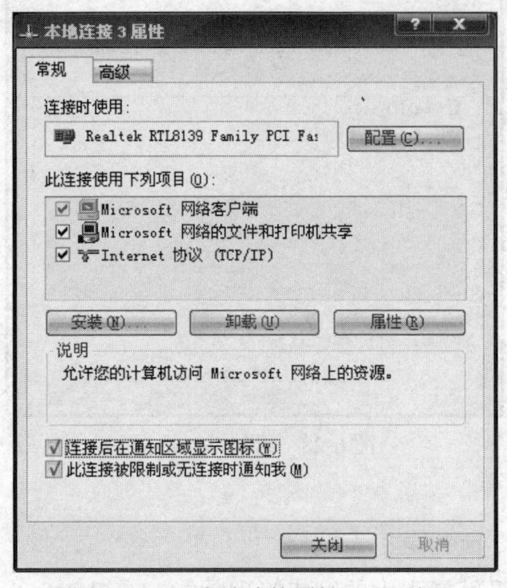

图 6-29 “本地连接属性”对话框

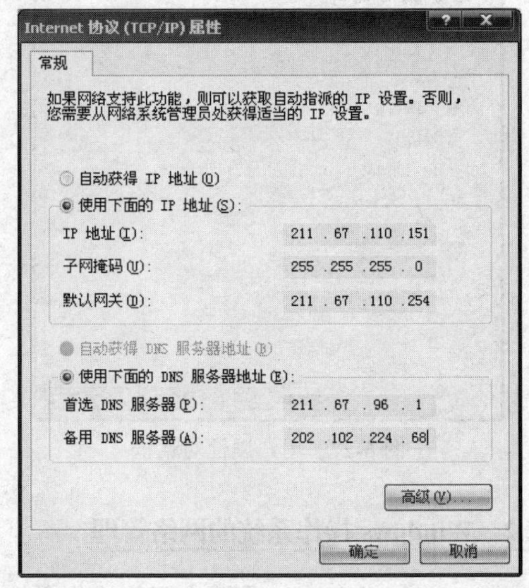

图 6-30 “Internet 协议（TCP/IP）属性”对话框

在以 TCP/IP 为通信协议的网络上，每台主机都有唯一的 IP 地址。IP 地址用来唯一标识一台主机，也隐含着网络间的路径信息。IP（IPv4）地址共占用 32 个位，一般是以点分十进制方法来表示，每 8 位二进制数使用一组十进制数表示，如 192.168.1.1。

32 位的 IP 地址包含了网络号和主机号两部分数据，每个网络区域都有唯一的网络号，同一个网络区域内的每一台主机都必须有唯一的主机号。为了符合各种不同大小规模的网络需求，IP 地址被分为 A、B、C、D、E 五大类。其中的 A、B、C 类是可供主机使用的 IP 地址，而 D、E 类是特殊用途的 IP 地址。表 6-6 给出了可用的 A、B、C 三类地址的分布情况。

表 6-6 IP 地址分类表

类别	网络号	主机号	网络号范围	网络数量	每个网络内的主机数
A	W	X.Y.Z	1～126	126	13 777 214
B	W.X	Y.Z	128～191	16 384	65 534
C	W.X.Y	Z	192～223	2 097 152	254

子网掩码也是由 32 位二进制数构成的，它有两大功能：一是用来区分 IP 地址内的网络号和主机号；另一是用来将网络切割为数个子网或将网络合并为超网。当网络上的主机在相互沟通时，它们利用子网来得知对方的网络号，进而得知彼此是否在相同的网络区域内。下面给出了默认的子网掩码，其中 A 类为 255.0.0.0，B 类为 255.255.0.0，C 类为 255.255.255.0。

在同一个网络号内的主机可以直接通信，而不在同一个网络号内的主机必须通过路由器才能通信。默认网关是一个 IP 地址，是连接本子网路由器的 IP 地址。当发送方计算机和接收方计算机不在同一个子网时，TCP/IP 协议就将 IP 数据包发往默认网关，由默认网关将数据包路由到目的地。

用户在上网时一般输入网站的域名来访问提供网络服务的主机，而主机是通过 IP 地址来标识的。因此，域名要转换成相应的 IP 地址才能找到主机。DNS 服务器就是提供域名转换服务的主机。所以，要输入正确的 DNS 服务器地址才能完成这种转换。

2. 资源共享管理

在计算机网络中，个人的硬件和软件资源是有限的，然而通过资源共享，可以使网络中的资源得到充分的应用。在 Windows 2000/XP 中，能够共享的硬件资源主要有磁盘、文件夹、打印机等设备。资源共享的方法是右击需要共享的资源（磁盘、文件夹或打印机），在弹出的快捷菜单中选择“共享”命令，打开共享属性对话框，如图 6-31 所示。

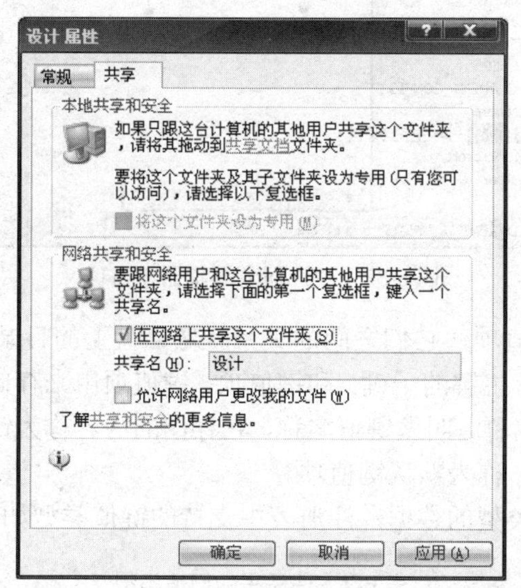

图 6-31 “设计”文件夹共享属性对话框

图 6-31 是 Windows XP 中共享磁盘分区 J 中的“设计”文件夹时显示的共享属性对话框。在该对话框中可以设置资源的共享属性，如资源的共享名等。如果“允许网络用户更改我的文件”的话，可以勾选相应复选框。最后，单击“确定”按钮，完成设置。

6.2.3 Windows 操作系统的注册表管理

注册表是 Windows 2000/XP 操作系统中的一个核心数据库，其中存放着硬件、软件的相关配置和状态信息及各种参数，直接控制着 Windows 的启动、硬件驱动程序的装载以及一些 Windows 应用程序的运行，从而在整个系统中起着核心作用。

注册表中的信息内容包括计算机的硬件设备的配置和状态信息、设备驱动程序信息、应用程序安装信息、网络设备和协议信息及用户信息。

1. 注册表结构

注册表是一种复杂的信息数据库，为了方便管理注册表，Windows 操作系统采用了层叠式结构来管理注册表。这种结构非常类似于资源管理器树型目录结构。在“开始”菜单中选择“运行”命令，在“运行”对话框中输入“regedit”，打开“注册表编辑器”窗口，如图 6-32 所示。

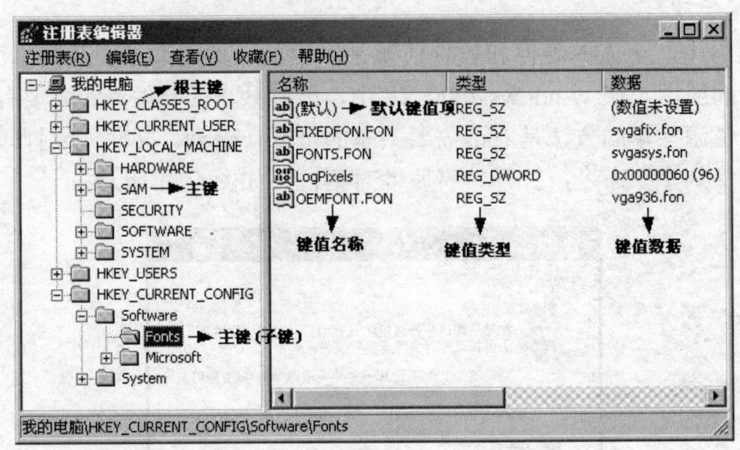

图 6-32 “注册表编辑器”窗口

注册表包括主键和键值项，它们之间的关系就像磁盘上的目录和文件一样。一个主键可以包含若干主键（被称为该主键的子键）和键值项，键值项用来存储数据。顶级主键称为根主键。键值项一般都有一个名称，叫做键值名称，它存储的内容称为键值数据。每个主键都有一个没有键值名称的键值项，称为默认键值项。

键值项可以存储不同类型的数据，注册表中支持的键值类型如表 6-7 所示。

表 6-7 注册表的键值类型

主键	含义
REG_DWORD	双字节值，用来存储数值或布尔类型的数据
REG_BINARY	二进制值，可以存储任意长度的二进制数及一些原始数据，如加密的口令等
REG_SZ	字符串值，存放各种字符串变量，如计算机名称等
REG_MULTI_SZ	多字符串，可以存放多个字符串，如存放一块网卡的多个 IP 地址
REG_EXPAND_SZ	可扩充字符串，字符串中可包括系统变量，如用%WINDIR%变量表示 Windows 的安装目录

注册表有五大根主键，如表 6-8 所示。这些根主键不能被删除，也不能添加。

表 6-8 注册表的根主键

根主键	含义
HKEY_CLASSES_ROOT（HKCR）	包含了文件扩展名和 COM 组件类的注册信息。比如，HKCR\.txt 包含了与扩展名为“.txt”的文件相关的信息，包括类型名，显示图标、如何打开等
HKEY_CURRENT_USER（HKCU）	包含了与当前登录用户相关的软件配置和参数，其子项包含着环境变量、个人程序组、桌面设置、网络连接和应用程序首选项等信息
HKEY_USERS（HKU）	包含与每一个用户相关的软件配置和参数信息
HKEY_CURRENT_CONFIG（HKCC）	包含了当前硬件配置文件的相关信息，是 HKLM\SYSTEM\CurrentControlSet\Hard- ware Profiles\Current 的映射
HKEY_LOCAL_MACHINE（HKLM）	包含了所有有关整个系统的配置信息的子键

2. 使用注册表管理器注册表

（1）导出注册表文件。

导入和导出系统配置信息可以有效地防止系统配置信息的丢失和破坏。在每次对系统进行大的修改之后，都应该对注册表进行备份（导出），操作步骤如下：

1）打开注册表编辑器。

2）选择“注册表”菜单中的“导出注册表文件”命令。

3）根据需要，选择导出整个注册表或者导出某个子目录树或者子项。

4）选择导出路径，在“文件名”文本框中输入注册表文件的名称。

5）单击“保存”按钮，完成操作。

（2）导入注册表文件

当注册表出现错误或者需要还原导出的注册表配置信息，通过注册表编辑器的导入功能可很快恢复注册表配置信息，操作步骤如下：

1）打开注册表编辑器。

2）选择“注册表”菜单中的“导入注册表文件”命令，打开对话框。

3）找到导出目录，选择已经导出的文件，然后单击“打开”按钮，即可对现有的注册表信息进行还原。

（3）查找字符串、值或注册表项。

由于注册表是计算机系统的核心，包括的内容特别多，所以在查找某一个字符串、值或注册表项时，通常需要很长的时间。注册表编辑器提供了查找功能，可以快速找到自己要操作的对象，操作步骤如下：

1）在注册表编辑器中，选择“编辑”菜单中的“查找”命令，打开“查找”对话框。

2）在“查找目标”文本框中输入要查找的内容。

3）启用“项”、“值”、“数据”、“全字匹配”复选框，以匹配要搜索的类型，然后单击“查找下一个”按钮，即可开始查找。

6.3 Windows 操作系统的安全管理

系统的安全性是整个系统赖以生存的关键。Windows 操作系统的设计充分考虑到了安全因素，并从多个方面予以保证。本节主要介绍 Windows 操作系统安全的主要内容、机制和策略以及设置方法。

6.3.1 操作系统的安全性概述

操作系统安全主要包括安全机制和安全策略。安全策略是一组特定的、为实现某个对象安全的方针和原则。安全机制是系统提供用于强制执行安全策略的特定步骤和工具。

1. 操作系统安全的主要内容

（1）系统安全。

系统安全管理的任务是不允许未经核准的用户进入系统，从而也就防止了他人非法使用系统的资源。采用的主要手段如下：

1）注册。系统设置一张注册表，登录了注册用户名和口令等信息，使系统管理员能掌握进入系统的用户情况，并保证用户在系统中的唯一性。

2）登录。用户每次使用时都要进行登录，通过核对用户名和口令，核查该用户的合法性。同时也可以根据用户占用资源情况进行收费。

（2）通信网络安全。

就信息存储、处理和传输三个主要操作而言，信息在传输过程中受到的安全威胁最大。因而网络操作系统必须采用多种安全措施和手段，如表 6-9 所示。

表 6-9 网络通信的安全措施和手段

安全措施和手段	解释
用户身份验证和对等实体鉴别	远程录入用户的口令应当加密，密钥必须每次变更，以防被人截获后冒名顶替
访问控制	除了网络中主机上要有存取访问控制外，应当将访问控制扩展到通信子网，应对哪些网络用户可访问哪些本地资源，以及哪些本地用户可访问哪些网络资源进行控制
数据完整性	防止信息的非法重发，以及传送过程中的篡改、替换、删除等，要保证数据由一台主机送出，经网络链接到达另一台主机时完全相同
加密	加密后的信息即使被人截取，也不易被人读懂和了解，这是存取访问控制的补充手段
防抵赖	防止收发信息双方抵赖纠纷。接收方收到信息，要确保发送方不能否认曾向他发过信息，并且要确保发送方不否认接收方收到的信息是未被篡改过的原样信息。发送方也会要求接收方不能在收到信息后抵赖或否认
审计	审计用户对本地主机的使用，还应审计网络运行情况

（3）用户安全。

用户安全管理是为了给用户文件分配文件“访问权限”而设计的。用户对文件的访问权限，是根据用户分类、需求和文件属性来分配的。通常，对文件可以定义的访问权限有建立、删除、打开、读、写、查询和修改。

（4）资源安全。

资源安全性是通过系统管理员或授权的资源用户对资源属性设置，来控制用户对文件、打印机等的访问。通常可对资源设置执行、隐含、修改、索引、只读、写入、共享等属性。

另外，建立安全的文件管理系统和文件加密也是资源安全的重要内容。

2. 操作系统的安全机制

（1）标识与身份鉴别机制。

身份鉴别机制是大多数保护机制的基础。身份鉴别分为内部和外部两种。

外部身份鉴别是为了验证用户登录系统的合法性。一个合法的用户在其所能访问的系统中有一个用户账号。用户账号包括用户的一些基本信息，如用户名、口令及个人资料等。当用户登录系统时，身份鉴别机制将验证用户身份，以确定该用户是否为合法的注册用户，并且确保不存在通过某些隐蔽的方式绕过系统验证机制进入系统。

内部身份鉴别机制用于确保进程的身份的合法性，若没有内部验证，某用户可以创建一个看上去属于另一用户的进程。从而，即使是最高效的外部验证机制也会因为把这个用户的伪造进程看成另一个合法用户的进程而被轻易地绕过。

（2）访问控制和授权机制。

访问控制是操作系统安全机制最核心的内容。访问控制是确定谁能访问系统（关于鉴别用户和进程）、能访问系统何种资源（关于访问控制）以及在何种程度上使用这些资源（关于授权）。访问控制包括对系统各种资源的存取控制，既包括对设备，如主存、虚拟存储器或磁盘等外存储器的存取控制，也包括对文件、数据的存取控制。

访问控制的目标是规定访问客体的特权，确定访问权限并授予和实施，在保证系统安全的前提下，最大限度地共享资源。

（3）加密机制。

加密是将信息编码成像密文一样难解形式的技术。在现代计算机系统中，加密是整个信息安全的理论和技术基础。在通过网络互联的计算机系统中，想要提供一种信息不可达的机制是困难的。因此，信息被加密成若不解密则其信息内容就不可见的形式。加密的关键在于要能高效地建立从根本上不可能被未授权用户解密的加密算法。

6.3.2 Windows 操作系统安全性管理

Windows 2000/XP 建立在 Windows NT 内核技术之上，具有高层次的安全性。同时它提供了本地安全策略，可以让用户在本地计算机中按照自己的需求设置安全策略。在 Windows 2000/XP 中可以通过“控制面板”→“管理工具”→“本地安全策略”，启动“本地安全设置”

窗口，如图 6-33 所示。

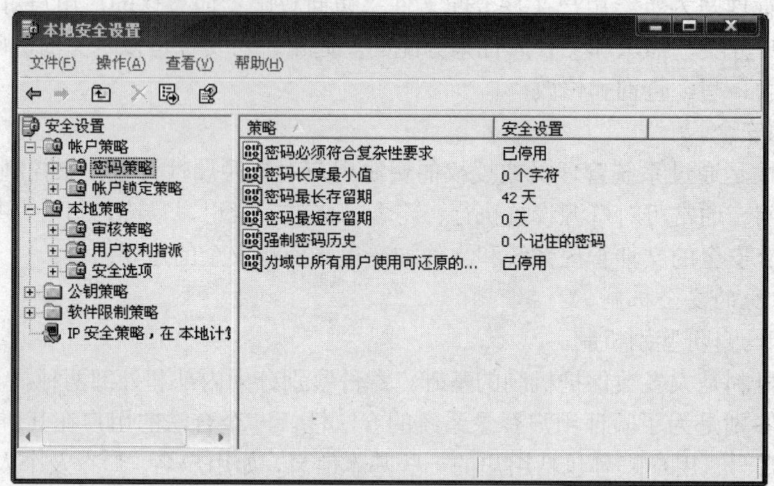

图 6-33　Windows XP 的“本地安全设置”窗口

在“本地安全设置”窗口中可以看到，左侧窗口中显示的安全设置包括“账户策略”和“本地策略”。“账户策略”分为“密码策略”和“账户锁定策略”；“本地策略”分为“审核策略”、“用户权利指派”和“安全选项”。当在左侧窗口中选中某个策略时，右侧窗口中将显示该策略的所有子策略，其中，“策略”栏显示子策略的名字，“安全设置”栏是该子策略当前的设置内容。

1. 密码策略

密码策略中的设置是有关密码的设置，如图 6-33 所示。密码策略包括密码最长存留期、密码最短存留期、密码必须符合复杂性要求、密码长度最小值、为域中所有用户使用可还原的加密来存储密码、强制密码历史六项限制。如要设置某项设置，只需右击对应的行，在弹出的窗口中作相应的设置即可。

2. 账户锁定策略

账户锁定用来设置用户注册失败时的处理动作。如果选择了账户不锁定策略的话，系统将对用户的失败注册不做任何处理。为了防止他人猜中用户的密码，建议使用账户锁定功能。

如图 6-34 所示，锁定账户的策略有三个。一是账户锁定阈值。设置用户在连续注册失败几次后，锁定用户的账户。二是账户锁定时间。设置将账户锁定的时间，在锁定指定的时间内系统禁止打开用户的账户，直到锁定时间结束，系统将自动重新打开用户的账户。三是复位账户锁定计数器。在这里实际上也是设置时间，如果用户两次注册失败的间隔在该时间范围内的话，就视为连续注册失败，如果超出该时间范围的话，则不视为连续失败。

3. 审核策略

审核功能用于跟踪用户访问资源的行为与 Windows 2000 的活动情况，这些行为或活动，称为事件，会被记录到日志文件内，利用“事件查看器”可以查看这些被记录起来的审核数据。建立审核事件是安全的重要方面之一。通过监控对象的创建和修改可以追踪潜在的安全问题，有助于确保用户账户的可用性，并为指证破坏安全的事件提供依据。

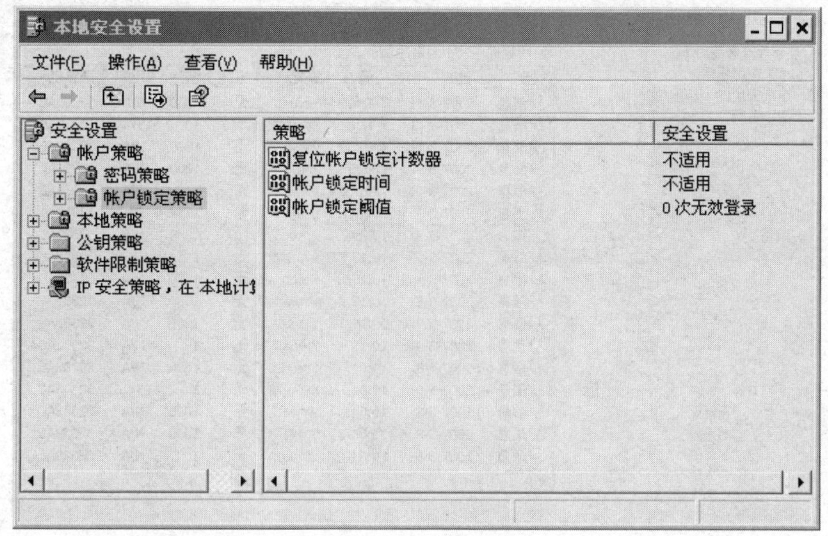

图 6-34　账户锁定策略

（1）可以审核的事件类型。

在 Windows 2000 中，可以被审核并记录在安全日志中的事件类型有：系统启动、关闭；登录成功；未知的用户名和口令；受限时间内的登录失败；账户过期或账户被禁用；无效的工作站；口令过期；登录失败；注销；用户的创建、删除或变动；用户是否曾经读取、更改，删除某个文件或文件夹；用户是否曾经运行或结束某个程序等。

（2）事件查看器。

当 Windows 2000 系统有误（如网卡故障）、用户登录/注销的行为或者应用程序发出错误信息等情况时，Windows 2000 会将这些事件记录到“事件日志文件”内，可以利用“事件查看器”来检查这些日志，看看到底发生了什么状况，以便做进一步的处理工作。

Windows 2000 的事件日志文件主要分为以下四大类：

1）系统日志。Windows 2000 会主动将系统所产生的错误（如主存故障）、警告（如 CPU 的利用率太高）与系统信息（如某个服务已被启动了）等信息记录到系统日志内。

2）安全日志。它会记录“审核策略”所设置的事件发生情况，如某个用户是否曾经读取过某一个文件。

3）应用程序日志。它是由应用程序将其所产生的错误、警告或信息等事件记录到此日志文件内。例如，若数据库程序有误时，它可以将此错误记录到应用程序日志内。

4）查看事件记录。通过“开始”→“控制面板”→“管理工具”→“事件查看器”启动

"事件查看器"，将出现"事件查看器"窗口，如图 6-35 所示。

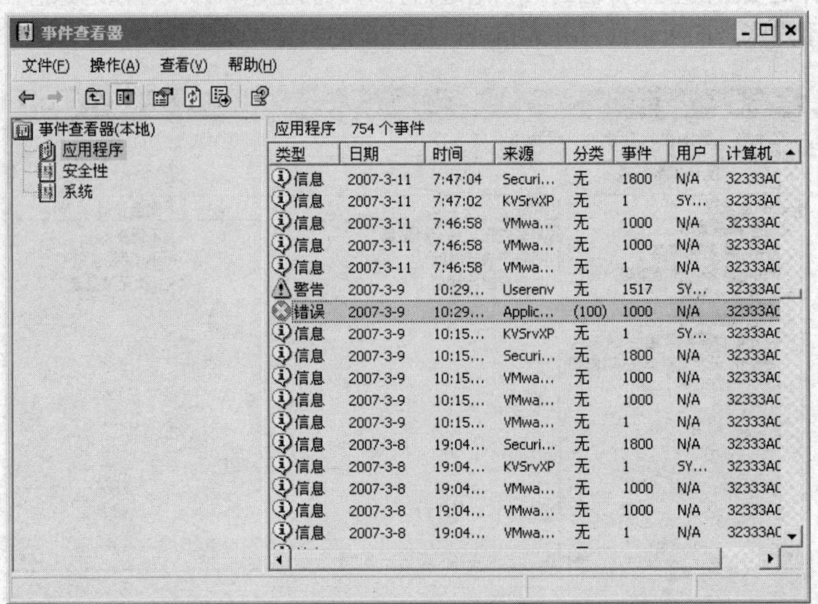

图 6-35　事件查看器

可以查看其中的"应用程序"、"安全性"、"系统"等任何一个日志文件。图右边窗格是"应用程序"日志文件的记录信息，图中每一行代表一个事件，其含义如表 6-10 所示。

表 6-10　日志文件的事件及含义

事件	含义
类型	此事件的类型，如错误、警告、信息等。例如，某个服务已被启动、已被停止等就会以"信息"类型的事件被记录在此。目前不严重，但是未来可能会造成问题的事件，如硬盘容量所剩不多时，就会被以"警告"类型记录。错误类型事件记录系统所发生的错误，如网卡故障/设置错误、计算机名称与其他的计算机相同、某个服务无法正常启动等
日期与时间	此事件被记录的日期与时间
来源	记过此事件的程序名称
分类	产生此事件的程序可能会将其信息分类，此分类信息会被显示在此处
事件	每个事件都会被赋予一个唯一的号码，这个号码就显示在"事件"下
用户	当事件发生时，是哪个用户正在使用此计算机，或者此事件是由哪个用户所制造出来的
计算机	发生此事件的计算机名称

若要查看事件的详细信息，请直接双击该事件或在该事件上单击鼠标右键，在弹出的快捷菜单中选择"属性"命令，将会出现"事件属性"对话框，如图 6-36 所示。

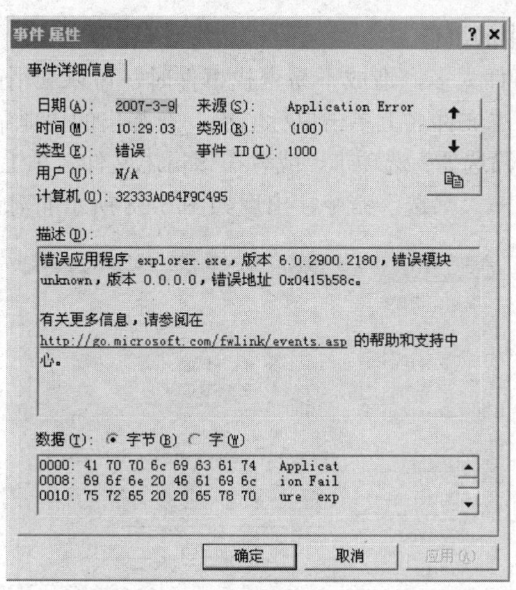

图 6-36　“事件属性”对话框

（3）设置日志文件的大小。

可以针对每个日志文件（系统、安全性、应用程序等）来更改其设置，如日志文件容量的大小等。设置时在“事件查看器”窗口中某日志文件名上单击鼠标右键，在弹出的快捷菜单中选择“属性”命令，在弹出的对话框中选择“常规”选项卡，将出现如图 6-37 所示的对话框。在该对话框中可以设置日志的名称、位置、大小以及清除该日志文件。

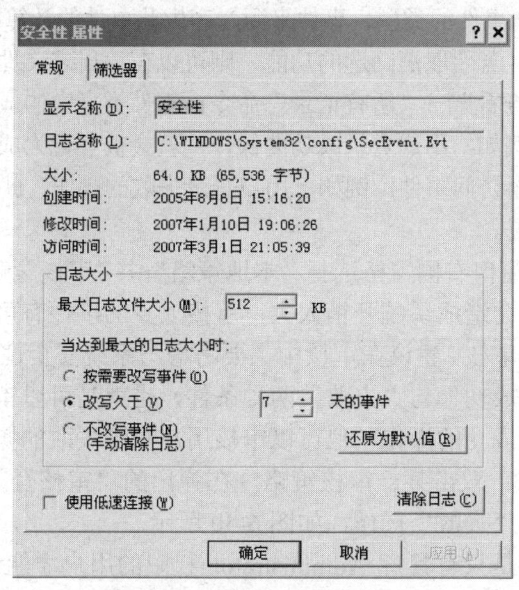

图 6-37　“安全性属性”对话框

（4）筛选事件日志中的事件

如果日志文件内的事件太多，造成不易查找事件时，可以利用筛选事件的方式，让它只显示特定的事件。在该日志文件名上单击鼠标右键，在弹出的快捷菜单中选择“属性”命令，在弹出的对话框中选择“筛选器”选项卡，或者在该日志文件名称上单击鼠标右键，在弹出的快捷菜单中选择“查看”→“筛选”命令，出现如图 6-38 所示的对话框。

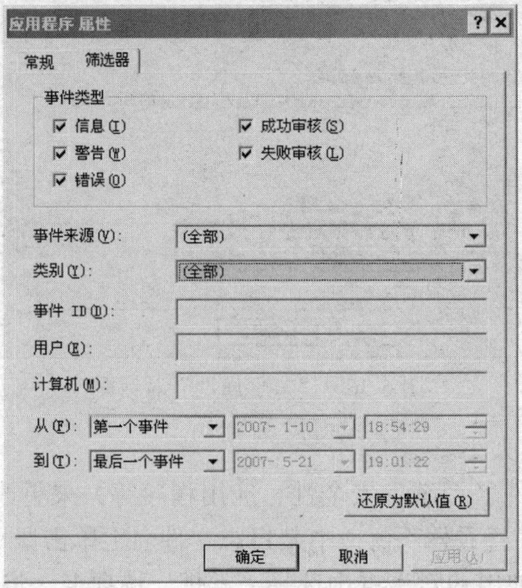

图 6-38　日志筛选器

在图 6-38 中可以根据事件的类型、事件来源、产生此事件的计算机、事件发生的起始/结束时间等设置要显示的事件。若要取消筛选的功能，则可以在该日志文件名称上单击鼠标右键，在弹出的快捷菜单中选择“查看”→“所有记录”命令。事件类型中的成功审核表示所审核的事件为成功的安全访问事件。例如，用户登录成功的操作，就会被登记为成功的事件；失败审核表示所审核的事件为失败的安全访问事件，例如，用户登录失败的操作，就会被登记为失败的事件。

（5）审核策略的设置。

在“本地安全设置”窗口右侧窗格选择“本地策略”中“审核策略”，显示如图 6-39 所示。

如果审核太多的事件会造成系统开销太大，审核太少的事件有可能不能保证系统的安全。因此需要综合考虑事件的审核。建议在审核中主要考虑与系统安全性密切相关的事件。每个被审核的事件都可以分为“成功”与“失败”两种条件，也就是可以审核该事件是否成功发生。例如，可以审核用户登录成功的操作，也可以审核用户登录失败的操作。

修改审核策略的方法：双击某一审核策略，在弹出的“审核登录事件属性”对话框中选择要审核事件的“成功”、“失败”操作，如图 6-40 所示。

设置审核策略的条件是只有具备 Administrator 权限的用户才能设置要审核的资源。必须具备“管理审核及安全日志”权利的用户才可以审核资源的使用情况，默认是只有

Administrators 组内的成员才有此权利。

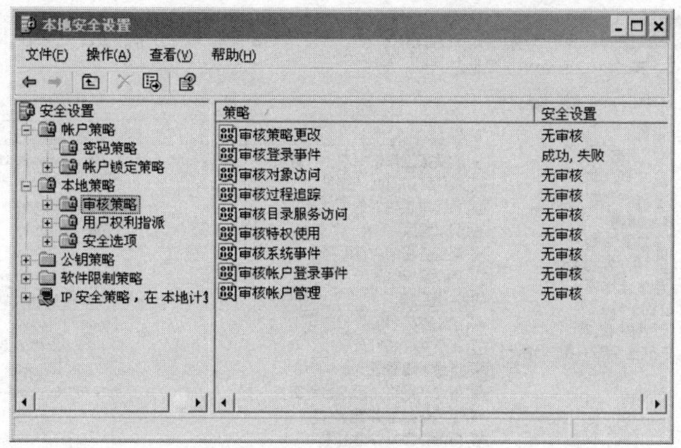

图 6-39　审核策略窗口

设置完审核策略后，可以利用“事件查看器”窗口的“安全性”日志，来查看是否审核策略已应用到此计算机中，如图 6-41 所示。

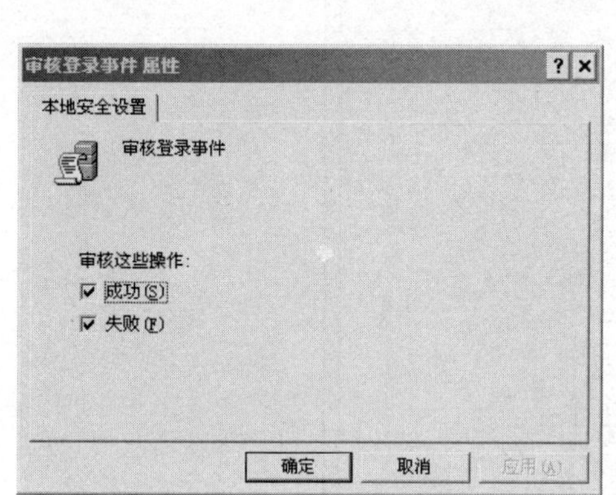

图 6-40　“审核登录事件属性”对话框

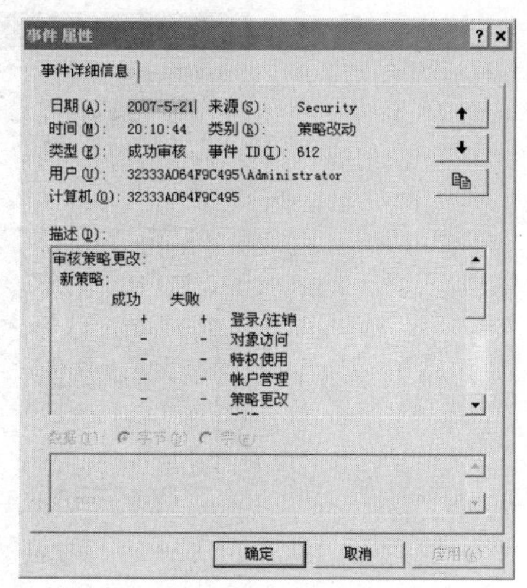

图 6-41　审核策略更改事件

4. 用户权利指派

管理本地用户和组的权限，设置是否允许用户和组访问特定的系统资源，或者执行某项系统任务，这里可以指派的权利包括关闭计算机、更改系统时间、拒绝本地登录等。如果向某一用户指派了拒绝本地登录的权利，该用户就不能登录这台计算机了。

在“本地安全设置”窗口右侧窗格中选择“本地策略”中的“用户权利指派”，如图 6-42 所示，右窗格则列出了可以指派的权利。双击某一具体权利，弹出如图 6-43 所示的对话框，可以通过“添加用户或组”和“删除”按钮，给用户或组指派该权利。

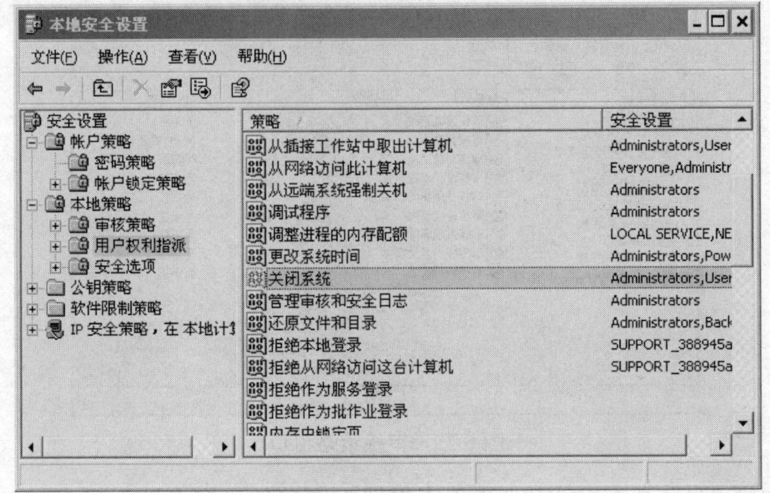

图 6-42　用户权利指派窗口

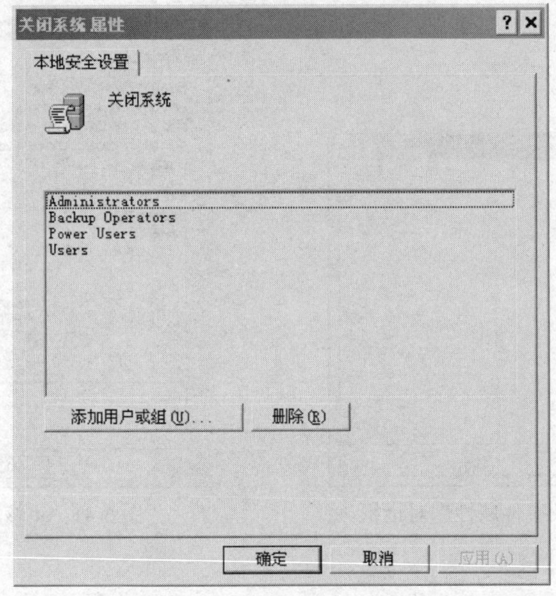

图 6-43　“关闭系统属性”对话框

5. 安全选项

设定系统的一些安全选项，如允许在登录前关机、登录屏幕不显示上次登录的用户名等，在“本地安全设置”窗口右侧窗格中，选择“本地策略”中的“安全选项”，如图 6-44 所示，右侧窗格列出了可以设置的安全选项。

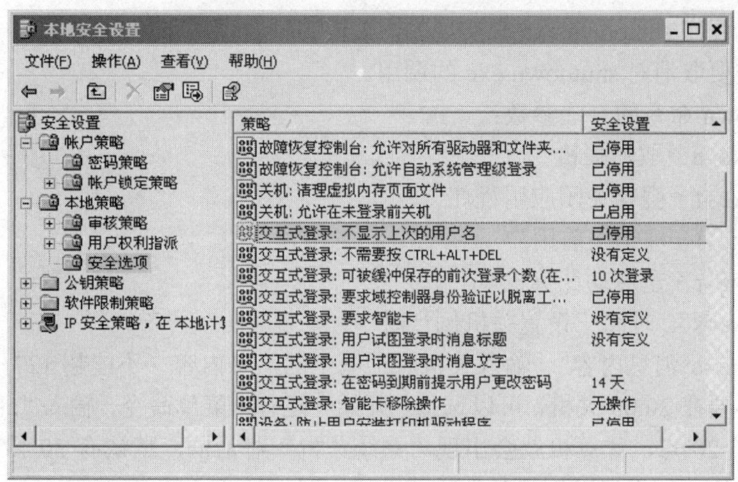

图 6-44　选择安全选项

双击某一具体选项，弹出如图 6-45 所示的对话框，可以通过“已启用”和“已禁用”设置系统的安全选项。

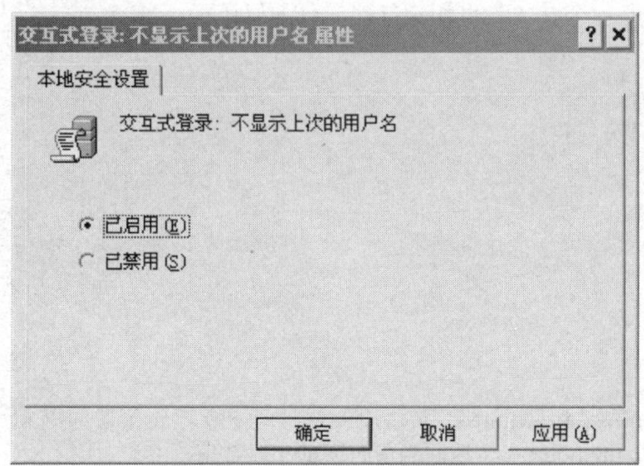

图 6-45　设置安全选项

6.4　Windows 操作系统实例应用

操作系统是最基础、最核心的计算机软件，而 C 语言作为 Windows 操作系统的开发语言之一，对于 Windows 平台的支持具有良好的执行效率，下面将利用几个 C 语言实例，结合 Windows 操作系统，观察其运行的特点。

6.4.1　Windows 关机的 C 语言实现

Windows 系统通过一个名为 shutdown.exe 的程序来完成关机操作。一般情况下，Windows

的关机是由关机程序 shutdown.exe 来实现的，关机的时候调用 shutdown.exe。由此可知，要阻止强行关机就是要取消对 shutdown.exe 的调用。

先看 shutdown 命令的一些参数：

shutdown.exe -a　取消关机

shutdown.exe -f　强行关闭应用程序

shutdown.exe -l　注销当前用户

shutdown.exe -r　重启动计算机

shutdown.exe -s -t 时间　设置关机倒计时

shutdown.exe -c"消息内容"　输入关机对话框中的消息内容（不能超 127 个字符）。

比如计算机要在 20:00 关机，可以选择“开始→运行”菜单命令，输入“at 20:00 Shutdown -s”，这样，到了 20 点，计算机就会出现“系统关机”对话框，默认有 30 秒钟的倒计时并提示你完成保存工作。如果想以倒计时的方式关机，可以输入“shutdown.exe -s -t 1800”，这里表示 30 分钟后自动关机，“1800”代表 30 分钟。

如果想取消的话，可以在“运行”对话框中输入“shutdown -a”。另外，输入“shutdown -i”则可以打开设置自动关机对话框，对自动关机进行设置。

下面利用 C 语言实现一个定时关机程序，代码如下：

```
#include <stdio.h>
#include <time.h>
#include <stdlib.h>
#include <windows.h>
int main(void){
        int hour;
        time_t rawtime;
        struct tm * timeinfo;
        while(1){
                time ( &rawtime );
                timeinfo = localtime ( &rawtime );
                hour = timeinfo->tm_hour;     //返回当前时间的小时数值
                Sleep(20000); //休眠 20 秒
                if(hour < 7 || hour > 19) {
                        system( "shutdown -s -f -t 5" );    //强制关机,倒计时 5 秒
                        break;
                }
        }
        return 0;
}
```

当运行该程序后，会每隔 20 秒查看当前系统时间，如果当前时间处于早上 7 点之前，或者晚上 7 点之后，系统将强制关机，倒计时为 5 秒。

6.4.2　Windows 端口扫描的 C 语言实现

端口扫描是指某些别有用心的人发送一组端口扫描消息，试图以此侵入某台计算机，并

了解其提供的计算机网络服务类型（这些网络服务均与端口号相关）。端口扫描是计算机解密高手喜欢的一种方式。攻击者可以通过它了解到从哪里可探寻到攻击弱点。实质上，端口扫描包括向每个端口发送消息，一次只发送一个消息。接收到的回应类型表示是否在使用该端口并且可由此探寻弱点。

一个端口就是一个潜在的通信通道，也就是一个入侵通道。对目标计算机进行端口扫描，能得到许多有用的信息，从而发现系统的安全漏洞。进行扫描的方法很多，可以手工进行扫描，也可以用端口扫描软件进行扫描。

用扫描软件进行扫描时，许多扫描器软件都有分析数据的功能。而在手工进行扫描时，则需要熟悉各种命令，并对命令执行后的输出进行分析。

下面是用C语言实现的端口扫描程序：

```
#include <winsock2.h>
#include <stdio.h> //printf 函数要用的头文件
#pragma comment(lib,"ws2_32.lib")
int main(int argc, char* argv[]) {
    //声明变量
    WORD wVersion = MAKEWORD(2,0); //socket 的版本
    WSADATA wsaData;
    //sockaddr_in 结构
    struct sockaddr_in sin;
    int iFromPort; //开始端口
    int iToPort; //结束端口
    int iNowPort; //正在扫描的端口
    char* cHost; //要扫描的主机
    SOCKET s; //保存创建 socket 时的返回值
    int iOpenPort; //开放端口个数
    iOpenPort = 0;
    //保存用户输入的要扫描的起始端口和结束端口
    //由于用户输入的是 char 型，所以要先转成 int 型
    iFromPort = atoi(argv[2]);
    iToPort = atoi(argv[3]);
    cHost = argv[1];
    //对用户输入的端口进行判断
    if(iFromPort > iToPort || iFromPort < 0 || iFromPort >65535 || iToPort <0 ||
    iToPort >65535) {
        printf("起始端口不能大于结束端口，且范围为：1-65535!\n");
        return 0;   }
    if (WSAStartup(wVersion , &wsaData)) {
        printf("初始化失败！ ");
        return -1;   }
    printf("=======  开始扫描  =======\n");
    //循环连接端口，以判断端口是否开放
    for(iNowPort = iFromPort; iNowPort <= iToPort; iNowPort++) {
        s = socket(AF_INET,SOCK_STREAM,0);
        if(s == INVALID_SOCKET) {
            printf("创建 socket()失败！ \n");
```

```
            WSACleanup();
        }
    //给结构成员赋值
    sin.sin_family = AF_INET;
    sin.sin_port = htons(iNowPort);
    sin.sin_addr.S_un.S_addr = inet_addr(cHost);
    //建立连接
    if(connect(s,(struct sockaddr*)&sin,sizeof(sin)) == SOCKET_ERROR){
            printf("%s -> %d:未开放\n",cHost,iNowPort);
        closesocket(s);
    } else{
        printf("%s -> %d:开放\n",cHost,iNowPort);
        iOpenPort ++;
        closesocket(s); }
    }
    printf("======= 扫描结果 =======\n");
    printf("主机：%s 扫描到%d 个端口开放",cHost,iOpenPort);
    //关闭 socket
    closesocket(s);
    WSACleanup();
    return 0;
}
```

程序运行结果如图 6-46 所示。

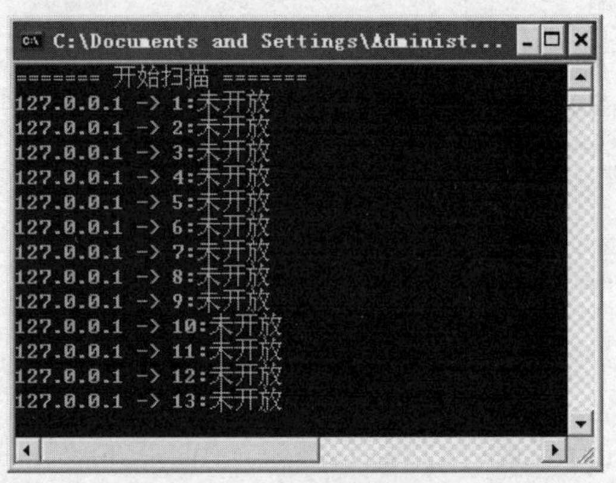

图 6-46 端口扫描过程

此程序的运行，必须要加上 3 个参数，分别为将扫描的主机 IP 地址、起始端口号、终止端口号。比如，如果想扫描本机的 25～200 的端口号有哪些是开放的，则需要使用以下的参数：127.0.0.1 25 200。

这是最基本的 TCP 扫描，实现的原理是基于操作系统提供的 connect()系统调用，程序运行时，用来与每一个目标计算机的端口进行连接。如果端口处于开放状态，那么 connect()就能成功；否则，这个端口是不能用的，即没有开放的。这个技术的最大优点是，不需要任何权限，即系统中的任何用户都有权利使用这个调用。

6.4.3 Windows 多线程的 C 语言实现

多线程是面试时经常会面对的问题，对多线程概念的掌握和理解水平，常被用来作为衡量一个人的编程实力的重要参考指标。不论是实际工作需要还是为了应付面试或是为了更深刻地理解 Windows 多线程的运行机制，掌握多线程都是以后专业学习中一个必须经过的环节。

在第 2 章，曾学习了多线程，下面将用 C 语言来实现一个基于多线程的生产者和消费者程序。

问题描述：一组生产者向一组消费者提供商品，共享一个有界缓冲池，生产者向其中放入商品，消费者从中取得商品。假定这些生产者和消费者互相等效，只要缓冲池未满，生产者可将商品送入缓冲池；只要缓冲池未空，消费者可从缓冲池取走一商品。代码如下：

```
#include<stdio.h>
#include<windows.h>
# define BUFFER_NUM 5 // 缓冲区个数
int mutex[BUFFER_NUM]={0,0,0,0,0};
int buffer[BUFFER_NUM]={0,0,0,0,0};//初始化缓冲区为空
HANDLE g_hMutex; //用于线程间的互斥
void show(){
    int i;
    for(i=0;i<BUFFER_NUM;i++){
        printf("第%d 个缓冲区为：%d\n",i,buffer[i]);
    }
    printf("\n-------------------------------\n");
}
DWORD WINAPI Producer(LPVOID lpPara){
    while(1){   //程序无限循环
        int i;
        for(i=0;i<BUFFER_NUM;i++){
            if(buffer[i]==0){
                if(mutex[i]==0){
                    mutex[i]=1;//加锁
                    WaitForSingleObject(g_hMutex,INFINITE);
                    buffer[i]=1;
                    printf("生产出一个产品,已放入第%d 个缓冲区\n",i);
                    show();
                    Sleep(1000);
                    ReleaseMutex(g_hMutex);
                    mutex[i]=0;//解锁
                }
                break;
            }
        }
        if(i==BUFFER_NUM)
```

```
            printf("缓冲区已满,请等待\n"); //缓冲区已满,请等待
        Sleep(1000);
    }
}
DWORD   WINAPI Customer(LPVOID lpPara){
    while(1){   //程序无限循环
        int j;
        for(j=0;j<BUFFER_NUM;j++){
            if(buffer[j]==1){
                if(mutex[j]==0)
                {
                    mutex[j]=1;//加锁
                    WaitForSingleObject(g_hMutex,INFINITE);
                    buffer[j]=0;
                    printf("消费者已消费第%d 个缓冲区的产品\n",j);
                    show();
                    Sleep(1000);
                    ReleaseMutex(g_hMutex);
                    mutex[j]=0;//解锁
                }
                break;
            }
        }
        if(j==BUFFER_NUM)
            printf("没有产品可消费,请等待\n"); //没有产品可消费,请等待
        Sleep(1000);
    }
}
int main(int argc,char* argv[]){
    HANDLE handle[4];
    int m;
    g_hMutex = CreateMutex(NULL,FALSE,NULL);
    for(m=0;m<2;m++){
        handle[m]=CreateThread(NULL,0,Producer,NULL,0,NULL);
    }
    for(m=2;m<4;m++){
        handle[m]=CreateThread(NULL,0,Customer,NULL,0,NULL);
    }
    Sleep(100000);    //线程休眠
    return 0;
}
```

程序运行过程如下：

（1）生产者连续生产两个产品，如图 6-47 所示。

（2）消费者连续消费两个产品，如图 6-48 所示。

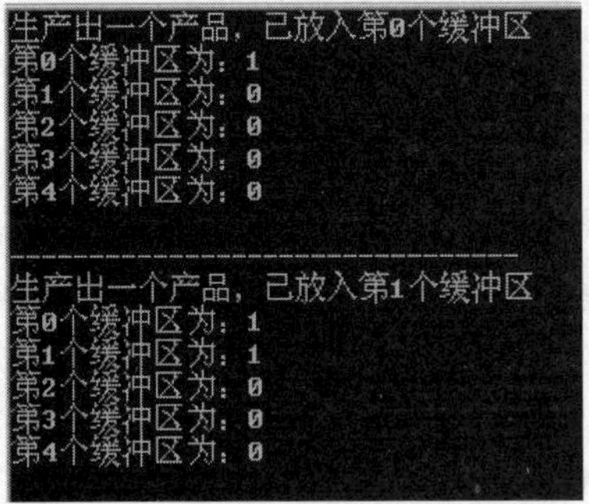

图 6-47　生产者连续生产两个产品

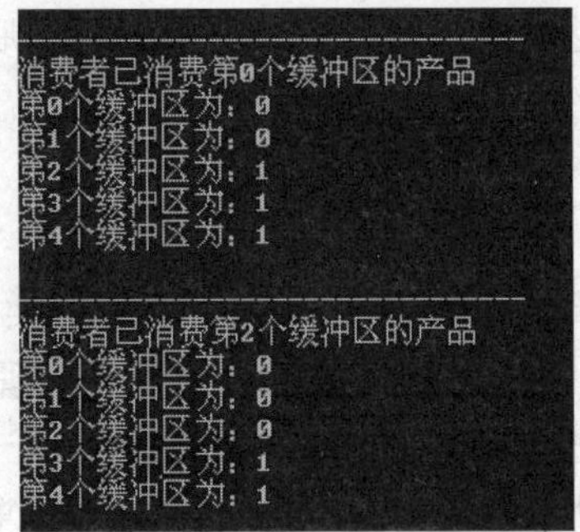

图 6-48　消费者连续消费两个产品

（3）空缓冲区，无产品可消费，如图 6-49 所示。

（4）缓冲区已满，生产者等待，如图 6-50 所示。

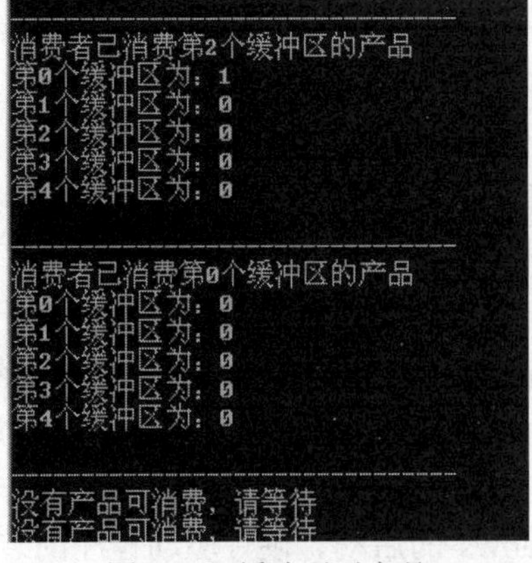

图 6-49　缓冲区无产品

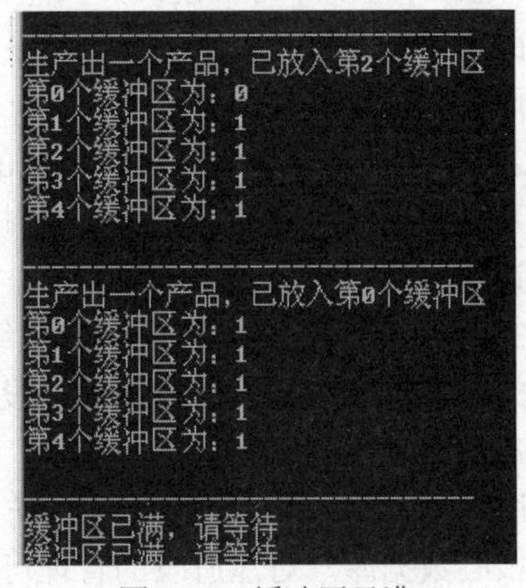

图 6-50　缓冲区已满

（5）生产者和消费者交替进行，如图 6-51 所示。

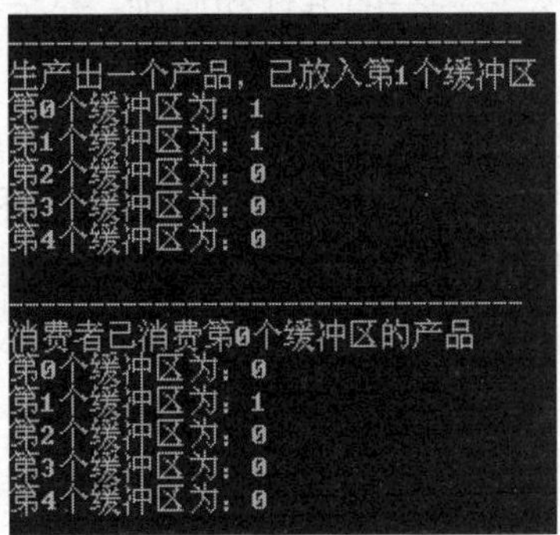

图 6-51　生产者与消费者交替运行

以上 5 种运行结果都是该程序运行过程中有可能出现的情况，多线程是并发执行的，因此并不能预测线程在运行过程中的先后顺序，从而造成了程序运行过程中情况的多样性。

本章小结

本章在介绍当前流行操作系统类型的基础上，重点阐述了当前主流操作系统 Windows 2000/XP 的资源管理的基本原理和管理功能的实现，结合 Windows 2000/XP 操作系统说明了操作系统安全及实现。

通过本章的学习，读者应熟悉和掌握以下基本知识：

（1）Windows 2000/XP 操作系统的体系结构、提供的用户接口。Windows 2000/XP 通过微处理器提供的硬件机制实现了核心模式和用户模式两个特权级别。在核心模式下，CPU 处于特权模式，可以执行任何指令，并可以改变模式，操作系统的内核运行在核心模式。在用户模式下，CPU 处于非特权模式，只能执行非特权指令，用户程序一般都运行在用户模式。操作系统的用户有两类，即最终用户和系统用户。Windows 2000/XP 提供了两种用户界面，即命令行界面和图形用户界面。

（2）Windows 2000/XP 操作系统的进程管理、存储管理、设备管理和文件管理的基本原理，以及如何通过 Windows 2000/XP 提供的各种工具软件查看和设置与进程、存储、磁盘、文件、设备等相关的内容和参数。

（3）Windows 2000/XP 的用户和组管理、网络配置和注册表管理。用户管理是计算机安全管理的一项重要内容。计算机通过设置用户账户与密码，严格限制登录到计算机上的用户，根据用户的权限限制用户的某些操作。网络管理使用户可以进行网络通信、网络资源共享、提供网络服务（Web、FTP、DNS 等）、访问 Internet 等。注册表是 Windows 2000/XP 操作系统中的一个核心数据库，对注册表的管理可以控制着 Windows 的启动、硬件驱动程序的装载以及一些 Windows 应用程序的运行，从而在整个系统中起着核心作用。

（4）操作系统安全策略和安全机制。操作系统安全主要包括安全机制和安全策略，安全策略是一组特定的、为实现某个对象安全的方针和原则；安全机制是系统提供用于强制执行安全策略的特定步骤和工具。

（5）Windows 2000/XP 的安全性管理。在 Windows XP 的本地安全设置窗口中可以设置“账户策略”和“本地策略”。“账户策略”分为“密码策略”和“账户锁定策略”；“本地策略”分为“审核策略”、“用户权利指派”和“安全选项”。

习题 6

1．什么是用户模式与核心模式？它们各有什么特点？

2．系统的支持进程有哪些？上机查找这些进程程序的存放路径，并通过任务管理器查看它们的进程标识符（PID）。

3. 启动计算机的服务管理工具并查看你的计算机上开放了哪些服务。思考一下它们都有什么作用。

4. 如果你的计算机突然变得“速度”很慢，用你所掌握的任务管理器试着解决这个问题。

5. 当你用自己的计算机运行一个较大的程序时，这时看到计算机的硬盘灯“狂闪”，请解释一下原因，想想如何解决这个问题。

6. 假设你的计算机C盘安装了Windows 2000操作系统，磁盘剩余空间不多了，而D盘尚有较大剩余空间，这时计算机的虚拟主存不够用了，想想如何解决这个问题？写出你的解决方案。

7. 请比较一下FAT和NTFS文件系统。各自的优缺点是什么？

8. 用户A属于组B，一个文件对用户A赋予了读取权限，而对组B赋予了完全控制权限，那么用户A对这个文件的权限是什么？

9. 通过设备管理器查看一下你的计算机上的串口COM1所占用的资源有哪些？各是什么值？

10. 在你的Windows操作系统中添加两个用户账户zhangsan（张三）和lisi（李四），建立一个新的组账户Classmate（同学），并把他们两个加入到这个组中。试着用这两个用户账户登录一下计算机。

11. IP地址、子网掩码和默认网关各有什么作用？

12. 注册表有什么作用？注册表中键值项的类型有哪些？

13. 如果想开机自动运行“记事本”程序，请你通过注册表编辑器完成这样的操作，并测试。

14. 通过本地安全策略中的密码策略，设置密码长度最小值为8，然后修改自己账户的密码为6个字符，观察系统的结果并记录。

15. 在习题10的基础上，通过本地安全策略中的账户锁定策略，设定账户锁定阈值为2，账户锁定时间为30分钟，试着用张三的账户登录系统，并故意输入两次错误的密码，看看第三次正确的密码输入会有什么结果并记录。

16. 如果想禁止用户张三登录本系统，该怎么做？写出你的方案。

17. 试着用C语言或者Java语言实现多线程同步操作。

附录 部分习题参考答案

习题1

一、单项选择题

1. A　2. B　3. A　4. B　5. D　6. B　7. A　8. C
9. C　10. B　11. B　12. A　13. D　14. D　15. B　16. C
17. B　18. C　19. A　20. B

二、填空题

1. 硬件　软件　操作系统
2. 系统　处理器管理　存储器管理　设备管理　文件管理　用户　计算机
3. OS　Operating System
4. 方便用户　提高资源的使用效率
5. 多路性、独立性、交互性
6. 及时性、可靠性、安全性
7. 多用户多任务　单用户单任务
8. 系统软件　应用软件

习题2

一、单项选择题

1. D　2. B　3. B　4. D　5. C　6. C　7. A　8. C
9. B　10. C　11. D　12. D　13. B　14. B　15. C　16. B
17. C　18. B　19. C　20. D　21. A　22. B

二、填空题

1. 同步
2. 程序、数据、PCB
3. 唯一标志　实体
4. 临界区　互斥
5. 使用临界资源的程序代码
6. -2～2
7. n-1
8. 短进程优先

9．优先权 10．4
11．2≤k≤m 12．动态策略
13．资源静态分配 资源动态分配 14．预防
15．互斥条件、请求和保持、不剥夺、环路等待

三、判断题

1．× 2．√ 3．√ 4．√ 5．× 6．√ 7．√ 8．√
9．× 10．×

习题 3

一、单项选择题

1．B 2．C 3．A 4．C 5．C 6．A 7．A 8．D
9．A 10．D 11．A 12．B 13．C 14．B 15．A 16．B
17．D 18．A 19．A 20．D

二、填空题

1．静态重定位 动态重定位 2．移动
3．位示图、主存分配表 4．13 15
5．178 越界 6．页号及页内地址 段号及段内地址
7．段 页 8．系统抖动
9．先进先出 最近最久未使用
10．物理地址空间 机器的地址长度 物理主存大小

三、判断题

1．√ 2．√ 3．× 4．√ 5．× 6．× 7．× 8．×
9．√ 10．×

习题 4

一、单项选择题

1．D 2．A 3．A 4．A 5．C 6．A 7．A 8．A
9．A 10．A 11．C 12．A 13．D 14．C 15．A 16．B
17．C 18．A 19．A 20．B

二、填空题

1．外设或外存 主存 2．SPOOLing 独享 共享
3．先来先服务算法 高优先级优先算法 高的利用率 死锁问题
4．通道程序

5．系统设备表　设备控制表　控制器控制表　通道控制表
6．输入井　输出井
7．独享　共享　虚拟
8．用户设备
9．DMA 方式　通道控制方式
10．设备驱动程序

三、判断题

1．×　2．×　3．√　4．√　5．√　6．×　7．√　8．√
9．√　10．√

习题 5

一、单项选择题

1．B　2．C　3．D　4．B　5．C　6．A　7．B　8．B
9．A　10．A　11．A　12．C　13．B　14．A　15．A　16．B
17．A　18．C　19．D　20．D

二、填空题

1．索引　数据　索引
2．磁带　磁盘
3．文件在磁盘上的存放地址
4．文件的存储地址
5．链接
6．顺序文件
7．索引文件
8．主目录　用户文件目录
9．最短寻道时间优先
10．移臂　旋转

三、判断题

1．×　2．√　3．√　4．×　5．×　6．√　7．√　8．√
9．√　10．√

习题 6

1．系统工作的两种模式，其中操作系统代码运行在核心模式，有权访问系统数据和硬件；应用程序运行在用户模式，能够使用的接口和访问系统数据的权限都受到限制。

在核心模式下，CPU 处于特权模式，可以执行任何指令，并可以改变模式，操作系统的内核运行在核心模式。在用户模式下，CPU 处于非特权模式，只能执行非特权指令，用户程序一般都运行在用户模式。

4．通过任务管理器查看哪些进程消耗了过多的 CPU，然后中止这些进程。

5．Windows 2000/XP 运用了虚拟内存技术，即拿出一部分硬盘空间来充当内存使用。当内存紧张时，系统将暂时不用的程序和数据所在的页面换出至硬盘，从而提高物理内存利用率。

硬盘灯“狂闪”，说明系统在不停地进行内存换入换出操作，意味着系统的物理内存紧缺，

这时应该关闭一些不是很要紧的程序或增加内存。

6．可以将系统的虚拟内存设置到 D 盘，请参照 6.2.4 节内存查看和虚拟内存设置。

7．FAT：优点是一个简单的文件系统，具有简单的目录结构。很多操作系统支持，兼容性好。缺点是 FAT12、FAT16 和 FAT32 文件系统都不支持高级容错特性，且不具有内部安全特性，因而无法达到高性能文件系统的要求。

NTFS：优点是具有安全性、可靠性、完整性等，提供了加密支持、压缩支持及高级容错支持。缺点是格式不公开，兼容性不好。

8．完全控制权限。

9．I/O 范围：03F8～03FF，IRQ：04

11．IP 地址是一个 32 位的整数，用来标识主机在网络中的位置。为了方便阅读和书写，一般采用点分十进制写法，即将 32 位的 IP 地址划分成 4 个 8 位的二进制数，每个二进制数采用十进制写法，范围在 0～255 内，中间用点“.”分开。对于互联网来说，是由很多大大小小的网络（称为子网）相互连接组成的，为了区分哪些 IP 地址与本机处于一个子网，计算机引入了子网掩码的概念。子网掩码也是一个 32 位的整数，可以分成两部分，前半部分为 1，后半部分为 0，为 1 的那些位对应的 IP 地址相应位相同的主机处于同一个子网。对于位于同一个子网的主机之间可以直接通信，而要向不在同一子网的主机进行通信，需要通过子网内的一台设备（网关）转发数据，默认网关配置的就是这台设备的 IP 地址。

12．注册表是 Windows 2000/XP 操作系统中的一个核心数据库，其中存放着硬件、软件的相关配置和状态信息以各种参数，直接控制着 Windows 的启动、硬件驱动程序的装载以及一些 Windows 应用程序的运行，从而在整个系统中起着核心作用。

注册表中支持的键值类型有：

REG_DWORD：双字节值，用来存储数值或布尔类型的数据。

REG_BINARY：二进制值，可以存储任意长度的二进制数以及一些原始数据，如加密的口令等。

REG_SZ：字符串值，存放各种字符串变量，如计算机名称等。

REG_MULTI_SZ：多字符串，可以存放多个字符串，如存放一块网卡的多个 IP 地址。

REG_EXPAND_SZ：可扩充字符串，字符串中可以包括系统变量，如用%WINDIR%变量表示 Windows 的安装目录。

13．在 HKLM\SOFTWARE\Microsoft\Windows\CurrentVersion\Run 中新建一个键值项，键值名称任意，键值数据为“Notepad.exe”。

16．设定用户权利指派，在拒绝本地登录中添加用户张三。

参考文献

[1] 连卫民，黄贻彬．计算机操作系统．西安：西北大学出版社，2007．

[2] 卢潇．计算机操作系统（基于 Windows）．北京：清华大学出版社，北京交通大学出版社，2007．

[3] 陈向群，向勇等．Windows 操作系统原理（第 2 版）．北京：机械工业出版社，2009．

[4] 孙钟秀．操作系统教程（第 3 版）．北京：高等教育出版社，2003．

[5] 汤子瀛等．计算机操作系统．西安：西安电子科技大学出版社，2002．

[6] 罗宇等．操作系统．北京：电子工业出版社，2003．

[7] 曾平，李春葆．操作系统习题与解析．北京：清华大学出版社，2001．

[8] 刘振鹏等．操作系统．北京：中国铁道出版社，2003．

[9] 王文明．操作系统概论复习与考试指导．北京：高等教育出版社，2002 年．

[10] 方敏，柯丽芳．操作系统考研全真试题与解答．西安：西安电子科技大学出版社，2002．

[11] 薛智文．操作系统．北京：中国铁道出版社，2003．

[12] 连卫民，徐保民．操作系统原理教程．北京：中国水利水电出版社，2004．

[13] Lubomir F，Bic Alan C，Shaw． 操作系统原理．梁洪亮等译．北京：清华大学出版社，2005．

[14] 杨麦顺，伍卫国．计算机操作系统典型题解析及自测试题．西安：西北工业大学出版社，2002．

[15] 陈应明等．现代计算机操作系统．北京：冶金工业出版社，2004．

[16] 殷兆麟等．计算机操作系统．北京：清华大学出版社，2007．

[17] 张丽芬．操作系统学习指导与习题解析．北京：电子工业出版社，2006．

[18] 赵伟华等．实用操作系统教程．北京：机械工业出版社，2006．

[19] 徐卓峰等．信息安全技术．武汉：武汉理工大学出版社，2004．

[20] 王慧斌等．网络操作系统．西安：西北工业大学出版社，2006．

[21] 颜彬等．计算机操作系统．西安：西安电子科技大学出版社，2007．

[22] 韩劼．操作系统教程．北京：清华大学出版社，2005．

[23] 邹恒明．计算机的心智—操作系统之哲学原理．北京：机械工业出版社，2009．

[24] 周爱武等．计算机操作系统教程．北京：清华大学出版社，2006．

[25] 任爱华，王雷．操作系统实用教程（第二版）．北京：清华大学出版社，2006．